SANDRA NAVIDI

DAS FUTURE PROOF MINDSET

WIE SIE IM ZEITALTER DER DIGITALISIERUNG ZUKUNFTSSICHER WERDEN

FBV

Bibliografische Information der Deutschen Nationalbibliothek
Die Deutsche Nationalbibliothek verzeichnet diese Publikation in der Deutschen Nationalbibliografie. Detaillierte bibliografische Daten sind im Internet über http://dnb.d-nb.de abrufbar.

Für Fragen und Anregungen
info@finanzbuchverlag.de

Originalausgabe, 1. Auflage 2021

Türkenstraße 89
80799 München
Tel.: 089 651285-0
Fax: 089 652096

Projektleitung: Georg Hodolitsch, Isabella Steidl
Redaktion: Christine Rechberger
Umschlaggestaltung: Tobias Prießner; Karina Braun, München
Umschlagabbildung: Shutterstock.com/BAIVECTOR
Abbildung Innenteil: Shutterstock.com/razum; buffaloboy; limeart; GiduStock; VoodooDot
Satz: ZeroSoft, Timisoara
Druck: GGP Media GmbH, Pößneck
Printed in Germany

ISBN Print 978-3-95972-454-8
ISBN E-Book (PDF) 978-3-96092-858-4
ISBN E-Book (EPUB, Mobi) 978-3-96092-859-1

Weitere Informationen zum Verlag finden Sie unter
www.finanzbuchverlag.de
Beachten Sie auch unsere weiteren Verlage unter www.m-vg.de

INHALT

SECHSTES KAPITEL

VORWORT
Die Entstehungsgeschichte dieses Buches

An einem sonnigen Sommernachmittag saß ich im Finanzdistrikt von Downtown Manhattan auf den Stufen der erhabenen Federal Hall an der Wall Street, um die Zeit zwischen zwei Terminen zu überbrücken. Plötzlich fiel mir ein, dass ich für das nächste Meeting noch mein Buch signieren musste, das ich für meinen Kunden mitgebracht hatte. Mit dem Buch auf dem Schoß und dem Stift in der Hand sinnierte ich über eine passende persönliche Widmung, als ich spürte, dass mich jemand anschaute. Noch bemüht, das Gefühl zu ignorieren, bemerkte ich einen jungen Mann, der sich zögerlich näherte. Gekleidet in das übliche »Wall-Street-Outfit« – Button-down-Hemd und dunkelblaue Fleeceweste –, fragte er verlegen: »Entschuldigen Sie, dass ich Sie einfach so anspreche, aber – haben *Sie* dieses Buch geschrieben?« Lächelnd nickte ich. Daraufhin entgegnete er begeistert: »Oh my God, ich kann Ihnen gar nicht sagen, was für eine Offenbarung *$uper-hubs* für mich war! Mir war nicht klar, wer in der Finanzwelt die Strippen zieht, wie all diese Netzwerke funktionieren und was das für den Rest der Welt bedeutet.« Dann zögerte er kurz, bevor er mit der Sprache herausrückte und mir gestand, was ihn wirklich bewegte: »Könnten Sie mir vielleicht einen Tipp geben, wie *ich* ein Super-hub werden kann?«

In *$uper-hubs* porträtiere ich die einflussreichsten Menschen in der globalen Finanzwelt und erkläre, wie sie durch die Netzwerke ihrer persönlichen Beziehungen beispiellosen Einfluss ausüben. Die zugrunde liegende Prämisse des Buches ist eine Gesellschaftskritik hinsichtlich der negativen gesellschaftlichen

Auswirkungen solch elitärer Netzwerke. Um jedoch erklären zu können, wie die Vertreter der globalen Elite überhaupt zu sogenannten Super-hubs werden, also zu den zentralen »menschlichen Knotenpunkten« solcher Netzwerke, musste ich anekdotisch illustrieren, wie sie ihre Beziehungen aufbauen und pflegen, um an die Spitze zu gelangen. Während der gesellschaftskritische Gesichtspunkt des Buches in den Medien große Beachtung fand, faszinierte die Leser zu meiner Überraschung vor allem der Netzwerkaspekt. Seither kann ich mich vor Anfragen nach Netzwerktipps, Mentoring und Zugang zu meinem Netzwerk kaum retten.

Da ich unmöglich auf all diese Anfragen persönlich reagieren kann, kam mir die Idee, die Antworten gebündelt in Buchform zu geben. Mir schwebte eine Art Arbeitsbuch zu *$uper-hubs* vor, in dem ich die Erfolgsprinzipien der erfolgreichsten Menschen der Welt analysieren und eine entsprechende Anleitung für meine Leserinnen und Leser geben würde. Zwar kann nicht jeder Mensch ein Super-hub an der Spitze der globalen Finanzwelt werden, aber ein Super-hub in seinem eigenen Leben und Umfeld allemal.

Je länger ich allerdings über dem Konzept brütete, desto klarer wurde mir, dass sich die Welt in den letzten zwei Jahrzehnten aufgrund der digitalen Disruption so grundlegend verändert hatte, dass die Vorgehensweisen, die den Super-hubs zum Erfolg verholfen hatten, im Zeitalter der Künstlichen Intelligenz nicht mehr uneingeschränkt anwendbar waren. Während einige Karrieregrundsätze »Klassiker« sind, die auch heute noch gelten, sind viele mittlerweile überholt und müssen durch innovativere Vorgehensweisen ersetzt werden. Auf der Grundlage dieser Erwägungen überarbeitete ich mein Buch in den nachfolgenden drei Jahren, soweit es meine hauptberufliche Tätigkeit zeitlich erlaubte.

Und dann wurde auch ich von »Disruption«, also einschneidenden Veränderungen, überrascht. Aufgrund der Coronavirus-Pandemie machte die Welt eine Vollbremsung. Was in dieser Zeit allerdings deutlich an Schwung zunahm, war die Verbreitung bereits im Vormarsch befindlicher disruptiver Technologien wie Digitalisierung und Künstliche Intelligenz. Daher musste ich mich selbst und mein Manuskript »disrupten«, also hinterfragen und anpassen.

Inspiriert hat mich hierbei insbesondere die Arbeit des Wirtschaftsnobelpreisträgers Edmund Phelps.[1] Professor Phelps ist unter anderem Direktor des Zentrums für Kapitalismus und Gesellschaft an der Columbia University in New York, in dem auch ich Mitglied bin.[2] Seine Erkenntnisse über das Gedeihen des Menschen auf der Grundlage erfüllender Arbeit haben mein Denken geprägt.[3]

Er argumentiert, dass Innovation durch den Einzelnen auf modernistischen Werten wie Neugier, Fantasie und Kreativität beruhe und dass das Überwinden von Ungewissheit, Herausforderungen und Widerständen Voraussetzung für Erfolg und Erfüllung sei.[4] Professor Phelps ist der Auffassung, dass es wichtig sei, in Menschen eine »Leidenschaft für das Neue« zu entfachen und sie zu inspirieren. Genau das ist die Zielsetzung des *Future-Proof-Mindset*.

In diesem Buch destilliere ich auch die Erkenntnisse, die ich im Rahmen meiner Zusammenarbeit mit den erfolgreichsten Führungspersönlichkeiten der Welt gewonnen habe und die normalerweise meinen Kunden vorbehalten sind. Es liefert somit auch Ihnen Strategien und »mentale Werkzeuge«, die es Ihnen ermöglichen, Chancen zu erkennen und zu ergreifen, sich optimal zu positionieren und Ihr Potenzial zu verwirklichen – anwendbar in fast allen Branchen und Karrierestadien.

Künstliche Intelligenz wird unsere Welt grundlegend verändern. Jedoch zeigt die Geschichte, dass Zeiten des Umbruchs auch große Chancen mit sich bringen. Wir können die externen Entwicklungen nicht kontrollieren, aber es liegt an uns, zu entscheiden, wie wir darauf reagieren. Am besten bereitet man sich auf die Zukunft vor, indem man sie selbst gestaltet und seine Chancen nutzt. *Das Future-Proof-Mindset* zeigt Ihnen, wie das geht.

GEWIDMET

Meinem Vater

Anoushiravan Navidi

ERSTES KAPITEL

Das Disruptions-Beben: Wie Automatisierung und Künstliche Intelligenz Ihr Leben verändern werden

Die Zukunft: Kommt schneller, als Sie denken

> *»Die Zukunft hat viele Schattierungen. Für die Schwachen verkörpert sie das Unerreichbare. Für die Furchtsamen bedeutet sie eine Herausforderung. Für die Mutigen ist sie eine Chance.«*
>
> Victor Hugo

Was bringt meine Zukunft? Kaum eine Frage beschäftigt uns mehr als diese. Seit Jahrhunderten konsultieren Menschen Orakel, Astrologen und Wahrsager, in der Hoffnung, einen Blick in die Zukunft zu erhaschen. Mithilfe unserer Vorstellungskraft versuchen wir uns auszumalen, was vor uns liegt, und stützen uns dabei auf Erfahrungen aus der Vergangenheit. Soweit ich mich zurückerinnern kann, hatte ich mir eine konventionelle berufliche Laufbahn vorgestellt, wie dies auch meine Eltern getan hatten. Um sicherzustellen, dass ich etabliert und finanziell unabhängig sein würde, drängten sie mich zu einem Medizinstudium, denn »Ärzte werden immer gebraucht«. Alternativ waren sie bereit, sich mit einem Jurastudium zufriedenzugeben, denn Jurist zu sein war in ihren Augen fast so gut wie Arzt zu sein. Diese Sichtweise bestand in meiner Familie seit Generationen und meine Eltern gingen automatisch davon aus, dass ich ebenfalls eine konventionelle Karriere verfolgen würde. Tja, wie sich die Zeiten ändern! Mein Berufsleben sollte nicht ganz so linear verlaufen wie erwartet.

Steve Jobs war der Ansicht, dass man Punkte nur für die Vergangenheit, nicht jedoch für die Zukunft verbinden könne.[5] Wie sich herausstellen sollte, hatten meine Familie und ich einen grundlegenden Denkfehler begangen, der den meisten Menschen bei Zukunftsprognosen unterläuft. Forschungsergebnisse belegen, dass unser Urteilsvermögen beim Blick in die Zukunft durch kognitive Beschränkungen beeinträchtigt wird. Wir sind geneigt, unser Leben als Kontinuum zu betrachten und uns unsere Zukunft innerhalb jener Koordinaten vorzustellen, die uns aus der Vergangenheit vertraut sind. »Aufgrund unserer evolutionären Entwicklung sind wir darauf angelegt, in ungewissen Situationen mentale Abkürzungen durch Rückschlüsse aus der Vergangenheit zu nehmen. Wir beurteilen Dinge aufgrund der fälschlichen Annahme, dass unsere Realität eine permanente Größe ist und grundlegend unverändert bleibt. Darüber hinaus neigen wir dazu, nur das zu glauben, was unsere bereits bestehenden Ansichten bestätigt.«[6] Außerdem fällt es uns schwer, Vorgänge objektiv wahrzunehmen, wenn wir ein Teil ihrer sind.

Aber selbst wenn das Urteilsvermögen von meiner Familie und mir nicht durch kognitive Beschränkungen beeinträchtigt gewesen wäre, hätten wir aller Wahrscheinlichkeit nach kaum die in der Zukunft liegenden, komplexen Entwicklungen einschätzen können, wie beispielsweise das Fortschreiten der Digitalisierung und der Globalisierung. Zwar war damit zu rechnen, dass Maschinen Menschen graduell aus klassischen Arbeiterberufen mit manuellen, wiederkehrenden Tätigkeiten – wie es etwa am Fließband der Fall ist – verdrängen würden. Doch nur wenige haben vorhergesehen, wie schnell und umfangreich Künstliche Intelligenz (KI) und Hochleistungsrechner auch in Bereiche von top ausgebildeten Angestellten vordringen würden, die sich als unersetzbar gewähnt hatten. Die Professoren Erik Brynjolfsson und Andrew McAfee vom Massachusetts Institute of Technology (MIT), die an vorderster Front über Künstliche Intelligenz forschen, haben bereits frühzeitig darauf hingewiesen, dass »Computer zunehmend in der Lage sein werden, maßgebliche Bereiche überwiegend kognitiver Tätigkeiten auszuführen, wie beispielsweise die Auswahl von Aktien, die Diagnose von Krankheiten oder die Erteilung von Bewährung«.[7]

Sie sind Anwalt? Arzt? Steuer- oder Finanzberater? Dann sollten Sie sich anschnallen, denn diese hochqualifizierten Berufe werden sich in Zukunft stark verändern. Ein aufschlussreiches Experiment, durchgeführt an der Columbia University, in dem die Leistungsfähigkeit von menschlichen Juristen mit jener der Künstlichen Intelligenz verglichen wurde, gibt bereits einen Vorgeschmack. In Tests sollten Schwachstellen in Verträgen gefunden werden. »Die KI spürte 95 Prozent solcher Schwachstellen auf, während Menschen nur 88 Prozent fanden.« Der Clou war allerdings, dass »die menschlichen Probanden 90 Minuten [benötigten], um die Texte zu durchforsten, während die KI die Aufgabe bereits nach nur 22 Sekunden fertiggestellt hatte. Spiel, Satz und Sieg für die Roboter.«[8] In vielen dieser Art von Aufgaben wird sich Künstliche Intelligenz voraussichtlich »als kostengünstiger, effizienter und potenziell objektiver erweisen als der Mensch«.[9]

Technologie hat die Art, wie wir uns begegnen, leben und arbeiten grundlegend verändert. Die jüngeren Leserinnen und Leser kennen vielleicht nur diese Welt, aber für die meisten von uns hat sich diese im Laufe unseres Lebens drastisch gewandelt. Auch auf die Gefahr hin, uralt zu wirken: Ich kann mich zum Beispiel noch an Schreibmaschinen, Polaroidkameras und Wählscheibentelefone erinnern. Das exorbitante Ausmaß und Tempo des technologischen Fortschritts haben unsere Realität und viele unserer Annahmen und Hypothesen auf den Kopf gestellt.

Und der Wandel geht immer schneller vonstatten. In nur wenigen Jahren sind Unternehmen wie Amazon, Alibaba, Apple, Uber, Expedia, Airbnb und Facebook zur Bedrohung für ganze Branchen geworden – für den stationären Einzelhandel, Taxiunternehmen, Reisebüros, Hotelketten und Finanzberater.[10] Durch den Vormarsch der Technologie laufen zahllose, zurzeit noch erfolgreiche Unternehmen auf der ganzen Welt Gefahr, früher oder später einen »Kodak-Moment« zu erleben. Dieser Begriff war ursprünglich ein Werbeslogan, der sich später im allgemeinen Sprachgebrauch etablierte. Als »Kodak-Momente« galten ursprünglich Situationen, die so einmalig waren, dass man sie unbedingt mit einer Kodak-Kamera festhalten musste – Geburtstage, Urlaube oder Abschlussfeiern. Später jedoch wurde der Begriff dazu verwendet, um auf den Punkt zu bringen, dass das amerikanische Traditionsunternehmen Eastman Kodak die existenzielle Bedrohung durch Smartphone-Fotografie verkannt und es versäumt hatte, den Konzern rechtzeitig darauf einzustellen.[11] Der Rest ist Geschichte. Seither hat es immer wieder Unternehmen gegeben, die ihren »Kodak-Moment« erlebt haben und gescheitert sind – wie die einstmals so erfolgreiche Videokette Blockbuster, die von Netflix vom Markt gefegt wurde. Inzwischen muss Netflix selbst davor auf der Hut sein, von immer innovativeren Technologien verdrängt zu werden. Weitere Beispiele für Unternehmen, denen es ähnlich erging wie Kodak, sind Xerox, BlackBerry und Nokia.

Teil des Problems ist, dass »die großen Konzerne aus einem anderen Jahrhundert stammen und auf Sicherheit und Stabilität ausgerichtet sind. [...] Sie sind nicht darauf angelegt, schnell fortschreitenden, radikalen Umwälzungen standzuhalte.« Richard Foster, Professor an der Yale University, geht davon aus, dass »40 Prozent der Fortune-500-Unternehmen in einem Jahrzehnt durch Start-ups ersetzt sein werden, die wir heute noch nicht einmal auf dem Radar habe«.[12] Sogar Amazon ist nicht vor Disruption gefeit. Ein Trend, der stark an Schwung gewinnt und dem Unternehmen, zumindest in Teilbereichen, einmal zur Konkurrenz werden könnte, ist der »D2C«-Trend, was für »Direkt-zum-Verbraucher« (»Direct-to-Consumer«) steht. Hersteller von Konsumgütern umgehen den Mittler, in den meisten Fällen eine Plattform wie Amazon, indem sie sich über soziale

Medien direkt an den Verbraucher wenden und alle Prozesse von der Bestellung bis hin zum Versand selbst abwickeln. Auf diese Weise behalten sie die Kontrolle über und profitieren von allen Teilen der Wertschöpfungskette. Beispiele für erfolgreiche D2C-Unternehmen sind die Optikerkette Warby Parker, der Rasierzubehörhersteller Dollar Shave Club und das Windelunternehmen Diapers.com.

Doch Disruption gefährdet nicht nur etablierte Unternehmen, auch Start-ups müssen auf der Hut sein. Vor zehn Jahren galt das Start-up Bloom Energy Corp. als vielversprechender Disruptor der Energiebranche, da es eine Technik konzipiert hatte, mit der große Teile des Energieverbrauchs in den Vereinigten Staaten hätten abgedeckt werden können. Dann aber wurde es selbst disrupted,[13] weswegen es auf Wasserstoff-Brennstoffzellen umsattelte und nun versucht, neue Wachstumsmärkte aufzutun.

Die Gefahr der Disruption besteht aber nicht nur für Unternehmen, sondern droht jedem Einzelnen von uns. In einer Welt, in der Wandel die einzige Konstante ist, müssen wir auch uns selbst laufend hinterfragen, neu positionieren und anpassen, um zukünftig relevant zu bleiben.

»Robogeddon«: Werden Sie durch eine Maschine ersetzt?

Silicon Valley: Die Zukunftsmanufaktur

Als ich in die Grundschule ging, pflegte meine Großmutter ein Ritual: Am Vorabend einer Klassenarbeit legte sie mir ein Buch unters Kopfkissen. Einem Aberglauben zufolge sollte sich so das Wissen über Nacht übertragen. Vermutlich wollte meine Großmutter mir mit dieser Geste Mut machen. Funktioniert hat der Trick jedoch leider nie.

Stellen Sie sich vor, wie es wäre, wenn wir nichts mehr lernen, lesen oder uns merken müssten. Wenn wir Informationen sozusagen direkt in unser Gehirn herunterladen könnten. Wäre das nicht praktisch, wenn wir unser Wissen auf einer Art Festplatte speichern könnten, indem wir es in eine Cloud hochladen? Ihnen mag das abstrus vorkommen, aber während wir mit Alltagsdingen beschäftigt sind, arbeitet die Techelite im Silicon Valley, dem malerischen und außerordentlich wohlhabenden südlichen Teil der San-Francisco-Bay-Region, bereits an einer solchen Zukunft. Dort beheimatet ist auch Ray Kurzweil, einer der prominentesten Vertreter der Techelite. Kurzweil ist Chefingenieur bei Google, Zukunftsforscher und Erfinder. Inzwischen über 70, hegte er schon seit frühester Jugend eine Faszination für den menschlichen Neokortex. Zeit seines Lebens ist er von dem Bestreben besessen gewesen, Mensch und Maschine zu einer Einheit zu verschmelzen. Zu diesem Zwecke arbeitet er unter anderem auch daran, Informationen aus dem Gehirn in Computer hochzuladen und Informationen aus der Cloud ins Gehirn herunterzuladen. Laut Kurzweil werden wir schon bald »gottgleich« und »unsterblich« sein und »das Universum beherrschen«! Nach seiner Auffassung lassen sich sämtliche menschliche Prozesse auf elektrische und biochemische Prozesse reduzieren und in Algorithmen übersetzen. Auf Kurzweil geht das Konzept der »Singularität« zurück, nach dem der »digitale Urknall« die nächste Evolutionsstufe darstellt, auf der Mensch und Maschine zu einer Einheit verschmelzen, was bis spätestens 2045 passieren soll.

Die Singularitätsthese hat eine quasireligiöse Gefolgschaft unter den einflussreichsten »Techies« des Silicon Valley. Generell unterscheidet die Techelite zwischen »evolutionärer« und »humanistischer« Künstlicher Intelligenz. Nach Auffassung der KI-Humanisten wie etwa dem Yale-Professor David Gelernter werden Menschen aufgrund ihrer einzigartigen menschlichen Eigenschaften auch in Zukunft im Zentrum unserer Existenz stehen. Sie glauben, dass Menschen die Macht über die Maschinen behalten und diese lediglich zur Steigerung der menschlichen Leistungsfähigkeit einsetzen werden. Im Gegensatz dazu sind KI-Evolutionisten wie Google-Chefingenieur Ray Kurzweil der Meinung, dass Maschinen Menschen in absehbarer Zeit überlegen sein, aber der Menschheit das Erreichen einer höheren Entwicklungsstufe ermöglichen werden.[14]

Bisher hatten die KI-Evolutionisten den größeren Einfluss auf die Erschaffung neuer Technologien, doch die Kritik aus den eigenen Reihen wächst. Die Stanford University, deren Forscher federführend zur Entwicklung Künstlicher Intelligenz beigetragen haben, hat inzwischen das Stanford Institute for Human-Centered Artificial Intelligence gegründet, das von einigen der einflussreichsten Techtitanen wie dem ehemaligen Google- und Alphabet-Chef, Eric Schmidt, und dem Mitbegründer von LinkedIn, Reid Hoffman, unterstützt wird. Zwar waren es Stanford-Wissenschaftler, die einst den Begriff der Künstlichen Intelligenz geprägt hatten, jedoch möchte die Universität heute einer Innovation

Vorschub leisten, die den Menschen und die Ethik in ihren Mittelpunkt stellt – in der Hoffnung, dass die nächste Generation von Studenten »aufgeklärtere und humanere Werte vertritt, als das bisher der Fall war«.[15]

Kurzweils Visionen mögen utopisch erscheinen, aber man sollte sie nicht vorschnell abtun. Vor über zwei Jahrzehnten machten visionäre Innovatoren wie die Gründer von Apple, Steve Jobs, von Microsoft, Bill Gates, und von Amazon, Jeff Bezos, Zukunftsprognosen, die sich als so zutreffend herausgestellt haben, dass es geradezu unheimlich anmutet. In den 1980er-Jahren sagte Steve Jobs recht konkret den Siegeszug des iPhone voraus. Bill Gates beschrieb das Internet der Dinge, als normale Menschen es sich noch nicht einmal vorstellen konnten, und Jeff Bezos prognostizierte die Übermacht des Onlinehandels, um nur ein paar Beispiele zu nennen.

Die Techtitanen erobern unsere Welt Byte für Byte – mit sehr konkreten, analogen Folgen für uns alle. Daher ist es enorm wichtig zu verstehen, wie sie denken, denn sie gestalten unsere Zukunft, und ihre Mentalität ist eine ganz andere als die konventioneller CEOs. Wie groß ist denn nun das Potenzial beziehungsweise die Bedrohung, die der technische Fortschritt für uns alle darstellt?

Nach Ansicht von Marc Benioff, CEO von Salesforce, ist »Technologie an sich weder gut noch schlecht – es kommt ganz darauf an, wie man sie einsetzt«. Techgenie und KI-Unternehmer Jeremy Howard meint, dass die industrielle Revolution ein Klacks gewesen sei im Vergleich zu dem, was uns noch bevorsteht.[16] Google-CEO Sundar Pichai geht sogar so weit zu sagen, dass Künstliche Intelligenz bahnbrechender sei als Elektrizität oder Feuer.[17] Klaus Schwab, der Gründer und Vorsitzende des Weltwirtschaftsforums und Autor von *Die Vierte Industrielle Revolution* meint, dass diese Revolution »die grundsätzliche Frage aufwerfe […], was Menschsein bedeutet«.[18] Andere malen ein düsteres Bild. Viele Ökonomen sind der Ansicht, dass sich diese Revolution grundlegend von früheren industriellen Revolutionen unterscheidet.[19] Der renommierte Wirtschaftshistoriker Robert Skidelsky sieht in Robotern sogar eine Gefahr für die Menschheit.[20] Yuval Noah Harari, israelischer Historiker und Professor an der Hebräischen Universität Jerusalem, skizziert ein regelrechtes Schreckensszenario. Er schreibt: »Die Verschmelzung von Infotech und Biotech könnte schon bald Milliarden von Menschen den Job kosten und sowohl Freiheit als auch Gleichheit untergraben. Big-Data-Algorithmen könnten digitalen Diktaturen Vorschub leisten, in denen sich die gesamte Macht in den Händen einer kleinen Elite konzentriert, während die meisten Menschen nicht unter Ausbeutung zu leiden haben, sondern unter etwas noch viel Schlimmerem – nämlich der Tatsache, dass sie auf einmal gänzlich überflüssig sind.«[21] Manche Wissenschaftler befürchten ebenfalls eine bevorstehende »Robokalypse«, weil Roboter unsere Jobs an sich reißen und die Kontrolle übernehmen könnten.[22] Der ehemalige Facebook-Produktmanager Antonio García Martínez beschreibt ein »Robogeddon«-Szenario, in dem der »Techadel bereits Überlebenscamps für sich errichtet, während der Rest von uns schlafwandlerisch auf die Apokalypse zusteuert«.[23] Der MIT-Professor und Co-Autor von *The Second Machine Age*, Erik Brynjolfsson, warnt vor Revolution und Gewalt, wenn sich die Gesellschaft nicht adäquat auf diese Herausforderungen einstellt.[24]

Die Geisteshaltung der Tech-Genies erscheint gespalten: Einerseits glauben sie, über fast gottgleiche Schöpfungskraft zu verfügen, während sie andererseits Angst vor dem sogenannten Exit haben – und das bedeutet in diesem Zusammenhang nicht Börsengang. Mit »Exit« oder »Event« meinen sie den Eintritt eines katastrophalen Ereignisses, beispielsweise den Ausbruch sozialer Unruhen, den durch Cyberkriminalität ausgelösten Zusammenbruch der Infrastruktur, den Ausbruch von Pandemien sowie Umwelt- und anderen Katastrophen. Um für diese Risiken gewappnet zu sein, entwerfen sie Fluchtpläne und planen den Rückzug in Survival Camps.

Ein Beispiel ist Peter Thiel, der erste Investor in Facebook sowie Mitgründer von PayPal, Palantir und des Founders Fund. Er erwarb die neuseeländische Staatsbürgerschaft und schuf sich einen an einem See gelegenen sicheren Rückzugsort, ausgestattet mit eigener Landebahn und – so munkelt man – sogar einem unterirdischen Bunker. Gleichzeitig finanziert er zusammen mit anderen Silicon-Valley-Schwergewichten Unsterblichkeitsforschung. Fluchtgedanken sind vermutlich auch die Motivation für das Bestreben einiger Techtitanen, den Weltraum zu erobern. Jeff Bezos investiert Milliarden seines eigenen Geldes in sein Unternehmen Blue Origin, mit dem Ziel, Billionen Menschen in Weltraumkolonien anzusiedeln. Weil wir seiner Meinung nach die Erde zerstören, sei der einzige Ausweg die Bevölkerung des Weltalls. Ebenso steckt der notorisch eigenwillige Tesla-Erfinder Elon Musk ein Vermögen in sein Weltraumunternehmen SpaceX, um eine Million Siedler auf den Mars zu verfrachten. Steve Jobs brachte das Mindset der Innovationspioniere und ihren Einfluss treffend auf den Punkt: »Gelobt seien die Verrückten. Die Unangepassten. Die Rebellen. Die Unruhestifter. [...] Man sollte sie nicht ignorieren. Weil sie der Menschheit mit ihren Veränderungen Fortschritt bescheren. Und während manche sie für verrückt erklären, erkennen wir ihr Genie. Weil Menschen, die so verrückt sind zu glauben, dass sie die Welt verändern können [...], diejenigen sind, die es auch schaffen.«[25]

Rückblick: Die Wirkkräfte der Globalisierung

Vorbei sind die Zeiten, als eine vierköpfige Familie noch von einem Gehalt leben konnte, Bildung bezahlbar war und sich die private Verschuldung in Grenzen hielt. Die Jahre nach der Großen Depression von 1929 in den USA waren geprägt von einem Sinn für Loyalität. Unternehmen unterstützten die Interessen der Gesellschaft und generierten Millionen von Arbeitsplätzen, auch um Kunden für ihre Produkte zu schaffen. Verkörpert wurde dieser Geist insbesondere durch Henry Ford, der die viel zitierte Maxime prägte, dass es für Industriemagnaten eine Regel gebe, nämlich die hochwertigsten Produkte zu niedrigsten Kosten bei höchstmöglichen Löhnen herzustellen. Seiner Ansicht nach war es offensichtlich, dass man seine Arbeiter angemessen bezahlen müsse, damit sie sich die hergestellten Produkte leisten könnten. Durch dieses Zusammenwirken von Arbeitgeber und Arbeitnehmer haben die USA enormen Wohlstand erfahren. Es herrschte ein Gefühl der Einigkeit darüber, in einer Schicksalsgemeinschaft verbunden zu sein. Selbst als die fortschreitende Technologisierung und die Globalisierung zunehmend mehr Jobs kosteten, waren Unternehmen wie Kodak bereit, Gewinneinbußen hinzunehmen, um die negativen Auswirkungen auf ihre Mitarbeiter abzufedern, indem sie diese umschulten oder ihnen halfen, andere Anstellungen zu finden.[26]

Derartige Loyalität gehört mittlerweile weitgehend der Vergangenheit an. Fortschritt und Globalisierung haben dem ehemals geltenden Gesellschaftsvertrag die Geschäftsgrundlage entzogen. Global zusammenwirkende strukturelle Kräfte wie der Wettbewerb mit Billiglohnländern wirkten sich negativ auf die Gewinne von Unternehmen aus. Diese passten sich an, beispielsweise durch Outsourcing, was auf Kosten von Löhnen, Sozialleistungen und Arbeitsplatzsicherheit ging. Langsam, aber sicher verlagerte sich der Fokus weg von der Beachtung auch gesellschaftlicher Belange ausschließlich und obsessiv auf die Interessen der Aktionäre. Und während die CEOs großer Unternehmen über 300-mal mehr als durchschnittliche Beschäftigte verdienen, werden Letztere zunehmend als vermeidbarer Kostenfaktor betrachtet. Technologie hat zu größerer gegenseitiger Unabhängigkeit von Arbeitgebern und Arbeitnehmern geführt, aber vor allem hat sie die Verhandlungsmacht der Arbeitnehmer geschwächt.[27]

Ausblick: Die Wirtschaft der Zukunft

In unserer Wissenswirtschaft sind Daten das neue Öl, Gold und Wasser. Was auch immer das Geschäftsmodell ist – die Macht von Unternehmen liegt in datengestützten Netzwerken. Die größten Wettbewerbsvorteile basieren auf Konzentration und Konnektivität, denn in unserem technologisierten Wirtschaftssystem bedeutet beste Vernetzung auch gleichzeitig größte Produktivität. Die Dynamik der sogenannten Superstar-Wirtschaft, ein von dem Ökonomen Sherwin Rosen in den 1980er-Jahren geprägter Begriff[28], hat zu Monopolismus geführt, da Unternehmen, die bereits über einen großen Marktanteil verfügen, aufgrund von Netzwerkeffekten die optimalen Voraussetzungen haben, diesen automatisch weiter zu vergrößern.

Vor allem Techkonzerne schaffen gigantische Ökosysteme, innerhalb derer sie ihren eigenen Waren und Dienstleistungen den Vorzug geben. Tauchen potenzielle Konkurrenten am Markt auf, dann kaufen sie diese mit ihren schier unbegrenzten finanziellen Ressourcen einfach auf – entweder, um sie in den Konzern zu integrieren, oder aber, um sie abzuwickeln. Die daraus resultierende Konzentration führt zu Eintrittsbarrieren, was im Umkehrschluss bedeutet, dass weniger gut aufgestellte Unternehmen noch schlechter performen. Der Datenreichtum der Techkonzerne hat zudem eine Informationsasymmetrie zur Folge, weil die Unternehmen vollumfängliches Wissen über ihre Beschäftigten, Kunden und Endverbraucher erlangen, während diese wiederum über keinerlei Einblicke in die undurchdringliche Dynamik der Algorithmen verfügen. Dieser Trend zum Monopolismus wird durch einen Mangel an Regulierung noch weiter verschärft.

Ein Beispiel dafür ist Amazon. Kontinuierlich ist das Unternehmen in fast alle Bereiche unseres Lebens vorgedrungen. Angefangen hat es mit dem Onlineverkauf von Büchern. Dann erweiterte es seine Produktpalette auf Konsumgüter, später auf Lebensmittel, Streaming- und Cloud-Dienste, Medikamente, Finanzdienstleistungen, stationäre Buchläden und lokale Supermärkte. Derzeit erwägt die Geschäftsführung, auch den Versand selbst zu übernehmen.[29] Amazon kann seinen »Footprint«, also seine Absatzmärkte, beliebig vergrößern, weil es überproportional von Algorithmen profitiert. Die in einem Segment gewonnenen Daten kann es auch in anderen Segmenten nutzen; und der Gesamtüberblick über alle Daten ermöglicht dem Unternehmen einen optimalen, kommerziellen Einsatz. Konventionelle, eindimensionale Firmen können da kaum mithalten.

Aus all dem folgt, dass Wettbewerb zunehmend zwischen den großen »Superstar«-Konzernen ausgetragen wird. Diese Dynamik dürfte sich weiter verstärken, denn dem Moore'schen Gesetz zufolge verdoppelt sich die Rechenleistung von Computern circa alle 18 Monate, während die Kosten fallen. Skeptiker bezweifeln, dass dieses Gesetz noch vollumfänglich greift, weil ihrer Ansicht nach Technologien mittlerweile an ihre physischen Grenzen stoßen. Doch selbst wenn sich der Anstieg der Leistungsfähigkeit verlangsamen sollte, ist davon auszugehen, dass es sich um eine Entwicklung handelt, die sich mittlerweile zumindest selbst perpetuiert.

Beachten sollte man auch, dass Technologien, deren Leistungsfähigkeit exponentiell zunimmt, aufeinandertreffen und sich gegenseitig weiter verstärken. Beispielsweise macht die Arzneimittelentwicklung Quantensprünge, weil sie sich Biotechnologie, Künstliche Intelligenz und Supercomputer zunutze machen kann.[30] Eine Manifestation dieses Phänomens war auch die rasche Entwicklung von Impfstoffen zum Schutz vor COVID-19-Viren. Jeffrey Snover, führender Software-Architekt bei Microsoft, merkt an, dass »Unternehmen vormals Wert schufen, indem sie Atome bewegten. Demgegenüber schaffen sie heute Wert, indem sie Bits bewegen.« Aktuellen Studien zufolge wird die Zahl der digitalen Bits die Anzahl der Atome auf der Erde innerhalb der nächsten 150 Jahre übersteigen.[31]

Arbeitsmarkt: Die Folgen der Digitalisierung

In den letzten Jahrzehnten hat unsere Wirtschaft eine Transformation durchlaufen, von einer industriellen hin zu einer wissensbasierten, digitalen Wirtschaft. Im Zuge dessen hat sich fast unbemerkt ein boomender Megatrend gebildet: das Outsourcing von Arbeit an unabhängige Arbeiter, sogenannte Gig-Arbeitnehmer.

Dieser Trend zeigt sich in fast allen Branchen. Zwischen 2000 und 2016 hat sich das Dollarvolumen im Zusammenhang mit Outsourcing-Verträgen verdreifacht, von 12,5 Milliarden Dollar auf etwas über 37 Milliarden Dollar.[32] Großunternehmen wie Google, FedEx und die Bank of America outsourcen auf diese Weise bereits 50 Prozent ihrer Arbeit. Ziel ist es, letztendlich fast alle Jobs auszulagern, bis auf die des Managements.

»Diese Art von kurzfristiger Zeitarbeit gibt es natürlich schon lange, aber digitale Plattformen, auf denen Menschen für begrenzte Arbeitsleistungen angeheuert werden können, sind neu.«[33] In der »On-demand- und Just-in-time-Wirtschaft« bedeutet die Verbrauchernachfrage nach immer neuen Erfahrungen, dass Unternehmen ständig damit beschäftigt sind, mit neuen Waren und Dienstleistungen aufzuwarten. Daher agieren sie meist kurzfristig und auf spekulativer Basis. Jeder Arbeiter ist in dem jeweiligen Moment notwendig, aber entbehrlich, sobald das Projekt abgeschlossen ist.[34] Daher passen sich Unternehmen der Nachfrage an und versuchen, flexibel zu bleiben, indem sie sich von Vollzeitbeschäftigten trennen, ihre Arbeiter auf Nachfrage mobilisieren und mithilfe von Algorithmen Management auf Abruf betreiben.[35] Gig-Jobs umfassen freiberufliche und selbstständige Tätigkeiten, Nebenjobs, kurzfristige On-demand-Arbeit und vorübergehende Managementtätigkeiten, wie etwa als Interims-CEO. Diese Jobs findet man in der Regel auf Onlineplattformen sowie über Personaldienstleister und andere Vermittler.[36] Die genaue Anzahl und Wachstumsrate von Gig-Arbeitern, die ihren Lebensunterhalt durch sogenannte alternative Arbeitsarrangements bestreiten, ist schwer zu schätzen, da diese Zahlen nicht präzise in offiziellen Statistiken festgehalten werden.[37]

Qualifizierte Arbeitskräfte haben in der Gig Economy die größten Chancen auf Erfolg.[38] Ihre Kompetenzen sind gefragt, was ihnen Verhandlungsmacht gibt. Außerdem bietet unabhängige Auftragsarbeit Autonomie, die es ihnen ermöglicht, ihr Leben selbstbestimmt zu gestalten, was für viele durchaus ein attraktives Attribut darstellt.

Geringer qualifizierte Arbeitnehmer haben in der Gig Economy das Nachsehen. Plattformgeschäftsmodelle werden wegen der Möglichkeit zur Unabhängigkeit und Selbstbestimmung gepriesen, weil sie es Menschen ermöglichen, selbst Mikrounternehmer zu werden. Doch schaut man genauer hin, dann wird deutlich, dass diese Geschäftsmodelle eher einer Art Neofeudalismus ähneln als einer sozial gerechteren Form des Kapitalismus. Wer Plattformen wie Uber oder TaskRabbit nutzt, um Arbeit zu finden, ist externer Auftragnehmer, hat bei den unternehmerischen Entscheidungen der Firma keinerlei Mitspracherecht, wird nicht auf Grundlage unternehmerischen Risikos bezahlt und erhält auch keine Firmenanteile. Die Datenerfassung und -verwaltung durch Algorithmen hat eine absolute Informationsasymmetrie zwischen Plattformunternehmen und Arbeitern zur Folge. Techunternehmen wissen heute mehr über ihre Arbeiter und haben mehr Kontrolle über diese als jedes konventionelle Unternehmen zuvor. Sie lagern die unternehmerischen Risiken und Geschäftskosten auf die Arbeiter aus, die zu allem Übel auch noch ohne Arbeitnehmerschutz und Sozialleistungen auskommen müssen. Diese ausbeuterischen Charakteristika sind für die Arbeiter aufgrund des undurchsichtigen Einsatzes von Algorithmen und der Art der Vereinbarungen schwer durchschaubar. Nehmen wir beispielsweise den beliebten Fahrdienst Uber. Das Unternehmen verfügt über sämtliche Daten zu ihren Fahrern und Kunden, die aber wiederum selbst keinen Zugriff darauf haben. Die Preise werden flexibel und automatisch von der Zentrale aufgrund von Daten zu Angebot und Nachfrage durch Algorithmen festgelegt, in die die Fahrer keinen Einblick haben und die sich ihrem Einfluss entziehen.[39]

Nicht einmal die Techelite ist sich einig darüber, wie genau Technologie unsere Zukunft im Einzelnen prägen wird. Während manche eine Robokalypse fürchten, malen sich andere ein hedonistisches Paradies aus, in dem der Mensch – befreit von sinnentleerter Arbeit – sein Leben genießen kann. Vermutlich wird keines dieser extremen Szenarien eintreten, jedenfalls nicht in absehbarer Zukunft. Wahrscheinlicher ist, dass wir in den kommenden Jahren immer mehr mit Maschinen zusammenarbeiten werden, um unsere Leistungsfähigkeit und Produktivität zu steigern.

Um Hunderttausende von Arbeitsplätzen zu retten, schulen Unternehmen wie Accenture Beschäftigte um und setzen sie dort ein, wo ein Zusammenwirken menschlicher und maschineller Intelligenz Sinn macht.[40] So predigen die MIT-Professoren Brynjolfsson und McAfee denn auch, dass der Wettlauf nur zu gewinnen sei, wenn wir nicht *gegen* Maschinen antreten, sondern *mit* ihnen. »Künstliche Intelligenz ist uns im Hinblick auf reguläre Datenverarbeitung und sich wiederholende Berechnungen bereits um einiges voraus. Aber auch ihre Performance im Zusammenhang mit komplexer Kommunikation und dem Erkennen von Mustern verbessert sich zusehends. An Intuition und Kreativität fehlt es Rechnern jedoch noch, sodass sie überfordert sind, wenn Aufgaben auch nur geringfügig von den ihnen zugrunde liegenden Programmierungen abweichen. Glücklicherweise verfügen Menschen jedoch genau über die Stärken, die Computern fehlen, was ein ideales Zusammenwirken ermöglicht.«[41]

Ray Dalio, Gründer des Hedgefonds Bridgewater Associates, der mit einem verwalteten Vermögen von 138 Milliarden Dollar[42] zu den größten und erfolgreichsten Hedgefonds aller Zeiten gehört, sieht das ähnlich. Seiner Auffassung nach war es Technologie, »die unsere Wirtschaft, in der die meisten Menschen ursprünglich noch [für ihren Lebensunterhalt] in der Erde gebuddelt haben, in das heutige Informationszeitalter befördert hat. [...] Bei Bridgewater nutzen wir Computersysteme so wie ein Autofahrer sein GPS-Navigationssystem: nicht als Ersatz für unsere Fähigkeiten, sondern als Ergänzung.«[43]

Aller Voraussicht nach werden Sie Ihren Job in absehbarer Zeit also nicht an Roboter verlieren, sondern zunehmend mit diesen »im Team« zusammenarbeiten.

Pandemien – COVID-19: Disruptions-Beschleuniger

Anfang 2020 brach weltweit die verheerende COVID-19-Pandemie aus, die Millionen von Todesopfern forderte und unser aller Leben in einen plötzlichen Stillstand versetzte. Inmitten der Pandemie warnte US-Notenbankchef Jerome Powell, dass unsere bisherige Wirtschaft der Vergangenheit angehören könnte.[44] Seiner Ansicht nach beschleunigt die Pandemie bereits bestehende Trends in Wirtschaft und Gesellschaft, unter anderem den verstärkten Einsatz von Technologie, Telearbeit und Automation. Das wird nachhaltige Auswirkungen darauf haben, wie wir leben und arbeiten.[45] »Die Tatsache, dass diese Veränderungen so plötzlich erfolgt sind, ist unglaublich disruptiv«,[46] und Unternehmen dürften den daraus resultierenden Paradigmenwandel als Vorwand nehmen, Arbeitsplätze abzubauen, da die Pandemie ihnen gezeigt hat, dass sie mit weniger Beschäftigten und geringeren Immobilienkosten genauso produktiv sein können. Viele der gestrichenen Stellen werden vermutlich niemals wieder besetzt werden. »Und von den Jobs, die erhalten bleiben, werden viele nach Bedarf auf Projektbasis an Zeitarbeitnehmer outgesourct und von Algorithmen verwaltet.«[47]

All diese potenziell negativen Entwicklungen und die allgemeine Ungewissheit haben tiefgreifende psychologische Auswirkungen auf uns. Wir sorgen uns und werden risikoscheuer. Wird unser altes Leben jemals zurückkehren? Wie wird sich unsere Arbeitswelt verändern? Und was wird aus unseren Städten?

Schaut man in die Geschichte, so sind Gesellschaften im Nachgang von Pandemien geradezu aufgeblüht. Die katastrophale Beulenpest, die im 14. Jahrhundert ausbrach, dauerte über 300 Jahre an und raffte ein Drittel der europäischen Bevölkerung dahin.[48] Gleichwohl war diese Zeit aber auch die Geburtsstunde der Renaissance, des goldenen Zeitalters der politischen, künstlerischen und wirtschaftlichen Erneuerung, die schließlich ganz Europa erfassen sollte. Wenn man danach geht, wie Gesellschaften sich nach früheren Pandemien entwickelt haben, dann werden wir nach Corona weltweit umfangreiche soziale, wirtschaftliche und politische Veränderungen erfahren, von denen viele positiv verlaufen werden, zum Beispiel die Entstehung eines größeren Bewusstseins für Umwelt- und Klimanachhaltigkeit.

Aber Pandemien haben natürlich auch negative Folgen. Die Corona-Krise hat bestehende Einkommens-, Vermögens- und Chancenungleichheiten, die sich bereits auf einem Rekordstand befanden, noch vergrößert.[49] Im Laufe der Geschichte haben Pandemien häufig soziale Unruhen ausgelöst, weil sich Menschen auch damals schon gegen Quarantänen, Lockdowns und Ungleichheit aufgelehnt haben.[50] Globale Massenproteste hatten in den letzten Jahrzehnten schon stark zugenommen, und werden durch die Pandemie weiter befeuert. Was man in allen Pandemien beobachten konnte, war, dass Menschen ihre Verhaltensweisen zwar rasch an die geänderten Umstände angepasst haben, aber bei Abebben der Pandemie schnell wieder in die alten Muster zurückgefallen sind. Wo auch immer Corona-Auflagen gelockert wurden – ob in China, Europa oder den Vereinigten Staaten –, haben die Menschen sich sofort wieder mit anderen getroffen, Restaurants besucht, eingekauft und sind gereist. Vor 100 Jahren schon stellte der Historiker James Westfall Thompson fest, dass die Pest des 14. Jahrhunderts, wie übrigens der Erste Weltkrieg auch, geradezu »übersteigerten Frohsinn, Verschwendungssucht, den Hang zum Luxus [und zur] Dekadenz« nach sich zog.[51]

Ungewiss sind die Auswirkungen der Pandemie auf Großstädte wie New York, Los Angeles, Chicago und andere Metropolen überall auf der Welt. Lockdowns, Konjunkturabschwung, Arbeitsplatzverlust und das Ausbleiben von Pendlern sowie von Touristen hatten einen dramatischen Preiseinbruch von Gewerbe- und Wohnimmobilien zur Folge.

Allerdings hat sich gezeigt, dass dicht besiedelte Städte den Ausbruch von Pandemien nicht notwendigerweise schlechter managen als ländliche Gebiete. Beispielsweise ist es Hongkong, Singapur und mehreren Großstädten in China erfolgreich gelungen, die Infektionen trotz hoher Bevölkerungsdichte schnell und wirksam zu bekämpfen – durch Vorbereitung, ein effizientes Gesundheitswesen und Schutzmaßnahmen. Darüber hinaus haben in Europa und Asien durchgeführte Studien gezeigt, dass öffentliche Verkehrsmittel, auf die die Großstadtbevölkerung angewiesen ist, ein geringeres Risiko darstellen als ursprünglich angenommen.[52]

Dessen ungeachtet ist die wirtschaftliche Zukunft von Großstädten mehr als ungewiss. Im Herbst 2020 veröffentlichte James Altucher, ehemaliger Hedgefonds-Manager, Autor und einflussreicher Podcaster, einen Artikel mit dem Titel »New York City ist für immer erledigt« (»New York City is Dead Forever«)[53], der in den Vereinigten Staaten Wellen schlug. Mehrere prominente Persönlichkeiten, unter anderem der Komiker Jerry Seinfeld, lieferten sich im Anschluss erhitzte Wortgefechte in den Medien.[54] Viele Städte werden im Nachgang der Pandemie voraussichtlich die Nutzung ihrer Flächen, gewerblichen Immobilien und der öffentlichen Verkehrsmittel überdenken[55], sich umorientieren, neu erfinden und ein neues Narrativ für sich erschaffen. New York könnte zum Beispiel ein Zentrum für Forschung und Entwicklung werden, für digitale Disruption, Start-ups, Biotechnologie und saubere Energie.

Tatsächlich ist das Leben wieder langsam nach New York zurückgekehrt. Zwar haben einige der großen, in der Stadt angesiedelten Unternehmen wie Black-Rock und Morgan Stanley angekündigt, zukünftig weniger Bürofläche zu benötigen. Demgegenüber werden andere Unternehmen jedoch zusätzlichen Platz in Anspruch nehmen, um Social-Distancing-Regeln gerecht werden zu können. Viele von ihnen sind der Meinung, dass New York aufgrund seiner Lage und Infrastruktur immer noch der ideale Ort ist, um einen prestigeträchtigen Hauptsitz zu unterhalten, ein Business fortzuführen und dessen Wachstum zu fördern. Sie haben noch während der Pandemie Mietverträge für riesige Büroflächen unterzeichnet, vor allem auch weil sie davon ausgehen, dass ein signifikanter Teil der Arbeitnehmer wieder in die Büros zurückkehren wird. Auf dem Höhepunkt der Corona-Pandemie in New York im Frühjahr 2020 erwarb Amazon das ehemalige Lord-&-Taylor-Gebäude an der Fifth Avenue von WeWork. Im Sommer desselben Jahres mietete Facebook die fast 70.000 Quadratmeter große Bürofläche des

Farley-Post-Gebäudes, das gleich neben der Penn Station liegt. AIG, TikTok und Raymond James haben ebenfalls Mietverträge für große Büroflächen unterzeichnet. Und es besteht weiterhin rege Nachfrage nach entsprechenden Flächen in Hudson Yards, dem neuen, luxuriösen Viertel im Westen der Stadt.[56] Zukünftig werden wir aller Voraussicht nach drei Arten von Bürotätigkeit sehen: ausschließliche Arbeit im Homeoffice, ausschließliche Arbeit im Büro sowie eine Kombination aus beidem. Zahlreiche Unternehmen werden aus verschiedenen Gründen auf zumindest teilweise Anwesenheit im Büro bestehen. Zunächst einmal erfordern einfach immer noch viele Arbeitsplätze eine physische Präsenz vor Ort. Des Weiteren ist für viele Tätigkeiten, zum Beispiel in der Forschung oder auch in kreativen Berufen, der direkte, persönliche Austausch unter den Mitarbeitern unerlässlich. Außerdem müssen junge Kollegen Gelegenheit haben, von älteren lernen zu können. Und während internetbasierte Meeting-Plattformen hilfreich sind, so ist doch die persönliche Begegnung für das Netzwerken unerlässlich, wie wir ausführlicher in Kapitel fünf erörtern werden. Last, but not least haben viele Chefs gern die Kontrolle über ihre Mitarbeiter vor Ort. Abgesehen davon drängen viele Arbeitnehmer selbst wieder ins Büro zurück, weil sie berechtigterweise das Gefühl haben, ihre Karriere vor Ort effektiver vorantreiben zu können, weil sie ihre Kollegen vermissen und gern im Team arbeiten oder weil ihre persönlichen Umstände wie Platznot oder Kinder ein Arbeiten von zu Hause schwierig gestalten. Und natürlich gibt es auch viele Menschen, die allein schon aus Gründen der psychischen Gesundheit den Tapetenwechsel und den Austausch mit Kollegen benötigen.[57]

Der Stadtentwicklungsexperte Carl Weisbrod, der vom New Yorker Bürgermeister Bill de Blasio in eine Taskforce berufen wurde, um die Wiederbelebung der Stadt zu managen, glaubt zwar, dass die Pandemie eine Herausforderung für die Stadt darstellt. Jedoch ist er zuversichtlich, dass sie sich erholen wird, wenn es gelingt, das wertvolle »Humankapital« zu halten. So hält denn auch Kolumnist Conor Sen in einem *Bloomberg*-Meinungsbeitrag ein Plädoyer für Großstädte. Seiner Auffassung nach werden diese insbesondere für Berufseinsteiger attraktiver sein. Ich stimme Sens Argument zu und würde es auf alle beziehen, die ihre Karriere proaktiv vorantreiben wollen. Sen erläutert, dass Städte einfach bessere Gelegenheiten für den beruflichen Aufstieg bieten, insbesondere für Menschen, die sich noch relativ am Anfang ihrer Karriere befinden und ihr Netzwerk und ihre Fähigkeiten ausbauen müssen. Er argumentiert – wie auch ich –, dass »die

Erfahrung des direkten persönlichen Austauschs und die Gelegenheit, von anderen zu lernen«, unersetzbar sind und dass New York »das Zentrum für persönliche Begegnungen« werden könne, während sich mittelgroße Städte wie Miami oder Austin mehr auf Fernarbeit spezialisieren.[58] Der bekannte Städteforscher Richard Florida prognostiziert, dass »nach [dem Ende der Pandemie] die führenden Städte der Welt immer noch die gleichen wie die vor der Pandemie sein werden«.[59] Der renommierte Wissenschaftler Professor William Haseltine, Pionier auf dem Gebiet der Gensequenzierung, Gründer der Krebs- und HIV/Aids-Forschungszentren an der Harvard University und selbst langjähriger New Yorker, ist der Ansicht, dass »mit dem Ende der Pandemie das Leben rasch in die Städte zurückkehren wird«. Zwar haben viele New Yorker die Stadt verlassen, aber die meisten von ihnen nur vorübergehend, bis sich die Umstände verbessert haben werden.[60] Sobald sich wirtschaftliche und soziale Dynamiken wieder einrenken und ein »normaleres« Leben zurückkehrt, könnten kleinere Städte, zu denen die Großstädter Zuflucht gesucht haben, an Attraktivität verlieren, weil die Preise in den Metropolen deutlich fallen und bessere Chancen für Arbeitnehmer und Unternehmer bereithalten. Erschwingliche Wohn- und Gewerbeimmobilien bei großer Auswahl stellen günstige Voraussetzungen für Karrieren und geschäftlichen Erfolg dar. Selbst für Menschen, die überwiegend aus dem Homeoffice arbeiten, können Städte eine attraktive Lebensqualität bieten.[61]

Dass Krisen nicht nur Notlagen schaffen, sondern auch neue Chancen bieten, zeigt auch die »große Finanzkrise«, die 2008 einsetzte und mehrere Jahre dauerte. Auf ihrem Höhepunkt wurden etliche innovative Unternehmen gegründet, die heute Marktführer sind, wie Uber, WhatsApp, Groupon und Square. Andere Unternehmen, die während früherer Rezessionen gegründet worden waren, sind beispielsweise General Electric, General Motors, IBM, Disney, Hewlett-Packard, FedEx und Microsoft.

Auch in der gegenwärtigen Umbruchphase werden aller Voraussicht nach neue Unternehmen gegründet, die in ein paar Jahren marktbeherrschend sein werden. Scott Galloway, Professor an der New York University, Start-up-Gründer und Silicon-Valley-Experte, stellt zu Recht fest, dass »Innovation die Dynamik im Markt verändert, was es flinken und beweglichen Akteuren ermöglicht, etablierten Unternehmen Marktanteile abzugewinnen«.[62]

Und was bedeutet das für den Einzelnen? Die Geschichte ist voll von Menschen, die selbst unter widrigsten Umständen außergewöhnliche Erfolge erzielt haben. Während des 16. Jahrhunderts, als die Pest besonders dramatisch wütete, erschuf Leonardo da Vinci die Mona Lisa und Michelangelo die Statue des David von Florenz. Im 17. Jahrhundert, als die Universität von Cambridge wegen der Pest schließen musste, nutzte der Physiker, Mathematiker und Astronom Isaac Newton die Zeit, um die Schwerkraft zu erforschen sowie die Differenzial- und Integralrechnung zu konzeptionieren. Und während der pestbedingten Schließung von Theatern schrieb William Shakespeare *King Lear* und *Macbeth*.[63] Na, wenn das keine Motivation ist …!

Gesellschaft: Die Auswirkungen der Disruption

Die unsichtbaren Wirkkräfte der Digitalisierung haben tiefgreifende Auswirkungen auf unsere Wirtschaft, Politik und Gesellschaft. Zwar birgt die Digitalisierung enormes Potenzial, allerdings nur, wenn sie von der Politik, den CEOs und den Aufsichtsbehörden umsichtig gemanagt wird. Bisher hat sie vor allem als Folge von Konzentration und Monopolismus weltweit die soziale Ungleichheit vergrößert, was zu einer deutlichen Zunahme von Populismus, Polarisierung und Protektionismus geführt hat.

Im Technologiesektor beruht die wachsende Ungleichheit auf einem Fehler im System. Das liegt zum Teil an der schieren Marktdominanz von Techunternehmen, die sich aufgrund von Netzwerkeffekten automatisch vergrößert. Darüber hinaus verschärfen die zugrunde liegenden Algorithmen selbst die Ungleichheit, wie die Mathematikerin Cathy O'Neil in ihrem Buch mit dem treffenden Titel *Mathe-Vernichtungswaffen* (*Weapons of Math Destruction*, ein cleveres Wortspiel mit dem Begriff »Massenvernichtungswaffen«) aufdeckt. Laut O'Neil werden »Vorurteile und Diskriminierungen von Menschen in Algorithmen einprogrammiert, ohne dass dies geprüft oder hinterfragt wird«. Weiter führt sie aus, dass Menschen, die zu den privilegierteren Schichten gehören, den Luxus haben, viele Angelegenheiten persönlich im Austausch mit anderen Menschen regeln zu können, während die Belange der breiten Masse in der Regel maschinell von Computersystemen bearbeitet werden. Der größte und folgenschwerste Irrtum bestünde darin, dass Algorithmen für objektiv und fair gehalten würden. Dabei sei genau das Gegenteil der Fall: Da sie von Menschen programmiert würden, beinhalteten sie genau deren Voreingenommenheiten, Vorurteile und

Meinungen. O'Neil ist der Auffassung, dass »Datenverarbeitung lediglich die Vergangenheit kodifiziert, nicht jedoch die Zukunft abbilden kann«.[64]

Hedgefonds-Manager Ray Dalio, der mit seinen treffsicheren makroökonomischen Prognosen Milliarden verdient hat, warnt schon lange vor der Gefahr, dass die wachsende Ungleichheit letztendlich zu Revolution oder Bürgerkrieg führen könnte.[65] In der Tat weisen viele Anzeichen auf eine Zuspitzung der Situation hin, doch was der Auslöser für derartige Ereignisse sein wird und wann diese eintreten werden, ist unmöglich konkret vorherzusagen. Die Geschichte hat immer wieder gezeigt, dass sowohl Experten als auch Institutionen monumentale Wendepunkte wie den Fall der Sowjetunion, den Ausbruch des Arabischen Frühlings und die Finanzkrise von 2008 völlig verkannt und verpasst haben.

Um den Wegfall von Arbeitsplätzen abzufedern und den gesellschaftlichen Frieden zu wahren, weist der Microsoft-Gründer und milliardenschwere Philanthrop Bill Gates auf die Wichtigkeit politischer Maßnahmen hin. Er schlägt eine Robotersteuer vor, um den Anreiz für Unternehmen, auf Roboter umzusteigen, zu verringern. Darüber hinaus sollten Hilfsprogramme für Arbeitnehmer zur Überbrückung geschaffen werden. Platziert werden sollten sie dann vor allem in Branchen, in denen es auf menschliche soziale Intelligenz ankommt, etwa in der Altenpflege und Bildung. Warum sollte Roboterarbeit auch geringer besteuert werden als menschliche Arbeit?[66]

Mark Zuckerberg von Facebook geht sogar noch weiter. Er setzt sich für ein universelles Grundeinkommen ein, eine bedingungslose Zahlung des Staates an alle Bürger, ungeachtet ihrer tatsächlich geleisteten Arbeit oder sonstigen Beiträge, um ein Abgleiten weiter Teile der Bevölkerung in Armut zu verhindern und ihnen ein würdevolles Leben zu ermöglichen.[67]

Von der Idee eines universellen Grundeinkommens sind viele Techies und Unternehmer im Silicon Valley angetan. Entgegen landläufiger Meinung haben sich die meisten von ihnen nicht der ultrakonservativen Ideologie des Libertarismus verschrieben, sondern befürworten einen eher kollektivistischen Ansatz, in dem der Staat eine durchaus aktive Rolle einnimmt. Zwar glauben sie, dass jeder die Chance hat, sich als Unternehmer zu versuchen, aber sie sind gleichzeitig der Ansicht, dass statistisch gesehen nur wenige erfolgreich sein werden. Weil Automatisierung den Anteil der erwerbstätigen Bevölkerung verringert und eine immer kleinere Gruppe von Unternehmern einen immer größeren Teil des Wohlstands erwirtschaftet, muss ihrer Meinung nach eine

Umverteilung stattfinden, um sicherzustellen, dass jeder Bürger über das Existenzminimum verfügt.[68]

Ob und wie diese gesellschaftlichen und wirtschaftlichen Verwerfungen letztlich überwunden werden, ist derzeit noch unklar. Das gibt Anlass zur Sorge, weil Politiker – wenn überhaupt – nur begrenzte Strategien haben, diesen monumentalen Veränderungen und dem drohenden Arbeitsplatzverlust zu begegnen. In der Vergangenheit haben sie gern die Globalisierung als Sündenbock für weitreichenden Stellenabbau herangezogen. In Wirklichkeit beruhten aber fast 90 Prozent der Jobverluste auf Automatisierung. Lediglich 10 Prozent sind dem Outsourcing in Billiglohnländer und dem Außenhandel zum Opfer gefallen. Aufgrund von Technologie war es uns einfach möglich, mehr Waren mit weniger Arbeitskräften zu produzieren. Beispielsweise baut General Motors heute in den USA mehr Autos als je zuvor, beschäftigt aber nur noch ein Drittel der Arbeitskräfte, die noch in den 1970er-Jahren notwendig waren.[69] Klaus Schwab warnt, »dass Entscheidungsträger [...] zu sehr auf kurzfristige Belange konzentriert sind, um unsere Zukunft, die so nachhaltig von Disruption und Innovation geprägt wird, strategisch anzugehen«. Er ist der Auffassung, dass »es vor allem angesichts der Dringlichkeit branchenübergreifend an Verständnis und Führungsstärke fehlt, die im Hinblick auf die wirtschaftlichen, sozialen und politischen Veränderungen angezeigt wären«. Seiner Ansicht nach fehle ein gemeinsames, positives und schlüssiges Narrativ, das die Chancen und Herausforderungen, die die vierte industrielle Revolution mit sich brächten, aufzeige. Ein solches Narrativ sei unverzichtbar, um gesellschaftliche Unruhen zu verhindern, Menschen und Communitys »mitzunehmen« und aktiv in diese Veränderungen mit einzubeziehen.[70]

Es bleibt abzuwarten, ob Politiker, Investoren und die Gesellschaft als Ganzes dieser Herausforderung gerecht werden und ob gesetzliche Regelungen eingeführt werden, die Unternehmenschefs verpflichten, »soziale Verantwortung« zur Verstärkung der gesellschaftlichen Stabilität tatsächlich umzusetzen, anstatt sie lediglich für Marketing-Slogans zu bemühen.[71] Andernfalls könnte sich die Situation nämlich dergestalt zuspitzen, dass »Technologie wirtschaftlichen Wandel herbeiführt, der wirtschaftliche Wandel gesellschaftliche Umwälzungen auslöst, und diese Umwälzungen wiederum eine derart heftige Gegenreaktion in der Bevölkerung auslösen, dass [sozusagen ›zwangsweise‹] eine Lösung gefunden wird«.[72] Eine solche, möglicherweise auch Gewalt beinhaltende, Dynamik würde jedoch zu großen gesellschaftlichen Verwerfungen führen, mit schmerzhaften Folgen für alle Schichten.

Unser persönlicher, individueller Einfluss auf das wirtschaftliche und politische Establishment ist begrenzt. Aber es liegt in der Hand eines jeden Einzelnen von uns, sich über diese Entwicklungen zu informieren und auf das vorzubereiten, was auf uns zukommt.

Die gute Nachricht ist, dass wir Menschen auch in absehbarer Zukunft noch gebraucht werden, allerdings müssen wir uns stark anpassen. Wie man das am besten macht, erfahren Sie in den folgenden Kapiteln.

ZWEITES KAPITEL

Wie Sie lernen, innovativ zu denken

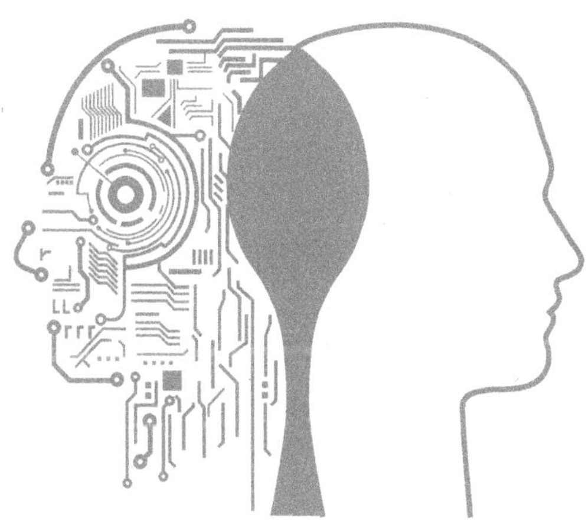

Mental-Disruption: Hinterfragen Sie sich und stellen Sie sich neu auf

> *»Achte auf deine Gedanken, denn sie werden zu deinen Worten. Achte auf deine Worte, denn sie werden zu deinen Taten. Achte auf deine Taten, denn sie werden zu deinen Gewohnheiten. Achte auf deine Gewohnheiten, denn sie werden zu deinem Charakter. Achte auf deinen Charakter, denn er wird dein Schicksal!«*
>
> Chinesisches Sprichwort, zugeschrieben Laotse

Die Vereinigten Staaten sind das weltweite Zentrum der Innovation und Disruption. Sie gehören zu den Nationen mit dem größten Reichtum, den meisten Patentinhabern und den meisten Nobelpreisträgern. Gern zelebrieren die Amerikaner ihre Kultur des Individualismus, der Eigenverantwortung und der unbegrenzten Möglichkeiten. Diese Kultur war denn auch der ideale Hintergrund für das Entstehen einer neuen Art von Vordenkern, die auf diesen Werten aufgebaut und sie weiterentwickelt haben. Dabei erlangten sie regelrecht die Stellung eines »Gurus«, beispielsweise Norman Vincent Peale (*Die Kraft des positiven Denkens*), Napoleon Hill (*Denke nach und werde reich*), Dale Carnegie (*Wie man Freunde gewinnt: Die Kunst, beliebt und einflussreich zu werden*) und Anthony Robbins (*Das Robbins Power Prinzip: Befreie die innere Kraft*). Sie propagieren die Macht des positiven Denkens und der Selbstmotivation und haben damit ein ganz neues Genre begründet: Die milliardenschwere Selbstoptimierungsindustrie.

Ihre Botschaften und Ratschläge werden mit Begeisterung aufgenommen, weil sie auf einer Grundwahrheit fußen, die einleuchtet – nämlich, dass alles, was jemals geschafft und erschaffen wurde, mit einem Gedanken beginnt, aus dem mit der Zeit Wirklichkeit wird. Dies gibt ein Werkzeug an die Hand, über das jeder von uns verfügt: die Macht über unsere Gedanken. Das, worauf wir uns mental konzentrieren, das setzen wir für gewöhnlich auch in die Tat um. Und tatsächlich resultiert das Leben, das wir jetzt führen, im Wesentlichen aus den Zielsetzungen und Entscheidungen, die wir in der Vergangenheit getroffen haben. Die Erfahrungen, die wir im Laufe unseres Lebens verinnerlichen, prägen die Vernetzungen in unserem Gehirn, die sich auf der Grundlage wiederholender Verhaltensmuster verfestigen. Denn Gehirnzellen, die regelmäßig in gleicher Weise aktiviert werden, fügen sich über die Zeit zu Mustern mit dauerhaften Verbindungen.[73]

Um uns in einer Welt optimal zu positionieren, die sich im Umbruch befindet, ist es zunächst notwendig, unsere innere Einstellung zu rekalibrieren und neu auszurichten. Im Einklang mit den Veränderungen müssen wir unser Denken hinterfragen und unsere Denkmuster anpassen. Ein Beispiel für eine der grundlegenden Veränderungen: Es ist noch nicht allzu lange her, da haben die meisten Menschen über die längste Zeit ihres Lebens in einem Job verharrt. Ein Lebenslauf, der zu viele Jobwechsel aufwies und nicht ganz geradlinig verlaufen war, erregte Misstrauen. Heute umfasst eine Karriere typischerweise verschiedene »Lebensabschnitte«. »Wer zu lange in einem Unternehmen verweilt, vor allem ohne aufzusteigen, der schadet häufig seinen Karriereaussichten.«[74] Im »Techsprech« formuliert, müssen wir unsere »Software upgraden«, unsere Mentalität mit der sich verändernden Realität »synchronisieren« und unser Denken »rekonfigurieren«. Wenn wir unsere Einstellung ändern und uns mental öffnen, bekommen wir – auch mittels unserer Intuition – ein besseres Gefühl für Trends, die sich gerade bilden. Das versetzt uns in die Lage zu erkennen, welche Kompetenzen künftig gefragt sein werden und wie wir uns darauf am besten vorbereiten. Dieses mentale Einstellen auf immer schneller stattfindende und tiefgreifendere Veränderungen ist ein fortwährender Prozess. Der renommierte Historik-Professor, Yuval Noah Harari, hält unsere Anpassungsfähigkeit für äußerst wichtig, räumt aber ein, dass es natürlich schwierig sei, unter dem Druck zu stehen, sich ständig weiterentwickeln zu müssen. Aber er gibt auch zu bedenken, dass vieles von dem, was wir heute lernen, in 20 oder 30 Jahren wahrscheinlich überholt sein werde. Deshalb empfiehlt er, sich auf die Entwicklung emotionaler Intelligenz und kontinuierlicher, persönlicher Weiterbildung zu konzentrieren.[75]

Wir alle besitzen naturgegeben die Fähigkeit, uns weiterzuentwickeln. Die Erkenntnis, dass allein wir entscheiden, wie und was wir denken, welche Fähigkeiten wir ausbauen und welche Beziehungen wir aufbauen, ist ein wichtiger Schlüssel zum Erfolg. Im Englischen gibt es eine Redensart: Das Leben besteht zu 10 Prozent aus dem, was passiert, und zu 90 Prozent aus dem, was wir daraus machen.[76] Natürlich gibt es Menschen, die in einem unsicheren Umfeld geradezu aufblühen. Aber jeder kann den Umgang mit Ungewissheit lernen. Wir alle verfügen über unterschiedliche Wesenszüge und Eigenschaften, und wie wir unsere Fähigkeiten wahrnehmen, hängt ganz entscheidend von unserer Einstellung ab. Wir filtern die Wahrnehmung unserer selbst und des externen Geschehens sozusagen durch unsere Einstellung.

Die Stanford-Professorin Carol Dweck, eine der führenden Wissenschaftlerinnen auf dem Gebiet der Motivations- und Erfolgsforschung, unterscheidet in ihrem Bestseller *Selbstbild: Wie unser Denken Erfolge oder Niederlagen bewirkt*[77] zwischen zwei Arten der Selbstwahrnehmung. Demnach gibt es Menschen, die ihr Wesen als vorbestimmt und wenig veränderbar betrachten. Andere wiederum nehmen sich als dynamisch wahr, mit der Fähigkeit, sich weiterzuentwickeln. Mit ihren Ausführungen hat Dweck einen Nerv getroffen, denn ihr Ted-Talk von 2014, »The power of believing that you can improve« (Die Macht des Glaubens, dass man sich verbessern kann)[78] wurde über 12 Millionen Mal aufgerufen.

Dweck zufolge gehen Menschen mit einem festgelegten, statischen Selbstbild davon aus, dass sie an ihren Eigenschaften und Fähigkeiten nicht viel ändern können. Sie lassen sich von ihrer Angst vor dem Scheitern zurückhalten, nehmen Rückschläge fatalistisch hin und werfen, sobald es schwierig wird, entmutigt die Flinte ins Korn. Menschen, die sich als flexibler wahrnehmen und an ihr Verbesserungspotenzial glauben, wachsen an Herausforderungen. Kontinuierlich arbeiten sie an sich, um ihre Fähigkeiten zu verbessern.

Diese Menschen sind robuster und glauben daran, dass sie alles erreichen können, was sie sich in den Kopf setzen. Sie leben auf, wenn sie gefordert werden, weil sie weniger Versagensängste hegen und Hindernisse als Chancen begreifen. Sie gehen an ihre Grenzen, und wenn sie Rückschläge erleiden, verfallen sie nicht in Selbstmitleid, sondern ändern ihre Vorgehensweise. Solche Menschen sind meist gut vernetzt und haben Rückhalt in ihrer Community.

Die meisten Menschen hegen eine Mischung aus diesen beiden Selbstbildern, wobei typischerweise eine Mentalität dominiert. Welche das ist, hat erhebliche Auswirkungen auf unser Leben. Technologieunternehmer aus dem Silicon Valley sind die Verkörperung der Alles-ist-möglich-Mentalität. Der Nervenkitzel des Risikos lässt sie zur Hochform auflaufen, und nach ihrem Verständnis besteht der Sinn konventioneller Regeln darin, gebrochen zu werden. Stets suchen sie nach neuen Grenzen, die es zu sprengen gilt, und warten dann mit kreativen, innovativen Problemlösungen auf. Ein gutes Beispiel für diese Haltung ist Tesla-Erfinder Elon Musk, der die Konzeption eines Autos von einer ganz neuen Perspektive her angedacht hat. Anstatt darüber zu sinnieren, wie er Autos verbessern könnte, formulierte er einen ganz neuen Denkansatz, nämlich den eines Computers mit Rädern. Ein weiteres Beispiel ist Jeff Bezos, der mit Amazon inzwischen in fast alle Bereiche unseres Lebens erfolgreich Einzug gehalten hat. Oder auch Mark Zuckerberg, der mit Facebook eine Plattform geschaffen hat, auf der sich fast drei Milliarden Menschen online vernetzen. Alle drei haben konventionelle Tätigkeiten – ob Autofahren, Einkaufen oder Vernetzung – aus ganz neuer Perspektive betrachtet und neu erfunden.

Sich selbst als entwicklungsfähig einzuschätzen, zahlt sich auch finanziell aus. Nicht umsonst stehen die Techtitanen an zweiter Stelle der US-Milliardäre. Nur der Finanzsektor hat noch mehr Milliardäre hervorgebracht. Finanztitanen verkörpern gleichfalls das dynamische Selbstbild – und wenn sie über sich hinauswachsen, wächst ihr Kontostand gleich mit. Stets müssen sie kreativ mit immer neuen Anlagemöglichkeiten aufwarten, um erfolgreich zu bleiben.

Erfolgreiche Unternehmer verfügen per definitionem ebenfalls über eine dynamische Selbstwahrnehmung, die es ihnen ermöglicht, Wachstum zu generieren, unvorhergesehenen Herausforderungen zu begegnen, Fehlschläge zu meistern und ihr Geschäftsmodell fortlaufend anzupassen. Profisportlern verhilft ein dynamisches Mindset zu Höchstleistungen. In ihrer Welt gibt es nur zwei Alternativen: gewinnen oder verlieren. Um sich gegen ihre Konkurrenten durchzusetzen, müssen sie an ihre Grenzen gehen und sich selbst übertreffen.

Wenn Sie das Gefühl haben, dass Sie sich mit einer zu skeptischen Einstellung oft selbst im Wege stehen, dann können Sie das durchaus ändern. Genauso wie Einstellung eine Haltung ist, die wir uns mit der Zeit angeeignet haben, können wir uns ein Mindset zulegen, das es uns ermöglicht, Herausforderungen gegenüber besser gewappnet zu sein und uns, gemessen an unseren eigenen Maßstäben, zu verbessern. Wenn Sie Ihre Gedanken bewusster »managen« und eine Einstellung kultivieren, die Sie dazu bringt, an sich selbst zu arbeiten, proaktiver zu handeln und Herausforderungen direkter anzugehen, dann werden Sie auch mental besser gewappnet sein, der Zukunft zu begegnen. Um Ihre Gedanken konstruktiv zu kanalisieren, ist es hilfreich, sie zu »re-framen«, also aus einer positiveren Perspektive zu betrachten. Framing hat nachhaltige Auswirkungen auf unsere Wahrnehmung und unsere Assoziationen. Wie Sie Probleme formulieren, bestimmt, wie Sie sie lösen.

LinkedIn-Mitgründer und -CEO Jeff Weiner, der aufgrund seiner zentralen Stellung im LinkedIn-Netzwerk wertvolle Einblicke in die Zukunft der Arbeit hat, ist der Ansicht, »dass heutzutage alles, was auf ein Unternehmen zutrifft, auch auf den Einzelnen übertragbar ist«.[79] Auch er hebt die Wichtigkeit einer »Wachstumsmentalität« hervor, also der »Überzeugung, dass sich Intelligenz und Fähigkeiten mit der Zeit kultivieren lassen«.[80] Im Grunde müssen wir, wie Maschinen auch, »ein Software-Upgrade« vornehmen – also unsere Einstellung und unsere Fähigkeiten regelmäßig aktualisieren.

Harvard-Professor Vikram Mansharamani weist ebenfalls auf die Bedeutung unserer inneren Einstellung hin. Seiner Ansicht nach sind es weniger bestimmte Fähigkeiten, die Sie zukünftig weiterbringen werden, sondern vor allem Ihre Denkweise. Im Umgang mit der durch den technischen Fortschritt ausgelösten Ungewissheit sei eine Weitwinkelperspektive genauso wichtig wie fachliche Kompetenz.[81] Eine Studie der Universität Oxford bestätigt seine Auffassung. Sie prognostiziert, dass »die meisten Management-, Wirtschafts- und Finanzberufe, die allgemeinere Tätigkeiten und soziale Intelligenz erfordern, weniger von einer Übernahme durch Maschinen gefährdet sind. Dies gelte auch für die meisten Berufe im Bildungs- und Gesundheitswesen sowie in der Kunst und der Medienbranche«.[82] Auf Professor Mansharamanis Ausführungen gehen wir in Kapitel 3 noch näher ein.[83]

Selbst-Erkenntnis: Setzen Sie sich mit sich auseinander

Um erfolgreich zu sein, war es schon immer wichtig, sich selbst zu kennen. In der Digitalwirtschaft wird dies noch unerlässlicher.

Daher sollten Sie sich fragen, wofür Sie stehen, in welchem Stadium Ihres Lebens Sie sich befinden und was Ihr Ziel ist. »Wenn Sie sich bewusst sind, was Sie ausmacht und welche Stärken Sie besitzen, können Sie Herausragendes leisten.«[84]

»Unsere Persönlichkeit beeinflusst unser Leben genauso nachhaltig wie unsere ethnische Herkunft und unser Geschlecht.«[85] Je besser wir uns selbst kennen, desto klarer wird, was wir auf welche Weise erreichen können, aber auch, was wir akzeptieren sollten, weil es sich nicht ändern lässt. Es ist hilfreich, wenn Sie ein Bewusstsein dafür entwickeln, wie Sie selbst und andere Menschen ticken, gleichgültig ob Sie freiberuflich tätig oder selbstständig sind, ob Sie Teil eines

Unternehmens sind oder an dessen Spitze stehen.[86] Selbsterkenntnis versetzt uns in die Lage, bessere Entscheidungen zu treffen, effektiver zu kommunizieren und kreativer zu sein. Dazu gehört, sich seiner selbst bewusst zu sein und seine Persönlichkeit, sein Temperament und seine Gefühle zu verstehen.

Als ich vor zwei Jahrzehnten ein fantastisches Jobangebot in New York erhielt, musste ich mich zwangsläufig mit mir selbst auseinandersetzen. Zu der Zeit war ich in Deutschland bereits persönlich wie beruflich etabliert. Demgegenüber hatte ich in New York weder Freunde noch Familie oder ein berufliches Netzwerk. Ich wusste: Ich würde mein altes Leben hinter mir lassen und mir ein neues aufbauen müssen. Sollte ich das Angebot annehmen, wäre dies ein großes Risiko und meine Zukunft vollkommen ungewiss. Würde es das wert sein? Würde ich meine Entscheidung im Nachhinein bedauern? Für mich stand viel auf dem Spiel. Gleichzeitig war mir instinktiv klar, dass ich eigentlich keine Wahl hatte: Wenn ich diese Chance nicht ergreifen, es nicht einmal versuchen würde, würde ich es mit ziemlicher Sicherheit bereuen. Schon immer hatte ich in den Vereinigten Staaten leben wollen und dort auch regelmäßig Zeit verbracht. Doch stets hatte es persönliche Gründe gegeben, wegen derer ich nach Deutschland zurückkehren musste, ob es das Jurastudium war, die Beziehung oder die Arbeit. Nun, da mir diese große Chance in den Schoß gefallen war, entschied ich mich, sie wahrzunehmen. Die ersten Wochen in New York waren eine tolle Erfahrung. Dann allerdings passierten die Anschläge vom 11. September, wodurch sich die ganze Welt veränderte – und mein Leben gleich mit. Nun musste ich mich unter ganz anderen und schwierigeren Umständen als erwartet einleben. Allerdings gab mir diese Zeit auch die Gelegenheit, meine Wünsche und Ziele zu hinterfragen und neue Prioritäten zu setzen.

Natürlich lernt man sich selbst über die Jahre besser kennen, denn unsere Persönlichkeit entwickelt sich fortlaufend und bekommt mit zunehmendem Alter festere Konturen. Und je mehr Zeit wir mit uns selbst verbringen, desto besser lernen wir uns kennen. Jemand mit 60 hat ein ganz anderes Gefühl für sich als jemand mit 20. Sich selbst zu kennen und eine gute Beziehung zu sich selbst zu haben, bedeutet letztlich, sich in der eigenen Haut wohlzufühlen, mit sich im Reinen zu sein.[87]

Das Wissen um unsere Stärken und Schwächen verleiht uns Selbstbewusstsein, und je mehr Selbstsicherheit wir ausstrahlen, desto mehr Vertrauen und Respekt bringen uns andere entgegen. Selbstbewusstsein zieht andere Menschen an, was uns wiederum mehr Selbstvertrauen verleiht.[88] Der renommierten Sozialpsychologin Amy Cuddy zufolge ist Selbstvertrauen wichtiger als Können, denn Erfolg hänge mehr von Selbstvertrauen ab als von Kompetenz.

Eine gute Beziehung zu sich selbst ist auch Voraussetzung für eine gute Beziehung zu anderen, denn die grundlegendste Beziehung, die wir haben, ist die zu uns selbst. Die Designer-Ikone Diane von Fürstenberg erklärt denn auch, sie habe schon früh im Leben etwas ganz Entscheidendes gelernt, nämlich dass die Beziehung zu sich selbst das Allerwichtigste sei. Diese sei »in jedem Moment allgegenwärtig – allein sein zu können, nachdenken zu können, sich auf sich verlassen zu können, sich Trost spenden zu können, sich inspirieren zu können, mit sich ins Gericht gehen zu können und sein eigener Ratgeber sein zu können«. Nur wenn wir uns treu bleiben, können wir uns selbst vertrauen. Ihrer Ansicht nach müssten wir uns selbst die besten Freunde sein, und wenn wir uns erfolgreich mit uns selbst auseinandergesetzt haben und im Reinen mit uns sind, »ist jede weitere Beziehung ein Plus und kein Muss«.[89]

Unsere Beziehung zu uns selbst prägt uns: Wir können andere nur verstehen, wenn wir uns selbst verstehen, sie nur respektieren, wenn wir uns selbst respektieren, und sie nur dann gut behandeln, wenn wir uns selbst gut behandeln. Wer mit sich in Einklang steht, dem fällt es leichter, Beziehungen zu anderen aufzubauen. Zur Selbsterkenntnis gehört überdies eine gewissermaßen »externe Selbstwahrnehmung«, die uns verrät, wie andere uns sehen.[90] Zu wissen, wie man auf andere wirkt, ist hilfreich, weil man sich besser auf Begegnungen vorbereiten, überzeugender auftreten und Einwände bereits im Vorfeld entkräften kann.

Aber was bedeutet es, »sich selbst zu kennen«, und was kann man tun, um sich besser kennenzulernen? Hilfreich ist es, sich zunächst über seine Ansichten, Werte, Grundsätze und Grenzen klar zu werden. Fragen Sie sich: Wie definiere ich meinen Selbstwert? Wo sehe ich mich in dieser Lebensphase und was sind meine Zielsetzungen? Welche Stärken und Begabungen habe ich und was ist mein Wettbewerbsvorteil gegenüber anderen? Was macht mir Spaß, was erfüllt mich mit Leidenschaft, wozu fühle ich mich berufen? Was empfinde ich als sinnstiftend im Leben? Fühle ich mich zu einem Tätigkeitsbereich stark hingezogen? Brauche ich das Gefühl, Teil eines größeren Teams zu sein oder für einen guten Zweck zu arbeiten? Wie würde ich mein Potenzial beschreiben und auf welche Weise kann ich es am besten verwirklichen? Bin ich eher risikoscheu oder motiviert mich Ungewissheit? Bin ich mehr intro- oder mehr extrovertiert? Lege ich Wert auf Routine oder ziehe ich Flexibilität vor? Übernehme ich gern selbst die Führung oder fühle ich mich wohler, wenn ich unter der Führung anderer arbeite? Motiviert mich eher die Aussicht auf etwas Positives oder die Furcht vor etwas Negativem? Bin ich davor gewappnet, mit Ablehnung und Misserfolgen umzugehen? Was ist mir wichtiger – Privat- oder Berufsleben? Welche Opfer sind notwendig, um mein Ziel zu erreichen, und bin ich bereit, diese zu erbringen? Oder wäre ich vielleicht zufriedener, wenn ich zugunsten eines erfüllten Privatlebens auf eine Karriere verzichten würde? Bin ich in einem konservativen Umfeld zu Hause oder fühle ich mich in einem progressiveren Umfeld wohl? Was wird mir wichtig sein, wenn ich einmal auf mein Leben zurückblicken werde?

Unsere Werte formen unseren Charakter. Nach Warren Buffetts Meinung sind »gute Charaktereigenschaften und Integrität für Erfolg unerlässlich«.[91] Dem würde Bill Thomas, Global Chairman von KPMG Kanada, vermutlich beipflichten, denn auch er betont die Bedeutung eines guten Charakters: »Unternehmen können ihren Angestellten Fachkenntnisse vermitteln, nicht jedoch grundlegend wichtige Charakterzüge.«[92]

Wer mit sich selbst in Einklang steht, der ist auch authentisch. Authentizität mag wie ein überstrapaziertes Modewort wirken, aber für eine gute Beziehung zu uns selbst und zu anderen ist sie unerlässlich. Menschen spüren Authentizität instinktiv und fühlen sich von ihr angezogen. Joel Peterson, Chairman von JetBlue und Professor an der Graduate School of Business in Stanford, unterstreicht die besondere Bedeutung von Authentizität. Seiner Ansicht nach entsteht »Vertrauen, wenn Sie authentisch und offen sind, die Dinge beim Namen nennen, verbindlich sind und gut zuhören«.[93] Auch Peter Miller von Optinose achtet auf Authentizität. Er bemüht sich, die Schwächen anderer zu verstehen. »Man muss die Leute so weit bringen, dass sie sich trauen zu sagen: ›Das kann ich gut, das kann ich nicht so gut.‹«[94]

Doch authentisch zu sein, fällt oft schwerer, als man denkt. Ich arbeite seit über einem Jahrzehnt als Finanzexpertin für internationale Fernsehsender. Weil ich vor Publikum nervös bin und überdies auch noch einen Hang zum Perfektionismus pflege, habe ich mich in den ersten Jahren vor der Kamera sehr unwohl gefühlt und mich zu sehr bemüht, selbstsicher und kompetent zu wirken. Meine besten Interviews waren die, in denen ich gelassen war, auch wenn sich einmal ein Versprecher einschlich oder nicht jede Antwort perfekt formuliert war. Wenn eine Person authentisch ist, können sich andere mit ihr identifizieren und wollen mit ihr zu tun haben. Ihre »unperfekteste« Version ist zweifelsohne besser als die beste vorgetäuschte.

Diese Erfahrung musste auch Hilaria Baldwin machen. Während ich mein Buch über die Weihnachtsfeiertage 2020 fertigstellte, ging eine Story durch fast alle US-Medien und gipfelte in der Schlagzeile: »Nicht nur ihr Name – Hilaria Baldwins ganzes Leben ist fake«. Egal ob einem Hilaria Baldwin ein Begriff war oder ob man sich für sie interessierte, der lawinenartigen Berichterstattung konnte man kaum entkommen. Die Geschichte ist ein Lehrstück der negativen Konsequenzen, die Inauthentizität mit sich bringen kann, in diesem Fall durch die Erfindung einer neuen Identität auf die Spitze getrieben. Was war geschehen?

Hilaria Baldwin ist die junge und attraktive Gattin des berühmten amerikanischen Schauspielers Alec Baldwin, der zuletzt Aufmerksamkeit erregte durch seine Darstellung Donald Trumps in der TV-Comedy-Serie *Saturday Night Live*. Kurz nachdem Hilaria und Alec geheiratet hatten, bekamen sie in kurzen Abständen sechs Kinder. Hilaria, Mitte 30, ist Fitnessfanatikerin und ehemalige Yogalehrerin. Hauptsächlich macht sie durch ihre meist gesponserten Instagram-Posts von sich reden, in denen sie leicht bekleidet in verführerischen Yogahaltungen mit mindestens einem Baby posiert. Für ihre Fitness und ihre schlanke Figur direkt nach den Geburten der Kinder ist sie sowohl bewundert als auch kritisiert worden, weil sie unerreichbare Ziele für junge Mütter propagiere und diese durch ihre Posts unter Druck setze. Kurz vor Weihnachten tweetete dann die Nutzerin @lenibriscoe: »man muss Hilaria Baldwin schon dafür bewundern, wie sie andere unter dem Vorwand, Spanierin zu sein, so lange abgezockt ha«. Dieser Tweet löste einen Tsunami in den herkömmlichen sowie sozialen Medien aus, und unzählige Nutzer machten sich nunmehr über Interviews her, die Hilaria in der Vergangenheit gegeben hatte, um sie auf Unstimmigkeiten und Unwahrheiten zu untersuchen. Es stellte sich heraus, dass es sich bei Hilaria (ausgesprochen mit einem stillen H) tatsächlich um Hillary (ausgesprochen mit einem sehr hörbaren H), geborene Hayward-Thomas handelte. Ihre Mutter, eine Harvard-Medizinprofessorin, und ihr in Georgetown ausgebildeter Vater, ein Anwalt, hatten sie in einer luxuriösen Villa in einem von Bostons vornehmsten Vierteln aufgezogen. Keiner ihrer beiden Eltern hat spanische Wurzeln. Trotzdem und augenscheinlich unerklärlicherweise, legte Hillary sich eine falsche Identität als Spanierin, geboren in Mallorca, zu. Sie änderte ihren Namen auf Hilaria und nahm einen spanischen Akzent an. In einem Kochkurs, der Teil der populären *Today Show* ist, sprach sie mit starkem Akzent und gab vor, sich nicht an das englische Wort für Gurke erinnern zu können: »Wir haben hier, ähm, wie sagt man doch gleich auf Englisch – Gurken!« Merkwürdigerweise stellte sie ihren spanischen Akzent nur in manchen Interviews zur Schau, während sie in anderen perfektes amerikanisches Englisch sprach. Auf der Website ihres Agenten war Mallorca als ihr Geburtsort angegeben, ebenso in zahlreichen Interviews. *¡Hola!* und *Latina Magazine* widmeten ihr Titelgeschichten sowie zahllose andere Artikel, in denen sie als Spanierin bezeichnet wurde. Um ihrer erfundenen Lebensgeschichte den endgültigen Schliff zu verleihen, gab sie all ihren sechs Kindern spanische Namen – Carmen, Rafael, Leonardo, Romeo, Eduardo und Lucia – und zieht sie zweisprachig auf. Wenn sie auf ihren spanischen Hintergrund angesprochen wurde, antwortete Hilaria, alias Hillary, ausweichend. Eine Gesamtbetrachtung ihrer Medienauftritte lässt jedoch keinerlei Zweifel daran, dass sie eine falsche Identität vorgetäuscht hat.

Die Menschen waren verblüfft. Hilaria war attraktiv und hatte einen beneidenswerten Hintergrund. Warum reichte das nicht? Was hat sie wohl dazu bewogen, sich neu zu erfinden? Die einzig plausible Erklärung bestand darin, dass sie versucht hatte, exotischer zu wirken und sich damit interessanter zu machen. Ihr Publikum war hauptsächlich in den USA und sie ging wohl davon aus, dass eine Spanierin auf Amerikaner interessanter wirken würde.

Das Medienecho und die Kommentare auf den Social-Media-Plattformen waren vernichtend. Ihre Fans fühlten sich von einer Hochstaplerin an der Nase herumgeführt. Ihr Mann Alec Baldwin, der entweder auf ihre Täuschung hereingefallen war oder Hilaria bewusst gedeckt hatte, hatte in Interviews erwähnt, dass seine Frau aus Spanien stamme, hatte ihren Akzent imitiert und gewitzelt, deswegen hoffentlich nicht als Rassist beschimpft zu werden. Die Journalistin Aura Bogado gab dem Ausdruck, was viele Menschen empfanden, als sie schrieb, dass sich »Hilaria Baldwin über Jahre in hispanischen Medien, einschließlich *Latina* und *¡Hola!*, die Identität einer Spanisch sprechenden Immigrantin angeeignet hat, während tatsächliche Einwanderinnen solche Chancen gar nicht erst erhalten, gerade *weil* sie einen Akzent haben. […] Die Tatsache, dass sie vorgab, eine Einwanderin zu sein, in einer Zeit, in der Einwanderern so viel Hass entgegengebracht wurde, sie eingesperrt und deportiert wurden, ist abstoßend.«[95] In dieser Aussage manifestierte sich, was viele Kritiker besonders verärgerte: Hilaria war wohlhabend, privilegiert und hatte bereits Zugang zu so vielen Möglichkeiten, allein schon aufgrund ihres berühmten Ehemannes. So hatte sie beispielsweise einen Verlagsvertrag für ein Buch ausgerechnet mit dem Titel *Wie man ein reines Leben führt*, einen Podcast und zahllose Medienauftritte. Trotzdem gab sie vor, zu einer Minderheit zu gehören, und nahm damit denjenigen, die tatsächlich zu dieser Minderheit gehörten, Chancen auf Gelegenheiten wie Interviews und Jobs in den Medien. Reue zeigte Hilaria allerdings keine.

Als der Medienrummel nicht aufhören wollte, postete sie ein Video, diesmal ohne spanischen Akzent, in dem sie konstatierte: »Ja, ich bin weiß«, und Erklärungen gab, die an Glaubwürdigkeit sehr zu wünschen übrig ließen. Das verschlimmerte die Situation nur weiter. Daraufhin gab sie der *New York Times* ein Interview, in dem sie allen die Schuld gab außer sich selbst, vor allem den Medien, die sie viel zu wörtlich genommen hätten. Ihre Ausführungen waren weit hergeholt, unsinnig und verquer, zum Beispiel, dass sie von den in Medienberichten gemachten Statements nichts wissen könne, weil sie Berichterstattung über sich selbst nicht lese. Ihre Erinnerungslücken im Hinblick auf das Wort Gurke erklärte sie mit einem »Gehirnfurz«, und das in der *New York Times*.[96]

Der Gipfel der Täuschung in Sachen ethnischer Herkunft ist das Beispiel Rachel Dolezal, die sich, obwohl sie biologisch »weiß« ist, »als Schwarze fühlt« und als solche ausgab. Mit falscher dunkler Hautfarbe und Dauerwelle wurde sie sogar örtliche Chefin der nationalen Vereinigung zur Interessenvertretung dunkelhäutiger Menschen (NAACP) und behauptete, Opfer rassistisch motivierter Hassverbrechen zu sein. Als der Schwindel aufflog, löste das in der amerikanischen Öffentlichkeit Empörung aus.

Zusammenfassend lässt sich sagen: Natürlich sind dies extreme, schockierende Fälle – nicht nur von Inauthentizität, sondern von vorsätzlicher Täuschung. Aber Inauthentizität kommt in verschiedenen Nuancen vor und wird gemeinhin als Täuschung wahrgenommen, was Abneigung hervorruft. Und wenn die Glaubwürdigkeit erst einmal verspielt ist, ist es sehr schwierig, sie zurückzugewinnen. Jetzt denken Sie vielleicht, dass Ihnen so etwas niemals passieren könnte. Aber in der heutigen Instagram-Kultur, in der Menschen versuchen, ihr Leben von der besten Seite darzustellen, fühlen sich viele unter Druck, übertreiben oder schmücken ihre Darstellung derart aus, dass nicht selten die Grenze zur Täuschung überschritten wird. Deshalb sollte man sich der Gefahren und möglichen Konsequenzen bewusst sein.

Apropos Täuschung: Der Spruch »Tue so als ob – und du wirst top (*fake it till you make it*)« gehört zu den klassischen Karrieretipps, um die Zeit zwischen dem gegenwärtigen und dem angestrebten Karrierestadium zu überbrücken. Das Konzept hat einen gewissen Charme, aber ich möchte dennoch davor warnen. Zwar spricht nichts dagegen, ein vertrauenswürdiges und zielstrebiges Image zu projizieren. Aber zwischen Übertreibung und Unaufrichtigkeit verläuft ein schmaler Grat. Natürlich möchten Sie Charisma ausstrahlen und selbstbewusst auftreten. Andere werden Ihnen aber nur Vertrauen entgegenbringen, wenn sie Sie als aufrichtig und glaubwürdig empfinden und Sie eine untadelige Reputation besitzen. Die Tatsache, dass es im Technologiezeitalter einfacher ist als jemals zuvor, uns anders darzustellen, als wir sind, macht Authentizität zu einem noch wertvolleren Gut.

Es gibt nur eine Einschränkung, die ich im Hinblick auf Frauen machen würde, weil diese ihr Licht meist zu sehr unter den Scheffel stellen, vor allem im Vergleich zu Männern. Sie leiden oft an mangelndem Selbstvertrauen und am sogenannten Hochstapler-Syndrom und stehen sich damit selbst im Wege.[97] Deshalb kann es für sie unter Umständen in manchen Situationen ratsam sein, sich etwas »aufzuplustern«. Wenn Sie sich lange genug selbstbewusst geben, geht es Ihnen irgendwann in Fleisch und Blut über.[98]

Um die eigenen Stärken zu wissen, hilft auch bei der Entscheidungsfindung. Denn obwohl man sich mit anderen beraten kann und dies in vielen Fällen auch tun sollte, so kann man doch die wichtigsten Entscheidungen im Leben nicht outsourcen. Deshalb sollte man an seiner Fähigkeit arbeiten, Situationen richtig einzuschätzen und gute Entscheidungen zu treffen, weil man letztendlich immer selbst mit den Konsequenzen leben muss. Mit zunehmendem Alter können Sie sich dabei auf mehr Erfahrungswerte und Ihre Intuition stützen.[99] Intuition ist eine Eingebung, also das »reflexive Erfassen eines Sachverhalts, dem unbewusste, in der Vergangenheit entstandene neuronale Muster zugrunde liegen«.[100] Oft hat man ein untrügliches Gefühl dafür, was man tun sollte, und man sollte es sich zweimal überlegen, dieses Gefühl zu ignorieren.

Die erfolgreiche Unternehmerin Bethenny Frankel rät, nicht auf andere zu hören, wenn diese Sie darüber belehren, was eine gute oder schlechte Idee ist.[101] »Sie sollten nicht davon ausgehen, dass andere schlauer sind als Sie«, empfiehlt sie aus Erfahrung.[102]

Ähnlich äußert sich Melinda Gates, Philanthropin und Ehefrau des Microsoft-Gründers Bill Gates. Sie rät dazu, »Vertrauen in sich selbst zu haben, denn im Zweifel wissen Sie mehr, als Sie glaube«.[103]

Nebenbei gesagt: Vermutlich rät Sara Blakely, Gründerin des milliardenschweren Spanx-Imperiums, aus demselben Grunde, Ideen erst einmal besser für sich zu behalten. Das war ihr Instinkt im ersten Jahr ihrer Arbeit an ihrer Geschäftsidee. Blakely warnt: »Ideen sind in dem Augenblick am fragilsten, wenn sie frisch sind. Und genau das ist der Zeitpunkt, in dem Menschen dazu neigen, überall Bestätigung für ihre Idee zu suchen. Negative Kommentare können Sie dann leicht aus der Spur bringen. Dann werfen Sie entweder die Flinte ins Korn oder Sie sind damit beschäftigt, Ihre Idee zu verteidigen, wenn genau das der Zeitpunkt wäre, sie voranzubringen.«[104]

So sieht es auch Cathie Wood, eine der erfolgreichsten Investorinnen aller Zeiten, über die wir später noch mehr erfahren werden. Sie erzählt, dass viele ihrer Freunde dachten, dass ihr Sprung in die Selbstständigkeit schiefgehen würde, und sie davor warnten, um sie zu schützen. Aber es sei ihr nie in den Sinn gekommen, dass es nicht klappen könnte. »Es gab einen riesigen ungestillten Bedarf, und das ist die beste Voraussetzung für ein Business.«[105] Wood rät dazu, angesichts von Pessimisten, Miesmachern und Spielverderbern »auf Durchzug« zu schalten. Um erfolgreich zu sein, müsse man voll und ganz von seiner Idee überzeugt bleiben und dürfe sich nicht von Kritik verunsichern lassen.[106]

Veränderungs-Bewältigung: Realisieren Sie Ihr Zukunftspotenzial

»Mach's wie der Vogel, der doch nicht aufhört zu singen, auch wenn der Ast bricht. Denn er weiß, dass er Flügel hat!«

Victor Hugo

Wissen Sie, wie hoch Sie springen können? Ich weiß noch, als ich vor vielen Jahren an einem sonnigen Frühlingstag auf meiner Terrasse in Manhattan in den tiefblauen Himmel schaute und darüber sinnierte, wie hoch ich wohl springen könnte. Nach mehreren Jahren in New York war ich des Jobs, dessentwegen ich übergesiedelt war, überdrüssig. Die Arbeit war abstrakt, vieles war eintönig und wiederholte sich und es gab nur wenige Berührungspunkte mit anderen Menschen. Den ganzen Tag starrte ich, wie viele meiner Kollegen übrigens auch, auf die Weltuhren an der Wand. Erst eine Stunde vorbei. Noch zwei Stunden bis zur Mittagspause. Oh Gott, erst 15 Uhr. Ich sehnte das Ende des Tages und das Ende der Woche herbei. Nach einer Weile wurde mir klar, dass ich buchstäblich meine Zeit verschwendete. Zwar kamen immer wieder Headhunter mit Jobangeboten auf mich zu, aber ich zögerte, weil ich noch relativ neu in New York und risikoscheu war. Dennoch dachte ich bereits darüber nach, was ich lieber machen würde.

Zu der Zeit begann ich, die klassischen, amerikanischen Selbsthilfe-Ratgeber zu lesen, und ich erinnere mich noch gut an die Geschichte von den Flöhen: Flöhe können sehr hoch springen, doch wenn man sie in ein Glas mit Deckel sperrt, passen sie ihre Sprunghöhe an, um nicht mehr an den Deckel stoßen. Daran gewöhnen sie sich so, dass sie auch dann nicht mehr höher springen, wenn der Deckel geöffnet wird.

Menschen verhalten sich ähnlich. Haben sie sich erst einmal an eine Grenze gewöhnt, halten sie sich für gewöhnlich daran. Sie schränken sich selbst ein und bringen sich dadurch um die Gelegenheit, ihr Potenzial auszuschöpfen. Rückblickend war auch ich in einem solchen »Einwegglas« gefangen, aber ich bin herausgesprungen, so hoch ich konnte, um meine Träume zu verwirklichen. Wie hoch können Sie springen? Vermutlich höher, als Sie denken, aber das erfahren Sie nur, wenn Sie es versuchen.

Berufliche Erfüllung zu finden, ist ein großes Privileg, weil wir den überwiegenden Teil unseres Lebens mit Arbeit verbringen. Edmund Phelps, Wirtschaftsnobelpreisträger und Direktor des Zentrums für Kapitalismus und Gesellschaft an der New Yorker Columbia University[107] beschreibt es in seinem Buch *Dynamism* so: »In Amerika gehört Arbeit ganz klar zu einem erfüllten Leben.«[108] »Erfüllung ist Voraussetzung für Erfolg. Er resultiert aus dem Einsatz, der Bewältigung von Herausforderungen, der Selbstentfaltung und dem persönlichen Wachstum. Entlohnung kann zwar zu Erfüllung führen, ist aber für sich gesehen noch kein Erfolg. Ein Mensch ›gedeiht‹, wenn er neuen Erfahrungen ausgesetzt ist: neuen Situationen, neuen Problemen, neuen Erkenntnissen und dem Entwickeln und Weitervermitteln neuer Ideen.«[109] Dem kann ich nur voll und ganz zustimmen.

Ich bin ein kalkuliertes Risiko eingegangen und habe jetzt das Glück, dass ich eine Tätigkeit ausüben kann, die mir Spaß macht und in der ich mein Potenzial verwirklichen kann. Ich bin meine eigene Chefin, Bestseller-Autorin, TV-Finanzexpertin, schreibe Kolumnen und bereise die Welt. Auf Veranstaltungen spreche ich vor Hunderten von Menschen und bin finanziell unabhängig. Klingt toll? Ist es auch. Aber: Es war ein langer, harter Weg dorthin und ich habe viele Mühen investieren und Opfer bringen müssen.

Zugegeben, ich finde Veränderungen interessant und sinnstiftend. Es macht mir Spaß, meine Komfortzone zu verlassen, Neues zu lernen und Herausforderungen zu meistern. Dennoch trafen mich die gewaltigen Umwälzungen, die zwei historische Ereignisse auslösten – mit Auswirkungen auf das Leben von Millionen von Menschen –, vollkommen unerwartet: der 11. September ebenso wie die große Finanzkrise von 2008.

Der 11. September war eine traumatische Erfahrung – für New York, die USA und für mich ganz persönlich. Die Märkte und die Wirtschaft wurden in Mitleidenschaft gezogen, und meine Arbeit veränderte sich dadurch nachhaltig. Auf Veränderungen war ich eingestellt – aber nicht auf solche. Doch wie mir ein Private-Equity-Magnat einmal gesagt hatte: »Keine Alternative, kein Problem.« Dieser Hinweis ist so simpel und so zutreffend, dass er mir immer im Gedächtnis geblieben ist. Also passte ich mich an die veränderten Bedingungen an und arbeitete umso härter, um meinen Platz in dieser neuen Welt zu finden.

Nach ein paar Jahren hatte ich mich etabliert und Wurzeln geschlagen. Als ich schließlich bereit für einen Jobwechsel war, kam ein Anruf von einem Fernsehproduzenten, der meine Nummer von einem Freund erhalten hatte. Er beabsichtigte, einen Dokumentarfilm über die Wall Street mit dem Titel *Wall Street Warriors* zu drehen, und fand, dass ich eine tolle Besetzung wäre. Obwohl mir Freunde und Kollegen davon abrieten, entschloss ich mich, das Angebot, einer der Hauptcharaktere zu werden, anzunehmen, einfach auch, weil ich einen mentalen Tapetenwechsel brauchte. Die Dreharbeiten machten riesigen Spaß und waren ein erfrischender Kontrast zu meinem ansonsten eher eintönigen beruflichen Alltag. Zum Abschluss des Projektes verließ ich meinen Job und nahm eine Stelle als Investmentbankerin in einer Wall-Street-Boutiquefirma an, deren vermögende Partner im Wesentlichen ihr eigenes Kapital verwalteten. Meine Tätigkeit konzentrierte sich auf den Rohstoffsektor, also auf Öl, Gas und Edelmetalle. Vorher am Schreibtisch festgekettet, reiste ich nun um die Welt, um Unternehmen zu besuchen und ihr Management zu bewerten. Es war eine tolle, erfüllende Tätigkeit und ich war mit Herz und Seele dabei.

Aber dann kam die zweite Krise: die große Finanzkrise von 2008. Im Finanzsektor verloren unzählige Menschen ihre Jobs und Existenzgrundlage. In New

York herrschte Weltuntergangsstimmung. Zu dem Zeitpunkt war ich bereits gut an der Wall Street vernetzt und sah schon früh, dass sich eine Totalkatastrophe anbahnte. Deshalb wechselte ich zum idealen Zeitpunkt in den idealen Job, nämlich in die Firma des renommierten Ökonomen Nouriel Roubini. Weil er einer der wenigen war, der die Finanzkrise en detail vorhergesagt hatte, wurde er wie ein Prophet gefeiert. Bei Roubini Global Economics erstellten wir makroökonomische Analysen, die während der Krise besonders begehrt waren.

Als Leiterin der Research-Strategien reiste ich um den Globus, um die wichtigsten Entscheider in aller Welt zu treffen – Finanzminister, Zentralbankchefs, führende Regierungsvertreter und CEOs. Die Informationen, die ich von diesen wichtigen Quellen erhielt, gab ich als »Verbindungsfrau« an das Research-Team weiter, die diese dann in ihren Analysen verwerteten. Außerdem vertrat ich die Firma in den Medien und unterstützte ihre Branding-Initiativen.

Es waren einmalige, fantastische Jahre, wenn auch wahnsinnig strapaziös. Die Zusammenarbeit mit Nouriel machte einen Riesenspaß und war extrem interessant. Aber dann kam der Zeitpunkt, ab dem das Bedürfnis immer stärker wurde, mich selbstständig zu machen. Mein eigener Herr zu sein, war ein lang gehegter Traum, und nun hatte ich das Gefühl, dass die Zeit reif dafür war. Die meisten meiner Freunde und Bekannten rieten mir wegen der noch anhaltenden Krise davon ab, aber ich beschloss, meiner Intuition zu folgen und es einfach zu versuchen. Falls es nicht klappen sollte, konnte ich ja jederzeit wieder eine Anstellung annehmen.

Meistern Sie den Umgang mit Ungewissheit

Die Risikokapitalgeberin Oksana Stowe hat ihren Job in London auf dem Höhepunkt der durch die Corona-Pandemie ausgelösten Ungewissheit gewechselt. Bei Redrice Ventures, einer Anlagefirma, konzentriert sie sich nun auf Investitionen in innovative, disruptive Unternehmen in der Konsumgüterindustrie und des Einzelhandels, von denen einige vermutlich zu den Gewinnern der Krise zählen werden. Aufgrund der Umstellung ihrer Tätigkeit ins Homeoffice musste Stowe sich neue Fähigkeiten aneignen, vor allem, um im Rahmen der Prüfung von Investments bei Interviews des Managements ein Gefühl für die Menschen zu bekommen. Gleichzeitig stellte sie fest, dass das ruhigere Umfeld mehr Raum zum Nachdenken gibt und auch Gelegenheit, sich besser mit Kollegen auszutauschen. Stowe konzentriert sich auf die Chancen, die sich aus der Ungewissheit ergeben. Ob Sie den Job wechseln oder ein Business aufmachen wollen, Stowe empfiehlt: »Ergreifen Sie Gelegenheiten und machen Sie das Beste daraus.«[110]

Das ist ein guter Tipp, insbesondere weil man angesichts der unsicheren Lage nie weiß, wie sich die Dinge entwickeln werden. Letztlich kann sich rückblickend herausstellen, dass man zu den Gewinnern zählt, so wie Malcolm und Dessi Bell, die ihr Modelabel Saint and Sofia nach zwei Jahren Planung im Januar 2020 kurz vor dem Ausbruch der Pandemie in Großbritannien gründeten. Aufgrund des Lockdowns stellten sie Notfallberechnungen an und kamen zu dem Ergebnis, dass sie 18 Monate ohne Verkäufe ausharren könnten. Anfangs fiel der Absatz tatsächlich um 40 Prozent. Allerdings erholte er sich danach rasch und liegt jetzt aufgrund der großen Nachfrage nach bequemer Bekleidung sogar 40 Prozent höher als vor dem Lockdown. Geschäftsführerin Bell passte die Lieferketten flexibel auf die Nachfrage an. Sie sagt, dass ihrer Erfahrung nach in schwierigen Zeiten Transparenz und Ehrlichkeit das Wichtigste seien, weil die Leute dies zu schätzen wüssten.[111]

Ungewissheit und potenzielle Veränderungen liegen uns nicht, weil wir im Laufe unserer Evolution gelernt haben, sie mit Gefahr zu assoziieren. Die Neurowissenschaft belegt, dass sich Angst auf unsere kognitiven Steuerungsabläufe auswirkt.[112] Während wir recht gut mit erwartbarem Stress umgehen können, löst Unklarheit Angst und Sorge in uns aus. Experimente haben gezeigt, dass wir lieber einem einzigen heftigen Stromschlag ausgesetzt werden, der angekündigt wird, als einem leichteren, von dem wir nicht wissen, wann er kommt.[113]

Neuartige Risiken, die potenziell aus verschiedenen Sachverhaltsgestaltungen wie Pandemien, Klimakatastrophen (Brände, Überschwemmungen, Stürme), Stromausfällen und Finanzkrisen resultieren, können zusammentreffen, sich gegenseitig verstärken und dadurch zum Auslöser eines Megarisikos werden. Häufig werden solche Risiken als »Schwarze Schwäne« bezeichnet, obwohl sie oft vorhersehbar sind. Um sie rechtzeitig erkennen zu können, muss man allerdings aufpassen und ihre Anzeichen im Blick behalten.[114] Der Ökonom Frank Knight unterscheidet zwischen Risiken, die kalkulierbar sind, und Ungewissheit, die so noch nie vorgekommen ist und deren Risikopotenzial wir mangels Erfahrungswerten nicht einschätzen können.

Während seiner langen Geschichte ist der Mensch immer wieder mit unvorhergesehenen Ereignissen und Ungewissheit konfrontiert worden. Der technologische Fortschritt hat Veränderungen jedoch exponentiell beschleunigt und gesteigert. Mittlerweile befinden wir uns in einem Zustand fortwährender Veränderung.

Nobelpreisträger Edmund Phelps beschreibt in seinem Buch *Mass Flourishing: How Grassroots Innovation Created Jobs, Challenge, and Change*, wie Innovation aus der Bevölkerung heraus zu Arbeitsplatzwachstum, Fortschritt und Wohlstand geführt hat. Laut Phelps mag es paradox anmuten, dass ein Land einer Wirtschaft Vorschub leiste, in der die Zukunft kaum vorhersehbar und Scheitern vorgezeichnet sei, die Schwankungen ausgesetzt sei, in der Missstände aufkommen könnten und in der Menschen sich bisweilen verloren vorkämen und Ängste hegten. Aber ein erfülltes Leben resultiere aus dem Gewinnen neuer Einblicke, der Begeisterung, die wir erführen, wenn wir eine Herausforderung bewältigten, dem Gefühl, dass wir selbstbestimmt unseren Weg gingen, und im Laufe dessen an uns selbst wüchsen.[115]

Und während es schon immer von Vorteil war, flexibel und anpassungsfähig zu sein, ist es heutzutage geradezu unerlässlich, sich ständig weiterzuentwickeln und, wenn angezeigt, rasch den Kurs zu ändern. Wer sich nicht schnell genug anpasst, läuft Gefahr, den Anschluss zu versäumen.

In seinem *Harvard Business Review*-Artikel »Von der Zukunft lernen« erläutert J. Peter Scoblic, dass »eine Anpassung an die Zukunft fortwährend neues Überdenken erfordert. Strategische Vorausschau – die Fähigkeit, ein Gefühl für das, was vor uns liegt, zu spüren, zu formen und sich daran anzupassen – erfordert schrittweises Vorantasten, ob durch die Vorbereitung auf verschiedene Szenarien oder auf andere Weise. Sich gedanklich von der Gegenwart loszulösen und sich zwischen ihr und verschiedenen Ausgestaltungen der Zukunft hin und her zu bewegen, ermöglicht es Ihnen, sich darauf einzustellen und Ihre Strategien kontinuierlich zu aktualisieren.«[116]

Es bleibt festzuhalten, dass die beste Vorgehensweise darin besteht, die Ungewissheit, mit der wir unentrinnbar konfrontiert sind, anzunehmen und zu versuchen, das Beste daraus zu machen.

Lernen Sie, das Beste aus Veränderungen zu machen

»Man braucht im Leben nichts zu fürchten, wenn man es nur versteht.«
Marie Curie

Disruption und Wandel bringen Veränderungen mit sich, die uns Angst machen. Wir versuchen automatisch, uns gegen sie zu sperren, weil sie unweigerlich bedeuten, dass sich eine Phase unseres Lebens dem Ende zuneigt. Die meisten von uns haben sich mit ihren Lebensumständen arrangiert und fühlen sich wohl damit. Vertrautheit und Routinen vermitteln uns ein Gefühl von Sicherheit, weshalb wir daran festhalten wollen. Wenn dies wegfällt, trauern wir unserem alten Leben nach. Deshalb versuchen wir meist ganz unbewusst, unseren Kampf gegen Veränderungen vor uns selbst zu rechtfertigen, selbst wenn wir dadurch Nachteile erleiden. Verhaltensmuster zu ändern, die wir über unser gesamtes Leben gebildet haben, fällt schwer.

Dennoch müssen wir unseren Weg in die Zukunft proaktiv gestalten. Andernfalls übernehmen das im Zweifel externe Kräfte, und überfällige Entscheidungen, die andere für uns treffen, fallen häufig weniger positiv für uns aus. Wenn wir angesichts externer, disruptiver Veränderungen kognitiv und emotional auf bisherigen Verhaltensweisen beharren, so kann dieser Widerstand letztendlich nur negative Auswirkungen haben. Der Autor und Unternehmensberater Simon Sinek stellt das folgendermaßen dar: »Widerstandsfähigkeit entwickeln wir, indem wir uns auf Herausforderungen und Schwierigkeiten einlassen und damit umgehen, anstatt uns dagegen zu wehren.«[117] Mit diesen Umbrüchen verhält es sich ähnlich wie mit Naturgesetzen: Schwerkraft mag uns gegen den Strich gehen, aber wenn wir sie ignorieren, kann das schmerzhafte Konsequenzen nach sich ziehen.

Natürlich macht es einen Unterschied, ob wir uns freiwillig umstellen oder ob wir zu einer Anpassung gezwungen werden. Ich bin beispielsweise auf eigenen Wunsch in die USA ausgewandert und hatte das Glück, verschiedene Optionen zu haben. Manche Leute verändern sich ganz bewusst, indem sie einen neuen Job wählen, an einen anderen Ort ziehen oder möglicherweise in ein komplett neues Fachgebiet umsteigen. Die Gründe hierfür können vielfältig sein. Manchmal liegt es einfach an Langeweile, gelegentlich an zermürbenden

Machtkämpfen im Büro, in manchen Fällen an begrenzten Aufstiegsmöglichkeiten oder auch an einem Burn-out. Freiwillig gewählte Umstellungen fallen in der Regel deutlich leichter, wenngleich auch sie nicht immer ganz problemlos verlaufen. Aber wer autonom entscheiden kann und Alternativen zur Auswahl hat, der empfindet Veränderungen eher als eine bereichernde Erfahrung. Unfreiwillige Umbrüche dagegen, etwa ein Jobverlust, können traumatisch sein. Oft gehen sie mit einem Verlust der Identität einher, ganz gleich auf welcher Karrierestufe dies passiert.

Auf der wohlhabenden Upper East Side von Manhattan gibt es eine nicht mehr so seltene Spezies: der arbeitslos gewordene Banker, Jurist oder Manager. Gutsituiert und gesellschaftlich etabliert, resultierten seine Identität und sein Selbstwertgefühl für gewöhnlich aus der Assoziation mit dem prestigeträchtigen Unternehmen, für das er gearbeitet hatte. Natürlich ist die Außenwirkung eine ganz andere, wenn ein alteingesessener, angesehener Konzern hinter einem steht, als wenn man sich als Einzelperson ein Schild an die Tür hängt. Die privilegierten »arbeitslosen« Manager haben zwar die finanziellen Möglichkeiten, zu tun und zu lassen, was sie wollen, aber aus ihrem gewohnten Umfeld herausgerissen treiben viele von ihnen orientierungslos umher und wissen nichts mit sich anzufangen.

Das Leben besteht nicht nur aus einem einzigen, durchgängigen Narrativ. Veränderungen beginnen zwar mit einem Ende, aber an ihrem Ende steht ein neuer Anfang. Neuanfänge bieten uns die Chance, unser Leben neu zu gestalten, uns zu verändern und unser Potenzial zu verwirklichen. Eine Kündigung kann sich als Segen herausstellen und den Impuls zu einer längst überfälligen Neugestaltung geben. Es ist nie zu spät, das Beste aus dem zu machen, was in uns steckt (George Eliot), und Umbrüche eröffnen die Gelegenheit dazu. Doch weil Menschen solche Veränderungen gemeinhin schwerfallen, hat sich eine ganze Branche entwickelt, die sie bei diesem Prozess unterstützt: Therapeuten, Karriere-Coaches, Bücher, Websites, Blogs, Kurse, Netzwerke und einschlägige Plattformen.

Eine berufliche Neuorientierung kann vorübergehende oder dauerhafte finanzielle Einbußen mit sich bringen. Deshalb ist es wichtig, finanzielle Mittel zu besitzen, um die Phase des Wechsels zu überbrücken. Im Idealfall sollte man unter seinen Verhältnissen gelebt und Geld gespart haben. Gleichzeitig sollten Sie Ihre Budgetplanung und Ihre Ausgaben frühzeitig entsprechend anpassen.

Als Nächstes stellt sich die Frage, was genau Sie tun wollen. Möchten Sie fest angestellt sein oder hätten Sie lieber ein flexibleres Engagement, in dem Sie auf Projektbasis arbeiten und über Plattformen oder Zeitarbeitsagenturen vermittelt werden? Vielleicht denken Sie auch darüber nach, sich selbstständig zu machen, als Freischaffender oder Berater zu arbeiten?

Anpassungsfähige Menschen sehen sich nicht als Opfer von Ungerechtigkeit, sondern betrachten Veränderungen bewusst als Teil des Lebens. Sie akzeptieren sie, konzentrieren sich auf die Zukunft und verschwenden ihre Zeit nicht damit, sich über Dinge zu beklagen, die sie nicht ändern können. »Wenn wir uns im Hinblick auf eine Veränderung nur auf die Nachteile konzentrieren, werden wir unweigerlich besorgt, verbittert und deprimiert.«[118] Wie die Stanford-Psychologin Kelly McGonigal sagt, wirkt sich die Reaktion auf Stress stärker auf Gesundheit und Erfolg aus als der Stress selbst.[119]

Umbrüche sind Phasen der Entschleunigung und des Nachdenkens. Ein wenig Selbstmitleid und Nachtrauern darf sein, dann sollte man sich wieder zusammenreißen, sich neu orientieren und aktiv werden. Betrachten Sie Veränderungen als etwas Positives, entwerfen Sie eine Vision für Ihre Zukunft und machen Sie einen Plan. Wer sich auf die Zukunft einlässt, dem wird die Neuausrichtung gelingen – und das ist im Endeffekt eine bereichernde Erfahrung.

Gestalten Sie Ihre Zukunft zielstrebig

Um einen Umbruch erfolgreich zu bewältigen, hilft es, wie ein Zukunftsforscher zu denken. Sogenannte Futuristen beobachten und interpretieren Signale, die als Vorboten auf künftige Entwicklungen hinweisen. Sie sind in der Lage, »Muster zu erkennen und vorherzusagen, welche sich davon zu Trends entwickeln. Diese Trendvorhersage gibt einen Ausblick auf die Zukunft.« Auch Sie können erkennen, welche »Umbrüche sich in Ihrer Branche anbahnen, und damit Ihre Perspektiven besser einschätzen« und entscheiden, ob und welche zusätzlichen Fähigkeiten Sie sich dafür aneignen oder ausbauen sollten.[120] Das ist wichtig, weil Zeiten des Umbruchs auch immer großes Potenzial enthalten.[121]

Ich hatte nie die perfekte Antwort parat, wenn mir die beliebte Frage gestellt wurde, wo ich mich selbst in fünf Jahren sehe, einfach, weil ich für meinen beruflichen Werdegang keinen detaillierten, rigiden Plan hatte. Vielleicht fehlte mir die Vision. Oder vielleicht war ich meiner Zeit voraus, weil ich spürte, dass sich komplexe Entwicklungen zusammenbrauten, die die Welt weniger planbar machen würden. Meine Flexibilität hat es mir ermöglicht, unerwartete Chancen anzunehmen und letztendlich meinen Traumjob in New York City zu ergreifen.

In der heutigen Welt ist es ratsam, wachsam zu sein und ein Gespür für die Zukunft zu entwickeln.[122] Hinterfragen Sie den Status quo, achten Sie auf Details, aber auch vor allem auf das Gesamtbild. Schärfen Sie Ihre Wahrnehmung für Anzeichen, die auf zukünftige Entwicklungen hindeuten, behalten Sie »fehlende Puzzleteile« im Blick, also Teile, die für eine schlüssige Erklärung eines Sachverhalts fehlen, und beziehen Sie bei Ihrer Meinungsbildung auch Beobachtungen und Argumente mit ein, die gegen Ihren anfänglichen Eindruck sprechen.[123] In einem von raschem Wandel geprägten Umfeld, das viele Ungewissheiten mit sich bringt, ist es erfolgversprechender, geistig flexibel zu bleiben und offen für zukünftige Entwicklungen zu sein.

Wenn Sie sich ein festes Ziel setzen und dieses unbeirrbar verfolgen, dann kann Sie das Chancen kosten, die sich kurzfristig ergeben. Damit Sie nicht irgendwann in eine Karrieresackgasse geraten, aus der Sie möglicherweise nicht mehr herauskommen, sollten Sie bei Ihrer Entscheidungsfindung Raum dafür lassen, sich an etwas zu versuchen, Ihre Meinung zu ändern und einen neuen Kurs einzuschlagen. Denn wenn Sie sich selbst im Wege stehen und sich die Möglichkeit einer Kurskorrektur nehmen, hat das in der Regel weitere Fehlentscheidungen zur Folge, die letztendlich zu Frustration und Unzufriedenheit führen. Lassen Sie sich die Freiheit, Risiken einzugehen. Falls Sie merken, dass Sie sich auf dem Holzweg befinden, sollten Sie Ihr Vorgehen ändern, um den Schaden zu begrenzen. Bethenny Frankels Strategie ist es, »extrem flexibel und damit wendig zu sein, damit man schnell reagieren und Änderungen vornehmen kann«.[124]

LinkedIn-CEO Jeff Weiner weist auf die Wichtigkeit hin, »sich darüber im Klaren zu sein, was man letztlich erreichen möchte«. Seien die Zielsetzungen zu vage, dann gelte das auch für den Weg dorthin. Formuliere man seine Vision jedoch konkreter, dann gebe das den Motivationsschub, die dafür notwendigen Mühen auf sich zu nehmen. Außerdem bekomme man eine bessere Vorstellung davon, welche Fähigkeiten man sich aneignen sollte, welche Expertise wichtig würde, kurz, worauf man seine Zeit und Mühen konzentrieren sollte.[125]

Probieren Sie einfach die verschiedenen Erfolgsrezepte aus und entscheiden Sie dann, welches für Sie am besten funktioniert.

Eigen-Verantwortlichkeit: Denken Sie unternehmerisch

Mein Vater und mein Großvater waren beide Unternehmensgründer. Ihre Firmen gehörten zu einigen wenigen, die bundesweit die Telefoninstandsetzung für die Bundespost übernahmen, was ein lukratives Geschäft war. Als das Telefonmonopol fiel, spezialisierte sich mein Vater auf Computer, die gerade stark im Kommen waren, und arbeitete mit mehreren marktführenden Unternehmen zusammen. Meine Eltern haben mich sehr streng erzogen. Besonders wichtig war ihnen, dass ich harte Arbeit kennenlernte und den Wert des Geldes zu schätzen wusste. Deshalb arbeitete ich schon von Kindesbeinen an in den Familienunternehmen mit. Natürlich wurde von mir erwartet, dass ich mit gutem Beispiel voranging. Dazu gehörte, morgens als Erste zu erscheinen und abends als Letzte zu gehen, sich für keine Arbeit zu schade zu sein und allen Mitarbeitern respektvoll zu begegnen. Wichtig war ihnen auch, dass ich lernte, Anweisungen auszuführen und später Führungsaufgaben zu übernehmen. Unternehmerisches Denken wurde so Teil meiner DNA, und ich habe es Zeit meines Lebens – auch in Anstellungsverhältnissen – umgesetzt.

LinkedIn-Gründer Reid Hoffman merkt zum Thema Unternehmergeist an: »Egal ob selbstständig oder angestellt, denken Sie wie ein Start-up«, um sich auf die Zukunft einzustellen und neue Karrierewege einzuschlagen.[126]

Die meisten Menschen verfügen von Natur aus über Unternehmergeist. Diesen oft schlummernden Instinkt sollten Sie zum Leben erwecken, weil er Ihnen unter anderem auch bei der Neuorientierung helfen wird. Vor Jahrzehnten haben Menschen für gewöhnlich viele Jahre in einem einzigen Job verbracht und es herrschte die unausgesprochene Erwartung, dass der Arbeitgeber eine gewisse Verantwortung für seine Arbeitnehmer hatte. Diese Zeiten gehören jedoch der Vergangenheit an. Aufgrund der kurzfristigen Ausrichtung auf Quartalsgewinne, der steigenden Fluktuation von Arbeitskräften und des sinkenden Gefühls gesellschaftlichen Zusammenhalts, sind Unternehmen weniger geneigt, in ihre Angestellten zu investieren. Deshalb ist es wichtig, dass Sie die Initiative ergreifen und selbst für Ihre Fortbildung sorgen, denn die ist in einer Wissensökonomie unerlässlich.[127]

Unternehmer zeichnen sich in der Regel durch große Motivation und Eigeninitiative aus. Darüber hinaus können sie effektiv kommunizieren und verstehen es, sich selbst, ihre Ideen und Produkte zu vermarkten. Für gewöhnlich lassen sie sich nicht beirren, verfügen über Kreativität und Flexibilität. Selbstständige sind in der Lage, mit Ungewissheit und Risiko umzugehen, identifizieren das Potenzial, das darin liegt, und machen das Beste daraus. Neue Möglichkeiten aufzuspüren, verleiht ihnen Antrieb. Ändern sich die Umstände, verstehen sie es, sich anzupassen. Ihre Kreativität versetzt sie in die Lage, innovative Ideen zu entwickeln, und ihre Entschlossenheit bringt sie dazu, diese in die Tat umzusetzen. Außerdem liegen ihnen das Netzwerken, das Schmieden von Allianzen und das Führen von Teams. Aufgrund ihrer Kommunikations- und Präsentationsfähigkeiten gelingt es ihnen, Finanzierungen zu sichern und Investoren zu finden. Ständig arbeiten sie an sich und ihrer Widerstandskraft, was es ihnen ermöglicht, Herausforderungen und Misserfolge zu bewältigen und Erfolge zu verbuchen. All das sind ganz wesentliche Eigenschaften, um in der heutigen Welt erfolgreich zu bestehen. Daher sollten Sie versuchen, sich diese anzueignen und auszubauen.[128]

Jean-Bernard, kurz JB genannt, ist ein humor- und temperamentvoller Franzose. Mit verschmitztem Blick und charmantem Akzent hat er stets eine Anekdote auf Lager und einen Scherz auf den Lippen. Wir haben uns vor ein paar Jahren bei einem Lunch mit einer Gruppe von Family-Office-Chefs in Paris kennengelernt und auf Anhieb verstanden. In den nachfolgenden Jahren haben wir bei einigen Projekten zusammengearbeitet. Zu meiner Überraschung gab er dann plötzlich seinen hochdotierten Job als Chief Investment Officer auf, um an der London Business School ein MBA-Programm zu absolvieren. Danach gründete er ein Fintech-Start-up. Jean-Bernard hat die Zeichen der Zeit erkannt und ist trotz der Verantwortung für seine Familie mit fünf Kindern das Risiko eingegangen, eine Auszeit zu nehmen, um sich weiterzubilden und ein eigenes Unternehmen zu gründen. Nach seiner Aussage hat ihm das MBA-Studium in London nicht nur zusätzliche Kenntnisse und Glaubwürdigkeit eingebracht, sondern auch ein Gefühl für zukünftige Entwicklungen und vor allem ein beeindruckendes Netzwerk von neuen Beziehungen. Dieses stellte sich beim Aufbau seines Start-ups als äußerst hilfreich heraus. Mit der richtigen Infrastruktur und finanzkräftigen Investoren hat er sein Unternehmen auf Erfolgskurs gebracht. Seine auf Künstlicher Intelligenz basierende Plattform Finlight.com bietet institutionellen Investoren begehrte Investmentanalysen. Das Zeitalter der Ungewissheit erschließt Unternehmern ungeahntes Potenzial.

Konzentrations-Management: Fokussieren Sie Ihre Aufmerksamkeit

Angesichts der überall lauernden Ablenkungen ist es heute ganz besonders wichtig, sich konzentrieren zu können – und das kann man lernen. Versuchen Sie, Ablenkungen auszublenden und sich nicht unterbrechen zu lassen, um ganz präsent im Hier und Jetzt zu sein. Das sind die besten Voraussetzungen für das Erreichen eines »Flow-Zustandes«, in dem man sich ganz in die Materie vertieft, mit Schwung daran arbeitet und völlig darin aufgeht. Dieser Zustand zeichnet sich typischerweise dadurch aus, dass man Enthusiasmus verspürt und gar nicht merkt, wie die Zeit vergeht. Die erfolgreichsten Menschen der Welt haben eines gemeinsam: Sie können sich extrem auf eine Sache konzentrieren und dabei alles andere ausblenden. Justine Musk hat dies bei ihrem Ex-Mann, Elon Musk, beobachten können. Sie bestätigt, dass »besondere Erfolge auf eine extreme Persönlichkeit zurückgehen, [weil] Menschen, die von einem Problem oder einer Frage geradezu besessen sind, alle Ablenkungen ignorieren und Hindernisse überwinden können. Diese Besessenheit, die an Irrsinn grenzt, kann nur aus einem selbst herauskommen.«[129] »In einer Welt, in der alle ständig durch das Internet abgelenkt sind, hat derjenige, der sich langfristig auf ein Ziel konzentrieren und alles Irrelevante ignorieren kann, einen enormen Wettbewerbsvorteil.«[130]

Denken Sie längerfristig und verfolgen Sie Ihre Ziele diszipliniert und geradlinig. Arbeiten Sie motiviert und unbeirrt an Ihrem Ziel, denn wenn Sie Dinge einmal auf den Weg gebracht haben, entwickeln sie häufig eine Eigendynamik, die Ihnen Auftrieb verleiht und Sie Ihrem Ziel näherbringen wird. Viele erfolgreiche Persönlichkeiten aus meinem Bekanntenkreis meditieren, um ihren Fokus zu schärfen, etwa Hedgefonds-Manager Ray Dalio, der sich ganz der transzendentalen Meditation verschrieben hat. Ich selbst habe diese ebenfalls erlernt, allerdings schaffe ich es nicht, die täglich dafür notwendigen 40 Minuten aufzubringen. Stattdessen visualisiere ich aber regelmäßig und befolge Thomas Edisons Rat, nie schlafen zu gehen, ohne vorher ein Ansinnen an mein Unterbewusstsein gerichtet zu haben. So sind mir sind schon zahllose hilfreiche Ideen praktisch im Schlaf erschienen.

Denk-Konzepte: Machen Sie sich neue Denkansätze zu eigen

»Probleme kann man niemals mit derselben Denkweise lösen, durch die sie entstanden sind.«

Albert Einstein

Denken Sie konnektiv und kontextuell

Vogue-Chefin Anna Wintour sagte einst über Karl Lagerfeld, dass es vor allem seine Aufgeschlossenheit gegenüber fremden Kulturen und Ideen sei, auf der sein Talent beruhe. Er umgebe sich mit großartigen Menschen, reise viel, gehe ins Kino – und bekomme so ein fantastisches Gefühl für neue Informationen. Karl Lagerfeld hatte ein Gespür für globale, kulturelle und kommerzielle Trends, hat eben solche wiederum auch selbst kreiert und damit andere inspiriert. Seine Talente beruhten auf einem Zusammenspiel von konnektiver und kontextueller Intelligenz.

Konnektive – oder verbindende – Intelligenz ist die Fähigkeit, mithilfe von Beziehungen und Netzwerken Innovation zu erschaffen. Diese Fähigkeit kann man sich aneignen. Menschen mit konnektiver Intelligenz sind in aller Regel branchenübergreifend vernetzt und umgeben sich mit Menschen aus allen Lebensbereichen. Sie erweitern ihren Horizont und lernen neue Dinge, indem sie neue Wege gehen, Begegnungen mit anderen kultivieren und Raum für Unerwartetes lassen. Unser Gedankenaustausch mit anderen kann uns helfen, Denkfehler zu erkennen und neue Gesichtspunkte mit einzubeziehen, an die wir vorher noch nicht gedacht hatten. Und ganz wichtig: Dieser Austausch schärft unsere instinktive Wahrnehmung von sich in Bildung befindlicher Trends. Die sich daraus ergebende holistische Perspektive versetzt uns in die Lage, Assoziationen zwischen Ideen herzustellen, die augenscheinlich nichts miteinander zu tun haben, und innovative Ideen zu entwickeln. So können wir uns auf künftige Entwicklungen vorbereiten und uns anpassen.[131]

Kontextuelle Intelligenz ergibt sich sowohl aus unseren Beziehungen zu anderen als auch aus dem Verständnis abstrakter, komplexer Zusammenhänge. Sie zielt auf die Fähigkeit ab, das Wissen, das wir in einem bestimmten Umfeld erlangen, in einem ganz anderen Zusammenhang anzuwenden. Das ist möglich, wenn wir fachübergreifend Parallelen herstellen, Verbindungen wahrnehmen und die sich daraus ergebenden neuen Möglichkeiten erkennen können.[132] Kontextuelle Intelligenz versetzt uns damit auch in die Lage, in ungewissen Situationen bessere Entscheidungen treffen zu können. Eine Weitwinkelperspektive, gepaart mit Wachsamkeit, hilft uns, die gerade vor sich gehenden Umwälzungen und die sich daraus ergebenden Trends zu verstehen.

Konnektive und kontextuelle Intelligenz überschneiden und ergänzen sich. Klaus Schwab, Gründer und Vorsitzender des Weltwirtschaftsforums, merkt an, dass kontextuelle emotionale Intelligenz nicht durch das Studieren theoretischer Quellen erworben werden kann, sondern nur durch den Austausch mit anderen Menschen.[133] Kaum einer weiß das besser als er, denn das Weltwirtschaftsforum in Davos ist das ideale Umfeld für das Gedeihen konnektiver und kontextueller Intelligenz. Wenn sich eine Vielzahl von Nobelpreisträgern, von angesehensten Wissenschaftlern und mächtigsten Wirtschaftslenkern aller Welt in unzähligen Sitzungen, Workshops und informellen Gesprächen austauscht, dann bringt das für alle Teilnehmer neue Erkenntnisse und ist intellektuell stimulierend sowie inspirierend. Obwohl ich selbst selten auf Anhieb konkret identifizieren kann, welche Erkenntnisse ich genau in Davos gewonnen habe, so habe ich doch immer das Gefühl, dass sich kurze Zeit später die neu erlangten Informationen zu einem Gesamtbild zusammenfügen, das mich letztendlich bevorstehende Entwicklungen besser erkennen lässt.[134]

Denken Sie unvoreingenommen

Ich arbeite unter anderem mit Family Offices zusammen, also den Investmentfirmen ultravermögender Familien. Schon häufiger haben wir ehemalige US-Geheimdienstmitarbeiter bei der Risikoanalyse und der Prüfung von Investments, der sogenannten Due Diligence, zurate gezogen. Ihre Expertise ist bei der Analyse sehr hilfreich, denn sie haben im Hinblick auf die menschliche Wahrnehmung und das kritische Denken gelernt, unbewusste Vorurteile auszuschalten und den Blick für das zu schärfen, das häufig so offensichtlich ist, dass wir es einfach übersehen. Dieser ganz andere Denkansatz ist nicht nur eine erfrischende Abwechslung von der Routine, sondern zur Vermeidung von Fehlern auch ausgesprochen nützlich.

Grundsätzlich sind wir in unserer Wahrnehmung durch kognitive Voreingenommenheit eingeschränkt, was nichts anderes bedeutet, als dass wir unsere Annahmen, Wahrnehmungen und Erfahrungen gewissermaßen durch unsere Vorurteile filtern. Wir schätzen Sachverhalte aufgrund unserer in der Vergangenheit gemachten Erfahrungen ein. Darüber hinaus tendieren wir dazu, nur Wahrnehmungen beziehungsweise Argumente zuzulassen, die unsere bereits bestehenden Ansichten bestärken, und diejenigen abzulehnen, die dazu im Widerspruch stehen. In unsicheren Situationen befähigt uns dies, rasch und intuitiv Rückschlüsse zu ziehen, was sich im Laufe unserer Evolution im Kampf ums Überleben als hilfreich erwiesen hat. Aber unsere Veranlagung, aus Erfahrungen Rückschlüsse zu ziehen und damit gedanklich nur um uns selbst zu kreisen, hat zur Folge, dass wir Anzeichen neuer Risiken übersehen. Diese Tendenz zur Voreingenommenheit wird durch den Kontakt mit Gleichgesinnten nur weiter verschärft, denn das »Gruppendenken« lässt uns wichtige Informationen übersehen und Warnhinweise ignorieren. Zugespitzt wird das Ganze heutzutage noch dadurch, dass wir uns aufgrund moderner Technik zunehmend in »Echokammern« bewegen, in denen nur noch Gleichdenkende aufeinandertreffen.

Dies führt zum »Tunnelblick« und hat eine Beeinträchtigung unserer Objektivität sowie der Fähigkeit, unsere Ansichten aufgrund neuer Informationen zu revidieren, zur Folge. Aus diesem Grunde ist es unerlässlich, dass wir fortwährend unsere Annahmen hinterfragen. Denn nur wenn wir uns unserer Denkmuster und kognitiven Beschränkungen bewusst sind, können wir erkennen, wo wir gedanklich stehen, und identifizieren, wie wir unsere Ziele erreichen können.

Denken Sie systemisch

Das Systemdenken ist einer der Denkansätze, die ich am hilfreichsten finde. Es beruht auf der Komplexitätswissenschaft, die auch der Prämisse meines Buches *$uper-hubs* zugrunde liegt. Gemäß der Komplexitätswissenschaft ist die Welt als ein komplexes, sich selbst organisierendes, anpassungsfähiges System zu betrachten.[135]

»Systeme bestehen aus Teilen, die zur Erreichung eines Ziels zusammenwirken.« Beispiele für solche Systeme sind unsere Umwelt, unser Gehirn oder auch eine Ameisenkolonie. Von Menschen geschaffene Systeme sind etwa das Internet oder das Stromnetz. Ziel des Systemdenkens ist es, Situationen gesamtheitlich und damit klarer darzustellen, um die Wirkweise von Systemen zu verbessern und effizientere Problemlösungen herbeizuführen.[136] Von besonderer Wichtigkeit sind bei der holistischen Betrachtungsweise nicht nur die einzelnen Knotenpunkte im System, sondern vor allem auch die zwischen ihnen bestehenden Verbindungen. Untersucht wird, wie Veränderungen in einem Bereich jene in einem anderen beeinflussen, und wie Entwicklungen, die scheinbar in keinerlei Zusammenhang stehen, aufeinander einwirken. Im Gegensatz zu unserer Neigung, unsere verschiedenen Lebensbereiche, die alle ineinanderspielen, künstlich in separate Kategorien zu unterteilen, stellt das Systemdenken eine gesamtheitliche Betrachtungsweise an.[137]

Die fundamentalen Umbrüche und Paradigmenwandel zu verarbeiten, fällt uns schwer, weil wir mittlerweile einen Komplexitätsgrad geschaffen haben, der uns über den Kopf gewachsen ist. Während wir in den vergangenen 100.000 Jahren lokal gelebt und linear gedacht haben, leben wir heute global und denken exponentiell. Wir haben gelernt, analytisch und abstrakt in getrennten Kategorien zu denken und unser Leben dementsprechend einzurichten. In der Realität gehen diese Lebensbereiche jedoch alle ineinander über und stehen in gegenseitiger Wechselwirkung, beispielsweise Wirtschaftswissenschaften, Biologie und Politik. Das bedeutet: Wir betrachten Probleme in unserer komplexen Welt separat, obwohl sie in Wirklichkeit systembedingt sind, zum Beispiel die Wirtschaft, der Klimawandel und die Handhabung durch die Politik.

Systemdenken spielt in der Disruption und Innovation eine Schlüsselrolle. Google-Chefingenieur Ray Kurzweil, der die von Google mitfinanzierte Singularity University gegründet hat, schult Topmanager aus aller Welt darin, ihre lineare Denkweise zu überwinden und dynamisch zu denken, und vor allem auch in globalen Dimensionen. Wer das »Big Picture« erkennt und die Netzwerkarchitektur sowie das Funktionieren komplexer Systeme versteht, der ist auch in der Lage, sich an ungewisse, rasch verändernde Entwicklungen anzupassen.[138]

Denken Sie wie ein »Start-up-Designer«

Meist werden wir nur der milliardenschweren, erfolgreichen Start-ups gewahr, aber ein Großteil der Unternehmungen scheitert. Start-up-Gründer haben eine ganz eigene Vorgehensweise entwickelt: Sie entwerfen zunächst ein schlüssiges Konzept und versuchen dies dann möglichst flexibel und kostensparend umzusetzen. Allerdings kalkulieren sie in der Regel ein Fehlschlagen von vornherein ein. Anders als konventionelle Unternehmen, die langfristige Strategien entwickeln, ein Vermögen in Forschung und Entwicklung stecken und dabei versuchen, Risiken zu minimieren, entwickeln Start-ups ihre Strategie fortwährend weiter, von der Konzeption bis zur Expansion, und gehen dabei ganz bewusst nicht unerhebliche Risiken ein.[139]

Die Vorgehensweise von Start-ups wird als Design-Denken bezeichnet. Demnach beginnt der Unternehmensprozess mit einer Idee, dann wird Nachfrage geschaffen, und das Produkt wird währenddessen fortlaufend nachgebessert und angepasst. Anders als althergebrachte Unternehmen sind Start-ups dynamisch, experimentieren und orientieren sich konkret an den Bedürfnissen potenzieller Kunden. Design-Denken ist an sich noch keine Strategie, sondern eine Art, an ein Problem heranzugehen. Für die Umsetzung müssen darauf basierend dann allerdings Prozesse geschaffen werden. Um Produkte schnellstmöglich auf den Markt zu bringen, wird Design-Denken in fünf Schritten umgesetzt: (1) ein Gespür für ein Bedürfnis im Markt entwickeln, (2) ein Konzept erstellen, (3) vom Idealfall ausgehend die Produktentwicklung sozusagen von hinten aufrollen, (4) einen Prototypen anfertigen oder einen Musterprozess entwerfen und (5) den Einsatz dessen dann testen und fortwährend weiterentwickeln.

Versuchen Sie einmal, sich von dieser Herangehensweise inspirieren zu lassen. Wenn sie zu Ihnen passt, kann Sie dieser Denkansatz in unserer neuen Welt, die fortwährende Flexibilität erfordert, weiterbringen.[140]

Denken Sie agil und oblique

Das Ehepaar Christine O'Sullivan und Jim Bean hatte bereits viele Jahre erfolgreich im gehobenen Management von Apple gearbeitet, als sie sich einen lang gehegten Traum erfüllten. Im wunderschönen Nappa Valley, im Norden der kalifornischen Bay Area gelegen, erwarben sie ein Weingut und versuchten sich als Winzer. Anfang 2019 brachten sie unter ihrer Marke *Brand* ihre ersten Weine auf den Markt. Das Geschäft lief gut an, bis die Corona-Pandemie ausbrach. Bean bezeichnet die Pandemie als Fluch, aber auch als Segen, weil das Paar schnell lernte, ihr Business auf veränderte Umstände einzustellen. Die beiden boten virtuelle Weinproben für CEOs und Manager an und setzten mithilfe des Internets auf direkten Kundenvertrieb. Dabei gaben sie Anreize, stockten zum Beispiel Weinkäufe mit Weingeschenken an medizinisches Personal oder Lehrer im Namen der Käufer auf und subventionierten diese gewissermaßen. Laut Bean und O'Sullivan profitieren sie in ihrer aktuellen Situation von den Erfahrungen, die sie während ihrer Zeit bei Apple sammeln konnten. Dazu gehören die von Steve Jobs vorgelebten Managementmaximen, dass man zum Beispiel unkonventionell an ein Problem herangehen und zu vielen guten Ideen auch einfach einmal Nein sagen müsse, wenn sie nicht passten, um sich dann auf die richtigen konzentrieren zu können. Diese Erfahrungen hätten ihnen nicht nur geholfen, sich während der ersten Monate der Pandemie auf Veränderungen einzustellen, sondern sie würden sich auch zukünftig noch auszahlen, so Bean.[141] Dieses Beispiel von Christine O'Sullivan und Jim Bean zeugt von der Wichtigkeit, heute flexibel zu sein.

Bei Agilität und Obliquität geht es um die Fähigkeit, analytisch und emotional flexibel und dadurch innovativ zu sein.

Agilität ist die Fähigkeit, schnell und flexibel auf Veränderungen zu reagieren. In einer Welt, in der es an Problemen nicht mangelt und die sich ständig verändert, ist Agilität – also Flexibilität, Wendigkeit und Anpassungsfähigkeit – unverzichtbar, um zu bestehen. Agile Menschen handeln selbstständig, unabhängig und schnell, um sich auf Rückschläge und Ungewissheit einzustellen

Obliquität ist ein Begriff aus dem militärischen Kontext und meint indirekte, graduelle Eingriffe, die auf konstanter Neubewertung und Anpassung beruhen. Sie sind starren und unflexiblen Maßnahmen vorzuziehen.[142]

Wer in einem sich verändernden Umfeld unbeweglich bleibt, der steht sich selbst im Weg und beraubt sich Alternativen. Anstatt auf einer vorgefertigten Strategie zu beharren, sollten Sie bedenken, dass Sie sich stets weiterentwickeln und verbessern können. Ändern sich die Umstände, sollten Sie nicht zögern, Ihre Vorgehensweise zu hinterfragen und sich gegebenenfalls auf die geänderte Situation anzupassen. Sie handhaben Ihre Karriere agil, wenn Sie sie mit Bedacht vorantreiben und flexibel auf Veränderungen reagieren – sei es im Job selbst oder bedingt durch andere Umstände. Im Zuge dessen fördern Sie auch gleichzeitig Ihre Kreativität, Ihr persönliches Wachstum und Ihre berufliche Erfüllung.[143]

Unternehmen, die langfristig erfolgreich sind, zeichnen sich durch ihre Fähigkeit zur Anpassung aus. In diesem Zusammenhang merkte Professor Amar Bhide von der Columbia University an, dass »70 Prozent der erfolgreichen Unternehmen letztendlich eine andere Strategie anwenden als ursprünglich geplant. Ein Beispiel ist Netflix, das als physischer DVD-Verleih begann und sich nunmehr auf digitale Streaming-Services konzentriert.«[144] Die Corona-Pandemie hat Anpassungen in vielen verschiedenen Branchen erforderlich gemacht. Beispielsweise haben sich Alkoholproduzenten auf die Herstellung von Desinfektionsmittel konzentriert, Modeunternehmen haben Schutzmasken hergestellt, Fotografen haben Beerdigungen für Angehörige gestreamt und Messeunternehmen haben Impfzentren aufgebaut und betrieben.

Sogar große und schwerfällige Konzerne haben kurzfristig ihren Schwerpunkt verlagert. Konsumgüterproduzent »Unilever hat den Fokus von Hautpflegeprodukten auf Lebensmittel, Reinigungsmittel und persönliche Hygieneartikel hin verlegt, bei denen die Nachfrage gestiegen ist«.

Lieferschwierigkeiten gaben örtlichen Bauern die Möglichkeit, ihre Produktion der geänderten, heimischen Nachfrage anzupassen. Shopify hatte eine deutliche Zunahme beim Warenverkehr innerhalb von Kurzstrecken von unter 25 Kilometern zu verzeichnen. Spotify, das Musikstreaming-Unternehmen, kam aufgrund des Wirtschaftseinbruchs unter Druck, weil Werbekunden wegbrachen. Daraufhin stellte Spotify sein Businessmodell auf selbst produzierte Inhalte und Podcasts um. Innerhalb nur eines Monats stellten Nutzer über 150.000 Podcasts ein. Darüber hinaus verpflichtete das Unternehmen Prominente in exklusiven Deals und führte Playlists ein.[145]

In China stellte ein Kaufhaus, das während des Lockdowns schließen musste, auf den Verkauf über Social Media um, wobei das Personal die übers Internet zugänglichen Kaufveranstaltungen moderierte. Berichten zufolge »hat ein einziges solches live gestreamtes Event höhere Einnahmen erzielt, als vor der Corona-Pandemie innerhalb einer Woche im stationären Handel erzielt wurden«.[146]

Resilienz-Entwicklung: Wie Sie Misserfolge überwinden und Ihre Widerstandskraft stärken

»Erfolg ist, wenn man trotz Misserfolgen seine Begeisterung nicht verliert.«
Winston Churchill zugeschrieben

Jack Ma, Gründer des chinesischen E-Commerce-Riesen Alibaba Group, hat harte Rückschläge einstecken müssen. Diese Erfahrungen waren schmerzlich, aber sie waren auch eine gute Vorbereitung auf seine Zukunft als Unternehmer. Zu Anbeginn seiner Karriere bewarb er sich auf 30 Jobs und erhielt eine Absage nach der anderen. Es gelang ihm nicht einmal, bei der Fast-Food-Kette Kentucky Fried Chicken unterzukommen. Aber Ma ließ sich nicht so leicht entmutigen: Auch an der Harvard University bewarb er sich ganze zehn Mal und wurde jedes Mal abgelehnt. Sein Durchhaltevermögen machte sich bezahlt, als er 1999 Alibaba gründete, denn auch hier erlebte er anfangs zahlreiche Rückschläge.[147]

Ungeachtet Ihrer Intelligenz, Ihrer Bildung und Ihres Fleißes – Erfolg wird Ihnen nur beschieden sein, wenn Sie Misserfolge wegstecken können und sich nicht unterkriegen lassen. Misserfolge gehören untrennbar zum Erfolg, weil Erfolg voraussetzt, dass wir Risiken eingehen – und in Risiken liegt naturgemäß die Möglichkeit eines Fehlschlags. Misserfolge prägen uns am meisten, weil wir durch sie lernen, was funktioniert und was zum Scheitern verurteilt ist. Misserfolge kann man in zweierlei Hinsicht erleiden: Zum einen dadurch, dass wir es aus Angst vor dem Versagen gar nicht erst probieren, und zum anderen, indem wir etwas versuchen, das misslingt. Für die Zukunft sollte man sogar noch mehr Misserfolge einkalkulieren, einfach deshalb, weil sich unsere Welt so grundlegend ändert und in unserem Versuch, damit zurechtzukommen, mehr Potenzial für ein Scheitern liegt. Otto von Bismarck soll gesagt haben, dass »nur ein Narr aus seinen eigenen Fehlern lernt. Der Weise lernt aus den Fehlern anderer.« Dieser Ausspruch ist zwar amüsant, aber Tatsache ist, dass Sie gar nicht darum herumkommen werden, zumindest gelegentlich Fehler zu machen. Dieser Prozess ist Teil unserer Lernerfahrungen, und damit unseres Potenzials, uns zu verbessern.

Viele der erfolgreichsten Menschen der Welt sind aus demütigenden Misserfolgen gestärkt hervorgegangen und haben sich gerade deswegen behauptet. Sie sind extrem hart im Nehmen und haben eine Einstellung wie Profisportler:

Sie nehmen ihre Angst und ihre Schmerzen an und sind so in der Lage, sie zu verarbeiten. Mit Herausforderungen wissen sie umzugehen und auf schwierige Situationen können sie sich gut einstellen. Sie zeichnen sich durch eine zähe Beharrlichkeit aus, verarbeiten ihre Fehler bewusst und gehen konstruktiv mit Misserfolgen um.

Viele Vertreter der einflussreichen Elite erheben Erfolg geradezu zu einer Religion, aber sie propagieren auch mit fast kultischem Eifer die Wichtigkeit von Misserfolgen. Das Silicon Valley ist der Inbegriff des Erfolgs trotz Misserfolgen und Widerständen, denn Scheitern gehört dort zum Konzept. Man sollte Scheitern aber nicht übermäßig glorifizieren, denn es ist nicht nur eine nützliche Lernerfahrung, sondern fordert auch einen emotionalen und finanziellen Tribut. Zu viele Misserfolge können entmutigend sein, an den Kräften zehren und kostspielig werden. So hat denn auch der milliardenschwere Superinvestor Peter Thiel vor der »Fetischisierung von Misserfolgen« gewarnt. Seiner Ansicht nach ist die Darstellung ihrer Vorzüge übertrieben positiv, weil Misserfolge oft zu komplex sind, um einfache Lehren aus ihnen ziehen zu können. Wenn man immer wieder vor die Wand läuft, muss man sich irgendwann fragen, ob es nicht Zeit wird, sein Vorgehen zu überdenken und gegebenenfalls zu ändern.

Auch ich habe schon Misserfolge und Absagen einstecken müssen. Vermutlich würde ich dieses Buch nicht schreiben, wenn ich die Misserfolge bei meinem ersten Buch *$uper-hubs* nicht überwunden hätte. Leicht war es nicht, aber am Ende haben sich die Mühen gelohnt, denn mein »Baby« wurde ein preisgekrönter Bestseller. Bis dahin war es allerdings ein langer Weg. Völlig unerfahren im Schreiben von Büchern und beruflich extrem eingespannt, brauchte ich zur Fertigstellung des ersten Manuskriptentwurfs etwa drei Jahre. In den USA benötigen Autoren Agenten, die sie gegenüber Verlagen vertreten. Weil es unzählige Autoren gibt, aber nur eine begrenzte Zahl von Agenten, ist es schwierig, einen solchen zu finden. Auf das Risiko der Vertretung eines Erstautors lassen sie sich ungern ein, da dieser sich noch nicht bewährt und keine Erfolge vorzuweisen hat. Immerhin hatte ich das Privileg, dass meine Kontakte Verbindungen zu mehreren hochkarätigen Agenten herstellten. Von meinem Manuskript überzeugt, konnte ich es kaum erwarten, es den Agenten zu unterbreiten. Et voilà – alle lehnten es ab!

Ich war einigermaßen verstört und überarbeitete es ihrem Feedback gemäß über die Dauer eines weiteren Jahres. Gegen Ende begab ich mich in einen selbst verordneten »Buch-Lockdown«, lehnte zunehmend mehr Aufträge ab und isolierte mich für mehrere Wochen, um mein Buch endlich fertigzustellen. Wenn man mit laserartigem Fokus »derart tief in eine Materie eintaucht [...] und lange, lange dabeibleibt«, kann das sehr erfüllend sein.[148] Mit meinem nunmehr überarbeiteten Manuskript in der Hand und guter Dinge wurde ich erneut vorstellig – und wurde wieder abgelehnt. Jetzt war ich nicht enttäuscht, sondern sauer. Wenn man als Jurist etwas lernt, dann ist es das Recherchieren und Schreiben – und ich konnte und wollte nicht akzeptieren, dass es nicht klappen sollte. Ein Hoffnungsschimmer war die Äußerung von mehreren Agenten, dass sie möglicherweise interessiert sein könnten, wenn ich die gegenwärtige Fassung ein weiteres Mal überarbeiten würde. Ich war mit der Fassung allerdings im Reinen und wollte nicht auf unbestimmte Zeit mit ungewissen Erfolgsaussichten weiterschreiben.

Da meine Strategie bisher nicht aufgegangen war, entschied ich mich dazu, anders vorzugehen. In Deutschland hatte ich noch weniger Beziehungen zu Verlagen als in den USA, war allerdings aufgrund meiner jahrelangen Medienpräsenz dort bekannter. Daher schickte ich mein Manuskript an 16 Verlage. Zu meiner Überraschung zeigten sich die meisten interessiert. Nach weiteren Gesprächen lagen mir sechs Angebote vor. Nun hatte ich sogar Verhandlungsspielraum. Ich konnte mir gute Konditionen sichern und *$uper-hubs* wurde noch vor seinem Erscheinen zu einem Amazon-Bestseller, und zwar in der Hauptkategorie. Ich habe mich so unsagbar gefreut und auch eine gewisse Genugtuung verspürt, dass es doch noch, und so gut, geklappt hatte. Nachdem ich nunmehr im damals zweitgrößten Buchmarkt der Welt einen Bestseller vorzuweisen hatte, fand ich auch eine Agentin, die mein Buch in mehreren Sprachen, unter anderem auf Englisch, Chinesisch, Japanisch und Koreanisch, vertrieb.

Es gibt unzählige inspirierende Geschichten über die erfolgreiche Überwindung von Misserfolgen, aber am meisten inspirieren mich die von Autoren. Stephen King zum Beispiel lebte, als er sein erstes Buch schrieb, in einem Wohnwagen und von der Hand in den Mund. Nach Fertigstellung seines ersten Romans *Carrie* schickte er das Manuskript an 30 Verlage, die es allesamt ablehnten. Doch er gab nicht auf, und irgendwann gelang es ihm, es zu verkaufen. Als es 1975 als Taschenbuch erschien, gingen innerhalb von zwölf Monaten über eine Million Exemplare über den Ladentisch. Seither hat King mehr als 50 Romane veröffentlicht und steht auf der Liste der erfolgreichsten Bestsellerautoren aller Zeiten auf Platz 19.[149]

Oder denken Sie an J. K. Rowling, die Autorin der Fantasy-Reihe *Harry Potter*. Als sie an den ersten Fassungen von *Harry Potter* schrieb, war sie alleinerziehend, lebte von Sozialhilfe und litt an einer Depression. Sie betrachtete sich als größte Versagerin und hegte sogar Selbstmordgedanken. Ihr erstes Manuskript wurde zwölf Mal abgelehnt. Am Ende sollte sie über 450 Millionen Bücher verkaufen, als erste Autorin zur Milliardärin werden und zahllose Preise gewinnen. Als Krönung des Ganzen wurden ihre Bücher obendrein noch erfolgreich verfilmt.[150]

Wenn wir den nötigen Mut aufbringen, kalkulierte Risiken einzugehen, haben wir alle die Chance, selbstbestimmt unser Potenzial zu realisieren.

Erfolgs-Management: Geben Sie Ihrem Glück eine Chance

»Das Glück bevorzugt den, der darauf vorbereitet ist.«

Louis Pasteur

In Manhattan lebt es sich wie in einem riesigen Glückskeks. Die Stadt ist voller Möglichkeiten, Verheißungen und glücklicher Zufälle, die oft wie Vorbestimmung erscheinen. Dort ist das »Schicksal« denen gewogen, die sich proaktiv an die Verwirklichung ihrer Träume machen. Wo man auch hingeht, was man auch tut, wem man auch begegnet – überall trifft man auf Menschen mit positiver Energie, die sich ihres Glückes rühmen und versuchen, es rational zu erklären. Ich könnte unzählige Beispiele für glückliche Zufälle anführen, die mein Leben in New York geprägt haben. Zum Beispiel, als ich mich vor einiger Zeit kurzerhand entschloss, kein Taxi für den Heimweg zu nehmen, sondern durch den Central Park nach Hause zu gehen, und dort einem flüchtigen Bekannten über den Weg lief, der sich als wichtiger Kunde herausstellen sollte. Oder als ich spontan einen Laden betrat, um eine Kleinigkeit zu kaufen, und dort einem für mein Leben wichtigen Menschen begegnete. Oder als ich mich an der Park Avenue mit einem Fremden, der dasselbe Taxi herangewunken hatte wie ich, darauf einigte, es zu teilen – anstatt darüber zu streiten. Während der Fahrt entwickelten wir einen so guten Draht zueinander, dass wir Freunde wurden.

Erfolgreiche Menschen haben eine Fähigkeit, die häufig unterschätzt wird und die in unsicheren Zeiten noch wichtiger wird: Sie schaffen ganz bewusst Situationen, die glücklichen Zufällen Vorschub leisten und damit ihre Erfolgsaussichten steigern. Auch wenn der Anteil von Glück bei der Analyse von Erfolg schwer quantifizierbar ist, so fällt doch auf, dass erfolgreiche Menschen es bewusst kultivieren.

Dass Glück nicht rein willkürlich eintritt, ist eine wichtige Erkenntnis. Tina Seelig, Betriebswirtschaftsprofessorin an der Stanford University, erläutert, dass Glück viele verschiedene Nuancen hat. Ihr zufolge »definieren wir Glück als Erfolg oder Misserfolg, der auf einem Zufall beruht«. Laut Seelig erscheint Glück uns lediglich als willkürlich, »weil wir nicht aller Geschehnisse gewahr werden, auf denen es beruht«. Glück treffe selten so plötzlich und dramatisch ein wie ein Blitzschlag. Es sei eher wie der Wind, der immer wehte, aber sich manchmal lege und dann wieder in Böen komme. Und manchmal komme er aus Richtungen, aus denen wir ihn nicht erwartet hätten.[151]

Christian Busch, Professor an der New York University und der London School of Economics, hat ein Buch über die »Glücksmentalität« geschrieben. Ähnlich wie Professor Seelig ist auch er der Ansicht, dass Glück kein reiner Zufall ist, sondern denen zuteilwird, die die Fähigkeit besitzen, Brücken zu erkennen, wo andere nur Täler sehen. Menschen, die Glück erfahren, sind aufgeschlossen gegenüber dem Unerwarteten und kultivieren intuitiv ihre Anziehungskraft für glückliche, schicksalhaft lebensverändernde Umstände. Sie schärfen ihre Sinne und nehmen wahr, was andere übersehen, insbesondere unerwartete Momente. Wenn Ideen und Ereignisse, die scheinbar nichts miteinander zu tun haben, sich zu einem Geschehen formieren, dann verbinden diese Menschen Punkte und erkennen frühzeitig die sich bildenden Muster. Die Rückschlüsse, die sie daraus ziehen, eröffnen ihnen die Wahrnehmung von Chancen und Möglichkeiten.[152]

Wie nehmen Sie Glück wahr? Versuchen Sie, es proaktiv zu beeinflussen? Sind Sie ein Glücksmagnet? Falls Sie der Meinung sind, dass Sie diesbezüglich noch über unausgeschöpftes Potenzial verfügen, empfehle ich Ihnen folgendes: Visualisieren Sie Umstände, die Ihrem Glück Vorschub leisten können, und versuchen Sie, diese gezielt herbeizuführen. Hilfreich ist hierbei, sich mental zu öffnen. Lernen Sie etwas Neues, treffen Sie neue Leute und begeben Sie sich in neue Situationen, um dem Glück einen Stups zu geben. Gehen Sie viele kleinere Risiken ein, denn es sind die kleinen Veränderungen, die nach und nach große Wirkung entfalten.[153] Mit anderen Worten: Das Leben verändert sich fast unmerklich graduell, bis es einen Wendepunkt erreicht, an dem auf einmal größere Veränderungen eintreten. Denken Sie daran, dass Sie nur eine Begegnung, einen Telefonanruf oder eine Entscheidung entfernt sind von einer Chance, die ihr Leben verändern kann.

DRITTES KAPITEL

Finden Sie Ihre Nische: Ihre optimale Positionierung

POSITIONING

Was ist Ihre Nische?

»Man muss die Welt nehmen, wie sie ist, und versuchen, seine Nische darin zu finden. Für mich hat das geklappt.«

Karl Lagerfeld

Zukunftsplanung: Das sollten Sie berücksichtigen

Schätzungen zufolge werden heutige Universitätsabsolventen über die Dauer ihres Berufslebens bis zu 15 Mal ihren Job wechseln.[154] Andere Vorhersagen gehen davon aus, dass zu dem Zeitpunkt, in dem »Post-Millennials« (die nach 1997 Geborenen) in Ruhestand gehen, es über 60 Prozent neue Berufe geben wird, die gegenwärtig noch nicht einmal existieren.[155] Darüber hinaus sind ein Drittel der Qualifikationen, die für Jobs der Zukunft wichtig werden, heute noch gar nicht relevant.[156] Aus diesen Gründen müssen bis 2030 weltweit voraussichtlich über eine Milliarde Menschen umgeschult werden.[157] Dem Weltwirtschaftsforum zufolge werden Künstliche Intelligenz, Robotik und Nanotechnologie den Bedarf an menschlichen Arbeitskräften insgesamt verringern.[158] Während manche Jobs gänzlich verdrängt werden, werden viele andere sich grundlegend verändern.[159] Automatisierung gefährdet alle Tätigkeiten, die Maschinen durch Digitalisierung leicht durchführen können, insbesondere rein physische, mathematische und sich oft wiederholende. Aber auch Arbeiten, die bis vor Kurzem noch top ausgebildeten, menschlichen Arbeitskräften vorbehalten waren, werden immer häufiger von Maschinen ausgeführt.

Der technische Fortschritt hat bisher insgesamt mehr Arbeitsplätze geschaffen, als er gekostet hat. Erik Brynjolfsson und Andrew McAfee, Professoren am Massachusetts Institute of Technology (MIT), verweisen in ihrem Buch *Race Against the Machine* darauf, dass die Menschen im späten 19. Jahrhundert fürchteten, die im Rahmen der industriellen Revolution eingeführten Dampfmaschinen könnten menschliche Arbeit obsolet machen. Aber das Gegenteil war der Fall. Tatsächlich wurden mehr Menschen benötigt, um Maschinen zu bedienen und

Tätigkeiten auszuführen, die Maschinen mangels menschlicher Kompetenzen wie Geschick, Koordination und Urteilsvermögen nicht übernehmen konnten.[160]

Laut einer Studie über den deutschen Arbeitsmarkt »war der Effekt von Robotern auf den Arbeitsmarkt gleich null«, obwohl sich ihre Anzahl in den letzten 20 Jahren vervierfacht hat, wenn man demografische und industrielle Gegebenheiten mit einkalkuliert.[161] McKinsey Global Research hat ferner festgestellt, dass das Internet zwar viele Jobs, zum Beispiel in Branchen wie der Musikindustrie, den Medien, dem Einzelhandel und der Reisewirtschaft, vernichtet hat, für jeden dieser weggefallenen Jobs jedoch »2,6 neue geschaffen hat«.[162]

Selbst wenn in einer industriellen Revolution letztendlich keine Arbeitsplätze verloren gehen, so ist die Umbruchphase doch auch immer eine Zeit der Anpassung, in der sich die Gesellschaft aufgrund der weitreichenden Veränderungen neu organisiert. Während alte Jobs wegfallen, entstehen zwar neue, aber für die müssen die Menschen erst noch die notwendigen Qualifikationen erwerben. Zahllose von ihnen haben in solchen Überbrückungsphasen das Nachsehen, weil sie nicht mitkommen und den Anschluss verpassen. In diesem Kapitel gehen wir der Frage nach, welche Qualifikationen und Jobs in Zukunft gefragt sein werden und wie Sie in dieser von fortlaufender Disruption geprägten Welt Ihre ganz persönliche Nische finden und Erfolg haben können.

Strategie: Spezialisierung oder Generalisierung?

Vor ein paar Jahren habe ich ein Buch gelesen, das einen bleibenden Eindruck hinterlassen hat: *Mastery* von Robert Greene. Eine Passage hat sich mir ganz besonders eingeprägt: »Verfolgen Sie eine andere Strategie: Suchen Sie sich eine Nische in Ihrer Branche, in der Sie glänzen können. […] Wenn möglich, spezialisieren Sie sich innerhalb dieser Nische weiter. Durch diese zunehmende Spezialisierung erschließen Sie dann im Idealfall eine ganz neue Nische, in der Sie kaum Konkurrenz haben. Innerhalb Ihrer Nische können Sie sich frei entfalten und sich auf das konzentrieren, was Sie interessiert und Ihnen Spaß macht.«[163]

Die Nische, die ich für mich erschlossen habe, hat sich mit der Zeit ergeben und war nicht das Resultat eines Masterplans, sondern vieler situativer Einzelentscheidungen. Im Grunde habe ich die Entwicklung genau andersherum aufgezogen, nämlich von der Spezialisierung hin zur Generalisierung. Als in New

York und in Deutschland zugelassene Rechtsanwältin begann mein beruflicher Werdegang bei Deloitte in Deutschland. Dort habe ich institutionelle Kunden, wie Versicherungsgesellschaften und Pensionsfonds, bezüglich sogenannter alternativer Anlagemöglichkeiten, beispielsweise strukturierte Fonds, Hedgefonds oder Private Equity Fonds, beraten. Später bin ich nach New York gezogen und war zunächst Chef-Justiziarin bei einer Investmentgesellschaft, wechselte dann in das Investmentbanking und arbeitete schließlich für den renommierten Ökonomen Nouriel Roubini in dessen globalem makroökonomischen Beratungsunternehmen. Schlussendlich habe ich dann meine eigene Beratungsfirma, BeyondGlobal, gegründet. Zu Beginn meiner beruflichen Tätigkeit habe ich mein Handwerk von der Pike auf gelernt, also wie Transaktionen von Grund auf aufgebaut sind, dann meine Expertise immer weiter entwickelt, von einer Abstraktionsebene zur nächsten, bis ich letztendlich – sozusagen aus der wirtschaftlichen Vogelperspektive – makroökonomische Analysen erstellt habe.[164] Aufgrund meines breiten Erfahrungsspektrums konnte ich mich dann in meiner eigenen Firma auf Tätigkeiten an der Schnittstelle von Wirtschaft, Finanzen und Recht konzentrieren, die mir liegen und Spaß machen.

Sollte man sich bei dem Versuch, seine Nische zu finden, eher spezialisieren, oder lieber breiter aufstellen? Letzteres wird aufgrund der Wesensveränderungen in unserer Wirtschaft immer häufiger propagiert.

Harvard-Professor Vikram Mansharamani weist darauf hin, dass das Potenzial der Generalisierung häufig verkannt werde, weil sich alle immer nur auf inhaltliche Fachkenntnis konzentrierten. Seiner Ansicht nach werde künftig »eine Weitwinkelperspektive und die Fähigkeit, größere Zusammenhänge zu erkennen, immer wichtiger werden«. Fundiertes Fachwissen würde natürlich nützlich bleiben, aber Generalisten wären besser dafür gewappnet, sich in unserer schnelllebigen, ungewissen Welt zurechtzufinden und anzupassen. »Generalisten gehört die Zukunft«, denn »agile und flexible Menschen sind eher in der Lage, kontextbezogene Entscheidungen zu treffen«, so Mansharamani. Sie verstünden es, disziplinübergreifend in Entwicklungen und Sachverhalte sozusagen »hinein- und wieder herauszuzoomen«. Auf diese Weise würden sie Zusammenhänge zwischen Branchen und scheinbar unzusammenhängenden Entwicklungen erkennen. »Die Vielzahl ihrer Fähigkeiten und ihr reicher Erfahrungsschatz befähigten sie, sich rasch und wendig an neue Entwicklungen anzupassen.«[165]

Mansharamani kritisiert, dass unsere Auffassung von Qualifikationen angesichts des technologischen Fortschritts und der wachsenden Ungewissheit unzeitgemäß sei. Deshalb sei es wenig zielführend, die ehemals geltenden Karrieregrundsätze auf eine Zukunft anzuwenden, die grundlegend anders als die Vergangenheit sein wird. »Die heutige, sich rasch verändernde Komplexität erfordert die Fähigkeit, sich auch in unklaren Situationen erfolgreich zurechtzufinden.«[166] Trotzdem gehen wir auch heute noch davon aus, dass Spezialisierung das Geheimnis des Erfolgs sei.

Lori Goler, Chefin der Personalabteilung bei Facebook, äußerte in einem *Harvard Business Review*-Artikel, dass das Unternehmen Angestellte auswähle, die über breit gefächerte Qualifikationen verfügten, und versuche, sie in ein Umfeld zu integrieren, in dem sie von ihren Stärken und ihrer Begeisterung profitieren könnten. Menschen besäßen viele Talente, aber eng gefasste Aufgabenbereiche beraubten sie der Möglichkeit, diese auszuleben.[167]

Demgegenüber verdeutlicht eine Studie der Harvard Business School, »dass Führungskräfte für ein Unternehmen dann wertvoll sind, wenn sie ein paar wenige Dinge außergewöhnlich gut beherrschen, und nicht, weil sie vieles können«.[168]

Nach meiner Ansicht gibt es sowohl für Spezialisierung als auch für Generalisierung gute Argumente. Es ist jedoch ratsam, sich zunächst einmal auf die Aneignung bestimmter Qualifikationen zu konzentrieren und Erfahrungen zu sammeln. Wenn Sie sich dann in Ihrem Fachgebiet bewiesen und Anerkennung gefunden haben, dann können Sie sich zunehmend breiter aufstellen. Auf diese Weise zementieren Sie ein solides Fundament und können auf dessen Grundlage Ihren Mehrwert steigern.

Selbstbestimmung: Nehmen Sie Ihr Schicksal proaktiv in die Hand

In den letzten Jahren ist ein neuer Typ von unkonventionellen Vordenkern entstanden. Autoren wie Seth Godin, Timothy Ferriss, James Altucher oder Dorie Clark haben frühzeitig Arbeitswelttrends erkannt und die Folgen, die diese für den Einzelnen haben würden. Sie geben Menschen Orientierung, die versuchen, sich in einem disruptiven und ungewissen Umfeld zurechtzufinden. Ihre Bücher, die auf der Prämisse basieren, dass neue Entwicklungen neue Vorgehensweisen erfordern, haben einen Nerv getroffen und die Bestsellerlisten erobert. Anfänglich als Ausnahmedenken zelebriert, ist das von ihnen propagierte, einstmals konträre Denken mittlerweile Mainstream.

James Altucher zum Beispiel ermutigt Menschen, sich unabhängig aufzustellen und ihr Schicksal selbst in die Hand zu nehmen. »Wartet nicht darauf, dass sich die Götter der amerikanischen Konzerne, Universitäten, Medien oder Investoren aus ihrem Olymp herablassen, um euch auszuerwählen und euch Erfolg zu schenken. Glaubt an euch und habt Selbstvertrauen, anstatt euch an ein System auszuliefern, das manipuliert ist. Es steht euch frei, Erfolg nach euren eigenen Maßstäben zu definieren. Das Internet ermöglicht es uns in praktisch jeder Branche, direkt an Kunden, Auftraggeber, Nutzer, Studenten, Patienten, heranzutreten. Das erschüttert zwar die Businessmodelle herkömmlicher Unternehmen und sorgt für Verwerfungen am Arbeitsmarkt, aber […] es gibt Einzelnen auch die Möglichkeit, Ideen umzusetzen und damit ihren Lebensunterhalt zu finanzieren. Deshalb sollten wir selbst für uns und an uns denken und unsere innovativen Ideen in die Tat umsetzen.«[169]

Unternehmer und Bestsellerautor Seth Godin plädiert ebenfalls dafür, dass wir nicht darauf warten sollten, von jemandem »auserkoren« zu werden. Dies sei mittlerweile völlig unzeitgemäß und außerdem liefere man sich dadurch der Macht des Systems aus und gebe einen Teil seiner Eigenverantwortung und Initiative auf. »Bitte wartet nicht mehr darauf, dass euch jemand eine Gebrauchsanweisung für die Zukunft an die Hand gibt. Erfolg werden die haben, die selbst den Kurs für ihre Zukunft ausloten.«[170]

Jobwahl: Passion oder Vernunft?

Technologie erlaubt es zunehmend mehr Menschen, ihren Lebensunterhalt mit Tätigkeiten zu verdienen, die ihnen Spaß machen und die sie gut beherrschen. Li Jin unterstützt Menschen dabei, ihre Vorlieben und Stärken zu finden und daraus ein profitables Business zu machen. Jin hat die Venture-Capital-Firma »Atelier« gegründet, die in die »passion economy« investiert, also einer Wirtschaft, in der Menschen mit erfüllenden Tätigkeiten Geld verdienen können. Jin erleichtert Neuunternehmern den Markteintritt durch »die Finanzierung von Plattformen, die Menschen neue Möglichkeiten der Erwerbstätigkeit eröffnen und den Eintritt in Berufe erleichtern, deren Ergreifung vormals wegen hoher Eintrittsbarriere erschwert war«. Unter anderem unterstützt Jin Interessierte bei der Identifizierung von Fähigkeiten, für die eine potenzielle Nachfrage und Verdienstpotenzial bestehen. Dafür hat sie auch eine Website ins Leben gerufen, »Side Hustle Stack«[171], die Einzelunternehmen und Freischaffenden hilft, die passenden Plattformen für sie zu finden. »Side Hustle Stack« hatte innerhalb kürzester Zeit Millionen von Klicks zu verzeichnen, was zeigt, wie groß die Nachfrage nach lukrativen Nebentätigkeiten ist. Die Pandemie hat dazu beigetragen, dass noch mehr Menschen sich in der Selbstständigkeit versuchen, sei es, weil sie ihren Job verloren haben, gelangweilt sind oder einfach das Bedürfnis haben, auf eine interessantere Tätigkeit umzusatteln. »Viele haben ihren Job verloren, aber ihre Berufung gefunden.« Die meisten fangen mit einer Nebentätigkeit an und expandieren dann mit der Zeit, bis sie ihren Lebensunterhalt davon bestreiten können.[172]

Häufig hört man den Ratschlag, dass man seiner Leidenschaft folgen und sein Hobby zum Beruf machen solle. Allerdings tun dies nur circa 20 Prozent der Menschen, wie eine »Erhebung von Deloitte mit 3000 Vollzeitbeschäftigten in den USA quer über alle Branchen und Hierarchiestufen ergeben hat«.[173]

Warren Buffett rät »zu einem Beruf, der Spaß macht – und der einem liegt«.[174] US-Medien-Star Oprah Winfrey plädiert ebenfalls für Leidenschaft als das Geheimnis beruflichen Erfolgs. Sie glaubt, »Leidenschaft setzt Energie frei. Wenn Sie sich auf etwas konzentrieren, das Sie begeistert, dann setzt das Kräfte frei. Ohne Leidenschaft fehlt Ihnen diese Energie, und ohne Energie können Sie gar nichts bewegen. Angst bringt Sie nicht weiter, daher: Lassen Sie sich von Ihren Träumen leiten. Laut wissenschaftlichen Erhebungen gehen nur weniger als 10 Prozent der Menschen ihrer Leidenschaft nach. Das würde allerdings auch erklären, warum so viele mit ihrer Arbeit unzufrieden sind.«[175]

Ob man es sich erlauben kann, beruflich seiner Leidenschaft nachzugehen, kann auch von persönlichen Umständen abhängen, beispielsweise finanziellen Möglichkeiten oder dem Vorhandensein ausreichender Begabung. Leidenschaft und Kompetenz gehen oft Hand in Hand, denn was man mit Leidenschaft tut, das gelingt meist gut.

Priorität sollte bei der Arbeit natürlich in erster Linie die Qualität haben. Wenn dann noch Begeisterung und Freude hinzukommen, ist das die perfekte Kombination. Interessanterweise kann man Leidenschaft auch im Laufe der Ausführung einer Tätigkeit entwickeln, wenn man sich sehr darauf konzentriert und Mühen und Zeit investiert.

Als ich zum Beispiel angefangen habe, mein erstes Buch– *$uper-hubs* – zu schreiben, habe ich es zunächst ganz nüchtern als ein weiteres berufliches Projekt betrachtet. Ich habe Zeit investiert, am Konzept gefeilt und recherchiert. Als Neuling hatte ich das Gefühl, dass mir der Prozess des Buchschreibens zeitweise allein schon logistisch über den Kopf wuchs. Nachdem ich mich allerdings monatelang mühsam damit auseinandergesetzt hatte, fing es an, mir Spaß zu machen. Als ich meinen ersten Entwurf fertiggestellt hatte, war mir zwar klar, dass noch einiges an Verbesserungsbedarf bestand, aber für mich war das Manuskript mein »ungeschliffener Diamant«, an dem ich weiter fleißig feilte und polierte. Als das Buch dann mehrere Jahre später in den Druck ging, war dies eine der erfüllendsten und wertvollsten Erfahrungen meines Lebens.

Der Autor Cal Newport empfiehlt, sich lieber auf die Qualität der Arbeit als auf den Spaßfaktor zu konzentrieren. Seiner Ansicht nach ist Leidenschaft eine Begleiterscheinung herausragenden Könnens, weshalb Sie sich zunächst auf Ihre Expertise konzentrieren, und damit dermaßen beeindrucken sollten, »dass man an Ihnen nicht vorbeikommt«.[176] Sein Können perfektioniert man durch stete Praxis und den Ausbau von Expertise, bis man die Tätigkeit im Schlaf beherrscht. Das erfordert Übung und Ausdauer.

In seinem Bestseller *Überflieger* schreibt Malcolm Gladwell, dass Perfektion nur durch Übung erreicht werden könne und dass Wissenschaftler fachübergreifend die magische Zahl von 10.000 Stunden Übung für erforderlich hielten, um Perfektion zu erreichen.[177] Diese These löste im Anschluss kontroverse Diskussionen aus, weil die Anzahl der Stunden vermutlich vor allem auch vom Fachgebiet und der Art der Tätigkeit abhängt.

Aber gleichgültig, ob nun 5000 oder 15.000 Stunden Praxis erforderlich sind, festzuhalten bleibt: Je mehr man übt, desto besser wird man, und deshalb sollte man so viel Zeit wie möglich in die Perfektionierung seiner Fähigkeiten investieren.

Scott Galloway, Marketingprofessor an der an der NYU Stern School of Business und Silicon-Valley-Insider, rät seinen Studenten, sich nicht auf ihre Leidenschaft zu verlassen, sondern sich auf ihre Begabung zu konzentrieren.[178]

Wie so viele andere hätte auch ich gerne meine Leidenschaft zum Beruf gemacht. In meiner Jugend träumte ich davon, die renommierte Parsons School of

Design in New York zu besuchen und Modedesignerin zu werden. Obwohl mir allseits Talent bescheinigt wurde, erschien meinen Eltern eine solche Berufswahl als geradezu grotesk. Für sie musste sich eine berufliche Ausbildung durch intellektuellen Tiefgang auszeichnen und finanzielle Unabhängigkeit gewährleisten. Etwas so Belangloses wie Modedesign war eine Zeitverschwendung, die bestenfalls zum Hobby taugte, wenn überhaupt. Um meine Eltern nicht zu enttäuschen, studierte ich Jura, was ganz in ihrem Sinne war. Zunächst fühlte ich mich durch die juristische Art zu denken mental etwas eingeengt. Ich konzentrierte mich jedoch darauf, meinen potenziellen Wirkkreis auszudehnen, indem ich im Anschluss ein Master-of-Law-Jurastudium mit Schwerpunkt auf Business und Finanzen in New York absolvierte. Noch vor meiner Abschlussprüfung machte mir die internationale Beratungsgesellschaft Deloitte das berühmte Angebot, das man nicht ablehnen kann – als Managerin in der internationalen Kapitalmarktabteilung in Deutschland. Ich übernahm die Stelle von einer amerikanischen Rechtsanwältin, die in Mutterschaftsurlaub ging. Weil ich im Hinblick auf hochkomplexe Finanzprodukte noch über keinerlei Erfahrung verfügte, war der Job zunächst eigentlich eine Nummer zu groß für mich. Bei diesen Transaktionen, bei denen es jeweils um Hunderte Millionen Dollar ging, war ich für die amerikanischen juristischen Dokumente zuständig – also Emissionsunterlagen, Anleihe- und Kaufverträge und etliches mehr. Jede Transaktion umfasste unzählige Seiten rechtlicher Unterlagen und im Schnitt arbeiteten wir jede Woche an zwei bis drei neuen Deals. Oft fühlte ich mich überfordert, aber gleichzeitig war ich dankbar für diese tolle Chance und versuchte, mir nichts anmerken zu lassen. Ich stürzte mich in meine Arbeit und kämpfte mich in meiner Freizeit mit Wörter- und Fachbüchern durch die endlosen Stapel von Dokumenten, um die komplexen Strukturen der Transaktionen und die juristische Ausgestaltung zu verstehen. Das kostete viel Zeit und Mühe, aber ich wähnte mich damals in der Aufbauphase, in der es in Expertise und Mühen zu investieren galt, um später die Früchte zu ernten. Außerdem nagte es an mir, wenn ich etwas nicht verstand, und ich war hochmotiviert, meine Aufgabe bestmöglich zu meistern. Tatsächlich machte sich der Einsatz bezahlt. Nach nur ein paar Monaten erhielt ich Jobangebote von anderen Unternehmen, die mich abwerben wollten. Schließlich nahm ich das Angebot eines Kunden für den Posten an, der mich nach New York brachte. Es hat also etwas länger gedauert, aber letztendlich habe ich zu einer Tätigkeit gefunden, die mir Spaß macht und die mich erfüllt.

Viele Menschen, die einem »vernünftigen« Job nachgehen, verspüren insgeheim eine Berufung, die sie jedoch nie verwirklichen konnten und die folglich vor sich hinschlummert. Der gegenwärtige Strukturwandel der Wirtschaft bietet eine gute Gelegenheit auch für Einzelne, zu eruieren, welche neuen Möglichkeiten sich für sie auftun.[179]

Bei der Suche sollte man sich auch darauf konzentrieren, dass die zukünftige Tätigkeit im Einklang mit den Werten steht, die einem wichtig sind. Keiner mag eintönige und langweilige Arbeit. Die meisten Menschen haben das Bedürfnis, in einem stimulierenden Umfeld zu arbeiten, Begeisterung für ihre Tätigkeit zu empfinden und Anerkennung für ihre Leistung zu erfahre. Gemäß einer Studie »hatten Arbeitnehmer, die sich bei ihrer Jobwahl nur darauf konzentriert hatten, was ihnen Spaß machte, im Endeffekt aber weniger Spaß als andere, und eine größere Wahrscheinlichkeit, ihren Job nach neun Monaten zu kündigen«.[180]

Ihr Mehrwert: Kultivieren Sie Ihren individuellen Wettbewerbsvorteil

> *»Wenn du erfolgreich sein willst, solltest du dich nicht auf die bereits ausgetretenen Pfade vergangener Erfolge begeben, sondern neue Wege beschreiten.«*
>
> John D. Rockefeller

Welche Qualifikationen und Kompetenzen sollten Sie sich aneignen, weiterentwickeln oder perfektionieren? Bill Gates, Microsoft-Gründer und milliardenschwerer Philanthrop, der seinen Erfolg zu einem großen Teil seinen mathematischen Fähigkeiten zu verdanken hat, ist erst spät zu einer Einsicht gelangt, die seine Einstellung zu kognitiver Intelligenz relativiert hat. Heute ist sie für ihn nicht mehr das allein ausschlaggebende Kriterium für Erfolg. Intelligenz sei nicht eindimensional und könne viele unterschiedliche Formen annehmen, etwa räumliche, sprachliche oder soziale Intelligenz. »Der Schlüssel zum Erfolg liege darin, die eigene zu erkennen.« Wenn man die eigene Art von Intelligenz entdecke, könne man besser entscheiden, auf welche Qualifikationen man sich konzentrieren sollte und welche Arbeitsumgebung am besten zu einem passe, so Gates.[181]

Anstatt vorrangig nach Erfolg zu streben, ist es in der Regel zielführender, sich darauf zu konzentrieren, eine möglichst wertvolle Leistung beizutragen. Denn wenn Ihre Arbeit geschätzt wird, dann stellt sich der Erfolg von ganz allein ein. Daher sollte eine Ihrer grundlegendsten Überlegungen sein, was genau Sie Ihrem Arbeitgeber, Kunden oder Auftraggeber bieten können und wie Sie den Wert dessen steigern können. Je unersetzlicher Sie sich machen, desto besser. Wichtig dabei: Konzentrieren Sie sich auf Fähigkeiten und Expertise, die auch zukünftig relevant sein werden. Kultivieren Sie in diesem Zusammenhang Ihre ganz persönliche »Super-Power«, indem Sie in den Ausbau Ihrer Stärken investieren, anstatt sich auf das Ausmerzen Ihrer Schwächen zu konzentrieren. Denken Sie unkonventionell, konträr und in größeren Dimensionen. Meine von Norman Vincent Peale geprägte Maxime: »Wer Kurs auf die Sterne nimmt, der landet zumindest auf dem Mond.«

Definieren Sie Ihre Qualifikationen, Dienstleistungen oder Waren möglichst genau und bestimmen Sie welches Problem Sie damit für Ihren Abnehmer lösen können. Stellen Sie Ihren Mehrwert gegenüber Wettbewerbern heraus. Warum sollte man sich für Sie entscheiden? Unterscheidungskriterien sind wichtig, aber »allein die Tatsache, dass Sie sich von anderen unterscheiden, macht sie noch nicht unersetzlich. Aber um unersetzlich zu sein, müssen Sie anders sein.«[182] Versuchen Sie, »außergewöhnlich gute Leistungen zu erbringen. Ansonsten lassen Sie es lieber gleich. Mittelmäßigkeit ist für Loser.«[183]

Risikotoleranz: Definieren Sie, welcher Risikotyp Sie sind

Stehen Sie lieber in einem regulären Beschäftigungsverhältnis oder liebäugeln Sie unter Umständen mit der Selbstständigkeit? Angesichts der Tatsache, dass zunehmend mehr Jobs nicht mehr in Festanstellung vergeben, sondern an Freischaffende, Zeitarbeiter und externe Unternehmen outgesourct werden, nimmt Selbstständigkeit heute viele verschiedene Formen an. Oftmals wird sie als unabhängiges Arbeiten unter Palmen am Strand »Instagram-glorifiziert«. Bevor man sich diesem Traum hingibt, sollte man allerdings einen Realitätscheck anstellen. Telearbeit kann eine tolle Chance sein, ist aber nicht für jeden geeignet. Aspekte wie Logistik, Finanzierung, Steuern, Kranken- und Sozialversicherung, behördliche Vorschriften und das Fehlen von Kollegen finden bei der Planung häufig keine ausreichende Beachtung.

Arbeitnehmer, nach denen eine größere Nachfrage herrscht, verfügen über größere Marktmacht. Sie sind diejenigen, die Unternehmen typischerweise halten wollen, weil ihre Fähigkeiten begehrt sind und sie jederzeit wieder einen neuen Job finden können. Solche Arbeitnehmer fühlen sich relativ sicher und neigen dazu, sich Optionen offenzuhalten.[184]

Der libanesisch-amerikanische Autor und Statistikforscher, Nassim Nicholas Taleb, der mit seinem Buch *Der Schwarze Schwan* weltweite Bekanntheit erlangte, hat das Phänomen unserer Wahrnehmung von Job- und Einkommenssicherheit in seinem Buch *Antifragilität untersucht.* Seine zentrale Botschaft: Wir müssen unser Leben nicht nur gegen zufällige Ereignisse wappnen, sondern es antifragil gestalten. Indem wir uns auf unvorhersehbare Ereignisse einstellen, wappnen wir uns nicht nur gegen plötzliche Krisen, sondern können daraus sogar Nutzen ziehen.

Seine Hypothese veranschaulicht er am Beispiel der beiden Zwillingsbrüder John und George, die beide in London leben. John ist in dem Personalbüro einer Großbank angestellt und verfügt über ein sicheres Einkommen. George ist demgegenüber als Taxifahrer mit höchst unregelmäßigen Einkünften tätig. Obwohl John und George Jahr um Jahr ungefähr gleich viel verdienen, beneidet der Taxifahrer George den Bankangestellten John um dessen scheinbar sicheren Arbeitsplatz und regelmäßiges Gehalt.

Taleb macht jedoch deutlich, dass die vermeintliche Sicherheit des Bankjobs illusorisch und die Tätigkeit als Taxifahrer in Wirklichkeit sicherer ist. Er räumt mit dem Vorurteil auf, dass der Eintritt unvorhergesehener Ereignisse per se negative Auswirkungen haben müsse und dass man ihre Konsequenzen durch den Versuch, sie zu vermeiden, umgehen könne. Die Einkommen von Taxifahrern, Schreinern, Klempnern, Schneidern, Zahnärzten und Prostituierten schwankten zwar, aber sie seien relativ widerstandsfähig im Hinblick auf unvorhersehbare Ereignisse, auch »Schwarze Schwäne« genannt, sodass das Risiko eines Gesamtwegfalls ihrer Einnahmen relativ gering sei. Ihre Risiken sind offensichtlich. Anders verhält es sich bei Angestellten, die sich ihrer Tätigkeit und ihres Einkommens sicher wähnen – bis sie eines Tages von einem Anruf aus der Personalabteilung überrascht werden, und sich ihr Einkommen aufgrund von Kündigung plötzlich auf null reduziert. Diese Risiken werden häufig ignoriert. Die Flexibilität, die bei Berufen wie dem von George erforderlich ist, bringt eine gewisse Antifragilität mit sich, weil diese Berufe, um bestehen zu können, sich kontinuierlich selbst an geringfügige Veränderungen anpassen müssen. Im Gegensatz dazu ist Johns Einkommen bei der Bank angenehm regelmäßig, aber tatsächlich weniger verlässlich, weil es plötzlich ganz wegfallen kann. John hat als Bankangestellter einen einzigen großen Arbeitgeber, der Taxifahrer George hat dagegen viele »kleine« und kann sich diese aussuchen. George stehen damit jederzeit viel mehr Optionen zur Verfügung. Der eine hat also die Illusion eines sicheren Arbeitsplatzes, der sehr schnell unsicher werden kann, während der andere fälschlicherweise davon ausgeht, dass sein Job unsicherer sei, obwohl er in Wirklichkeit widerstandsfähiger, ja, sogar antifragil ist.[185]

Gefragte Expertise und Kompetenz stellen die besten Voraussetzungen für Erfolg dar und sind möglicherweise die einzige Art der Absicherung, die es heute noch gibt.[186]

Zusätzliche Erwägungen: Was man noch beachten sollte

Weil wir ein Drittel unseres Lebens mit Arbeit verbringen, sollten wir unseren Beruf sorgfältig auswählen. Jobzufriedenheit ist auch hilfreich dabei, all die für Erfolg notwendigen Mühen aufzubringen, an seinen Schwächen zu arbeiten und persönliche Rückschläge zu verkraften.[187]

In seinem Buch *Überflieger* legt Malcom Gladwell dar, dass sich Jobzufriedenheit im Wesentlichen durch drei Aspekte auszeichnet: eine anspruchsvolle Tätigkeit, Selbstbestimmtheit und eine faire Bezahlung.[188] Besonders wichtig sei die Autonomie, also dass man selbst über seine Zeiteinteilung, die Art der Arbeitsausführung und den Arbeitsort entscheiden kann.

Außerdem sollte man eine Kosten-Nutzen-Rechnung anstellen: Welche Vor- und Nachteile haben Ihre Optionen und Präferenzen? Welche Opfer in Form von Zeit, Familienleben oder Reisetätigkeit sind Sie bereit zu bringen? Wo ist Ihre Schmerzgrenze? Was sind die Opportunitätskosten? Welche finanziellen Aspekte gilt es zu beachten? Vergütung ist ein wichtiger Aspekt und die meisten Menschen haben ein intuitives Gespür dafür, in welchem Bereich sich eine angemessene Entlohnung bewegt. Die Einkommenskalkulation fällt etwas komplexer aus, wenn Sie sich selbstständig machen, weil Sie dann noch Posten wie allgemeine Geschäftskosten, Spesen, Gehälter, Versicherungen und Ähnliches beachten müssen. Wie sieht Ihr Budget aus? Welche Gesichtspunkte wie Krankenversicherung, Altersvorsorge und Sparpläne sollten Sie berücksichtigen? Stehen Sie am Anfang, in der Mitte oder schon am Ende Ihrer Karriere? Sind Sie durch Ersparnisse, einen Partner mit einem zweiten Einkommen, ein Erbe oder andere Faktoren finanziell abgesichert? Oder sind Sie auf Einkünfte unmittelbar angewiesen? Das alles sind Gesichtspunkte, die Sie bei der Ausgestaltung Ihrer Nische beachten sollten.

Unzählige Menschen strotzen nur so vor genialen Ideen, aber die wenigsten haben die Initiative und Kompetenz, sie zu verwirklichen. Letztlich zählt nur die erfolgreiche Umsetzung einer Idee und nicht, wie viele Menschen sie vorher schon hatten. Tesla-Gründer Elon Musk ist ein Vorbild für erfolgreiche Verwirklichung. Auch die Winklevoss-Zwillinge mussten die Konsequenzen mangelnder Umsetzung schmerzlich erfahren. Sie behaupten, dass sie als Erste die Idee für Facebook hatten und Mark Zuckerberg ihnen diese gestohlen hätte. Selbst wenn ihre Behauptung zuträfe, so war es doch Zuckerberg, der die Idee in die Praxis umgesetzt hat.

Daher: Fokussieren Sie sich voll und ganz auf Ihre Aufgabe, lassen Sie sich nicht ablenken und nutzen Sie den Schwung, der dabei aufkommt. Formulieren Sie einen »Businessplan« und stellen Sie ein »Beratergremium« sowie diverse »Fokusgruppen« zusammen, um Ihre Ziele konkret zu definieren, Ihre Ideen durch kritischen Dialog zu testen, Ihnen bei Ihrer Arbeit Struktur zu geben und Ihre Leistung zu messen.[189]

Unabhängig davon, ob Sie etwas produzieren, Beratungsdienste anbieten, einen Catering-Service für Hausmannskost gründen oder Ihre eigene Anwaltskanzlei aufmachen möchten – all diese Überlegungen sind universell anwendbar.

Mein Tipp: Halten Sie Ihre Planung möglichst einfach! Das Leben ist kompliziert genug. Konzentrieren Sie sich auf das wirklich Wichtige und auf die Umsetzung. »Es ist harte Arbeit, seine Gedanken einfach zu strukturieren. Aber es ist die Mühe wert, denn wenn Sie das schaffen, dann können Sie Berge versetzen«, so Steve Jobs.[190]

Erfolgsrezepte: Chancen aufspüren und ergreifen

Während der Corona-Pandemie waren Millionen von Menschen weltweit dazu gezwungen, sich zu Hause zu isolieren. Viele gingen dazu über, ihre Einkäufe über das Internet zu erledigen, während andere die Gelegenheit ergriffen, ihre Talente zu Geld zu machen und Waren auf E-Commerce-Websites wie Etsy zu verkaufen. Auf Etsy bieten über drei Millionen Verkäufer ihre selbst entworfenen und hergestellten Waren und Dienstleistungen an. 2020 wurden dort über 75 Millionen Artikel vertrieben. Allein in den ersten zwölf Monaten der Pandemie haben 70 Millionen Menschen auf Etsy so ziemlich alles erworben, was man sich vorstellen kann, angefangen von handgefertigtem Schmuck, über Smartphone-Hüllen bis hin zu maßgeschneiderter Kleidung. Der Fantasie sind kaum Grenzen gesetzt: Man kann sogar seine Handtaschen dort einschicken, um sie als Originalkunstwerke bemalen zu lassen. Es überrascht kaum, dass Etsy 2020 das erfolgreichste E-Commerce-Unternehmen war. Kunden schätzen bei diesem Service die persönliche Beziehung zu den Verkäufern, die sich oft sogar noch die Zeit nehmen, handschriftliche Dankeskarten mitzuschicken.

Als die Pandemie ausbrach, handelte Etsys Management schnell. CEO Josh Silverman, vormals CEO von Skype, rief die rund 2,7 Millionen Etsy-Verkäufer mit handwerklichem Hintergrund dazu auf, Schutzmasken herzustellen, und stellte Maßgaben zur Verfügung, an denen sie sich orientieren konnten. Diese Hersteller produzieren nun Hunderttausende Masken pro Tag, die sie über die Plattform vertreiben. Für viele Verkäufer stellte diese Tätigkeit eine willkommene Möglichkeit dar, die in anderen Geschäftsbereichen erlittenen Verluste auszugleichen, zum Beispiel für Hochzeitskleidhersteller.[191] Eine nicht unerhebliche Anzahl von Homeoffice-basierten Kleinstunternehmern hat aufgrund der überwältigenden Nachfrage ein kleines Vermögen erwirtschaften können.

Reuben Reuel, Designer und Kreativdirektor von Demestik, einer nachhaltigen Lifestyle-Marke, die ethisch und von Hand hergestellte Bekleidung vertreibt, war für diese Möglichkeit sehr dankbar.[192] Reuel hat Modedesign studiert und ist nach New York gekommen, um sich einen Namen zu machen. Weil er sich die Dienste einer PR-Firma und einen Showroom nicht leisten kann, hat er erfolgreich Etsys Plattform genutzt. Sogar Beyoncé gehört zu seinen Kunden. Aber die Pandemie hat auch sein Unternehmen in die Krise getrieben und er verdankt Etsy dessen Überleben. »Masken haben mein Business gerettet«, sagt er. Und nachdem er mit der Herstellung von Masken angefangen hatte, fragten seine Kunden nach dazu passenden Hemden, Kleidern und anderen Kleidungsstücken. So war er auch während der Krise in seinem Apartment in New Jersey schwer damit beschäftigt, zu entwerfen, zu nähen und zu verpacken.

Ebenfalls erfolgreich auf Etsy ist das Mutter-Tochter-Duo Elizabeth und Amberlee Isabella, die 2015 in New York »Scripted Fragrance« ins Leben gerufen haben. In ihrer Firma stellen sie Kerzen her, ein Handwerk, das sie sich anfangs mithilfe von YouTube selbst beigebracht hatten. Nach etwas Experimentieren und einigen Rückschlägen stellen Sie nun 125 verschiedene, sojabasierte Kerzen her, die Geburtstagen, Bundesstaaten und Städten gewidmet sind. Pro Tag verkaufen sie zwischen 30 und 50 Kerzen, von denen jede einzigartig ist und ihre eigene Geschichte hat. Wie Tausende andere Etsy-Verkäufer haben die Isabellas ihre anfängliche Nebenbeschäftigung zu einem Vollzeitjob gemacht.[193]

Auch Matthew Cummings kann sich seines Etsy-Erfolgs rühmen. Die Plattform hat ihm erlaubt, seine künstlerische Tätigkeit zu kommerzialisieren und damit sein Leben zu verändern. Begonnen hat Cummings seine Karriere als Glasbläser, Künstler und Bildhauer, aufgrund seiner hohen Preise allerdings mit mäßigem Erfolg. Jetzt verkauft er selbstgebrautes Bier zusammen mit seinen mundgeblasenen, einzigartig geformten Biergläsern. Mit vier Kollegen stellt er 200 Gläser pro Tag her. Die Nachfrage stieg so rasant, dass er gar nicht mehr hinterher kam und Kunden auf eine Warteliste setzen musste. Die Wartezeit beträgt nunmehr zwei Jahre. Cummings ist Etsy dankbar dafür, dass die Plattform ihm die Gelegenheit gegeben hat, sein Leben zum Besseren zu verändern. Diese Erfolgsberichte[194] zeigen Menschen, die die Widrigkeiten in ihrem Leben zum Anlass genommen haben, Chancen zu finden und zu ergreifen und damit von der Digitalisierung zu profitieren.

Die Welt ist voll von Chancen und Möglichkeiten. Zwar kann es einem in unserer krisenerschütterten Zeit so vorkommen, als wäre es noch nie schwerer gewesen, einen Job zu finden oder sich selbstständig zu machen. Aber Tatsache ist, dass in Umbrüchen und Krisen auch immer große Chancen liegen. Wer kreativ ist, schnell handelt und einen guten Riecher hat, für den stellt Disruption eine Gelegenheit dar, neue Geschäftsgebiete aufzutun und die Konkurrenz abzuhängen.[195] Deshalb ist es wichtig, größere Zusammenhänge und Trends erkennen zu können, damit man diese Chancen aufspüren und ergreifen kann. Wenn Sie Fertigkeiten besitzen, für die Nachfrage besteht, und Sie diese auch tatsächlich, vorzugsweise über das Internet, bedienen können, kann die Selbstständigkeit eine gute Idee sein.[196]

Auch das Kunsthandwerk birgt großes Potenzial für kreative Menschen mit Geschäftssinn. Da heute fast alle Produkte industriell hergestellt und zu Niedrigstpreisen online verfügbar sind, werden handwerkliche – also individuell und persönlich gestaltete – Produkte immer populärer. Das Kunsthandwerk umfasst »alle kulturellen, kreativen, künstlerischen und traditionellen Branchen wie

Kunst, Handwerk, Design, Mode, Nahrungsmittel, Musik, Theater und Technologie«.[197] In einer Flut an »standardisierter Massenware aus Plastik« sehnen Menschen sich nach etwas Besonderem, Einzigartigem, das mit Bedacht, Sorgfalt und Liebe hergestellt wurde. Viele haben das Bedürfnis, sich durch persönlichen Stil und Individualität abzusetzen, und sind bereit, einen höheren Preis für Artikel zu zahlen, die in begrenzter Stückzahl hergestellt oder nach individuellen Vorgaben gefertigt sind. Die Möglichkeiten sind praktisch unbegrenzt und umfassen erschwingliche Luxusartikel wie Premium-Biozigaretten, Biere aus Mikrobrauereien und personalisierte Naturkosmetik. »Der Interamerikanischen Entwicklungsbank zufolge wäre die Wirtschaftskraft des Kunsthandwerks, wenn es ein Land wäre, die viertgrößte Volkswirtschaft der Welt.«[198]

Zum weltweiten Vertrieb können Plattformen wie Amazon, Etsy, Alibaba oder Fiverr genutzt werden. Von Nachteil ist, dass das Kunsthandwerk begrenzt skalierbar, also expansionsfähig, ist, weil die Herstellung nicht maschinell, sondern per Hand erfolgt. Deswegen ist die Herstellung meist auch kostenintensiver. Auf der anderen Seite belastet den Kunsthandwerksunternehmer aber auch kein monströser Kostenapparat, den Großunternehmen üblicherweise haben. Nicht zuletzt dadurch können Kleinunternehmer sich flexibler an Trends anpassen und diese sogar neu begründen. Eine weitere Möglichkeit für Kunsthandwerker zu expandieren ist es, mit etablierten Anbietern zusammenzuarbeiten. Amazon Launchpad und Ten Thousand Villages gehören zu den zahlreichen Plattformen, die sich Start-ups aus dem kunsthandwerklichen Bereich zunutze machen können.

Heute kann sich jeder eine Website erstellen (lassen), für wenig Geld tolle Bilder machen und auf sozialen Medien Produkte effektiv vermarkten, bewerben und kostengünstig Kundenservice anbieten. Noch vor zwei Jahrzehnten wäre all dies nicht möglich gewesen. Technologie hat unzähligen Menschen die Gelegenheit eröffnet, der Eintönigkeit eines Bürojobs zu entfliehen, ihrer Kreativität freien Lauf zu lassen, neue Fertigkeiten zu erlernen und ihren Geschäftssinn zu nutzen.

Darüber hinaus hat sich der Trend der Produkt-Influencer etabliert. Sie vertreiben eigene Produkte oder bewerben Produkte anderer Unternehmen. Dazu gehört auch die Beauty-Influencerin und Make-up-Mogulin Michelle Phan, die mit beidem Millionen Dollar verdient hat und über die wir im nächsten Kapitel noch mehr erfahren werden. Andere erfolgreiche Influencer, die politische, wirtschaftliche oder Unterhaltungsinhalte auf verschiedenen Plattformen wie YouTube oder TikTok vermitteln, haben oft Millionen mehr Klicks zu verzeichnen als herkömmliche Mainstream-Medienkanäle, aber nur einen Bruchteil der Produktionskosten, die diese dafür aufbringen.

Ein weiterer Trend entspringt dem Bedürfnis, die regionale Wirtschaft zu unterstützen. Hierbei werden Waren und Dienstleistungen direkt von Anbietern an Verbraucher geliefert, beispielsweise lokal erzeugte Lebensmittel oder handwerklich gebrautes Bier.[199] Dieses regionale Angebot wird immer beliebter und kann sogar preisgünstiger sein, weil Kosten, die üblicherweise auf Massenprodukte aufgeschlagen werden, wie Zölle, Fracht, Lagerung und Werbung, wegfallen.

Der insbesondere durch die Pandemie verstärkte Trend zur De-Urbanisierung eröffnet ebenfalls neue Perspektiven für Einzel- und Kleinunternehmer. Laut Städteplanerin und -gestalterin Alice Shay aus New York erleben »wir gewaltige Veränderungen im Einzelhandel. Viele Geschäfte haben zugemacht.« Zeiten, in denen die Städte »poröser« werden, weil vieles im Fluss ist und weniger Nachfrage nach Immobilien herrscht, eröffnen Chancen für Mikro-Unternehmen und Gelegenheiten für Innovationen, sozusagen »von unten«. Die Leute machen kleine Unternehmen auf, zum Beispiel Food Trucks, also Imbisse auf Rädern, und bieten Dienstleistungen in allen möglichen Branchen an, in denen sie Nischen für sich schaffen können.[200]

Agile Unternehmer können sich die verändernden Verhaltensweisen und Vorlieben der Verbraucher zunutze machen. Allerdings sollte man immer versuchen, Risiko zu diversifizieren, sich rechtlich abzusichern und, soweit möglich, staatliche Fördermittel zu beantragen.[201] Wenn Sie Ihr Risiko anfangs möglichst gering halten möchten, dann empfiehlt es sich, Ihren Job erst einmal zu behalten und nebenher die notwendige Expertise zu erwerben, Ressourcen zu koordinieren und hilfreiche Kontakte zu knüpfen – und erst, wenn alles steht, Ihren Job zu verlassen.

Wenn Sie Glück haben, dann geht es Ihnen vielleicht so wie dem Zufallsunternehmer Abraham Piper. Der brauchte statt der üblichen vier erst einmal elf Jahre, um seinen Collegeabschluss zu erlangen. Danach hielt er sich jahrelang mit Gelegenheitsjobs über Wasser. Seine Leidenschaft war schon immer das Schreiben, und so begann er nebenbei, einen Mini-Blog über seine Familie zu veröffentlichen. Geld damit zu verdienen, kam ihm zunächst gar nicht in den Sinn. Mit der Zeit fügte er allerdings Werbelinks ein, was etwas Kleingeld in die

Kasse brachte. Nach einer Weile fokussierte er sich auf populäre Schicksalsgeschichten, die im Internet virale Aufmerksamkeit erregten. Während Piper seinen Lebensunterhalt noch mit anderen Jobs verdiente, investierte er zunehmend mehr Zeit in den Aufbau seines Blogs, der sich wachsender Beliebtheit erfreute. Letztendlich war der Zulauf so groß, dass er seinen Blog an ein Start-up verkaufen konnte und von diesem für dessen Management angestellt wurde. Schließlich bereute er seine Entscheidung jedoch und kaufte den Blog wieder zurück. Er stellte ein kleines Team ein, um die Content-Plattform zu vergrößern. Und so wurde in weniger als zehn Jahren aus dem Gabelstaplerfahrer der Gründer des kleinen Medienimperiums Brainjolt. Mittlerweile Ende 30, erwartete Piper für 2017 einen Umsatz von rund 30 Millionen Dollar. Hinter ihm liegt eine tolle Zeit, aber er räumt auch ein, dass der unternehmerische Druck und Stress eine große Belastung waren.[202]

Bola Sokunbi hatte mit ihrer Nebentätigkeit ebenfalls einen großen Erfolg zu verbuchen. Angefangen hat sie als Hobbyfotografin. Auf ihrer Website postete sie unter anderem Fotos, die sie auf der Hochzeit von Freunden gemacht hatte, und setzte darüber hinaus eine Anzeige auf Craigslist. Anfangs berechnete sie 300 Dollar pro Event und erhöhte ihre Preise mit wachsendem Erfolg auf zwischen 2000 und 5000 Dollar. Schlussendlich gewann Sokunbi sogar Auszeichnungen für ihre Fotografie und verdiente bis zu 70.000 Dollar im Jahr, zusätzlich zu dem Einkommen aus ihrem Vollzeitjob. Allerdings fühlte sie sich mit der Zeit zunehmend erschöpfter und nachdem sie Mutter geworden war, gab sie ihre Nebenbeschäftigung auf, um ihr neues Business »Clever Girl Finance« aufzubauen, eine an Frauen gerichtete Onlineplattform, die Finanzexpertise in Form von Know-how, Ratschlägen und Kursen anbietet. Diese Tätigkeit lässt Sokunbi nun auch noch die Zeit, sich ganz der Fotografie ihrer eigenen Familie zu widmen.[203]

Eine weitere Erfolgsgeschichte: Meena Harris. Von Haus aus Juristin verließ sie ihren Job als Chefstrategin bei Uber, um das von ihr gegründete Unternehmen namens »Phenomenal« zu führen. Harris produziert Statement-T-Shirts, deren Erlös teilweise an wohltätige Organisationen geht. Ihr erfolgreichstes T-Shirt trug die Aufschrift »Phänomenale Frau«. Zahlreiche Prominente trugen es, unter anderem Serena Williams, Eva Longoria und Laverne Cox. Im Sommer 2020 explodierte die Nachfrage als Folge der Polizeigewalt und Massenproteste gegen Rassismus und Unrecht in den USA. Supermodel Naomi Campbell trug eines ihrer T-Shirts mit der Aufschrift »Phänomenal Schwarz« bei einer exklusiven Modeveranstaltung und Regina King nahm ihren Emmy als beste Hauptdarstellerin in einem Harris-T-Shirt entgegen, auf dem das Bild von Breonna Taylor zu sehen war, zusammen mit den Worten »Sagt ihren Namen«. Was als T-Shirt-Firma begann, ist nunmehr auch in andere Bereiche, wie Medien, expandiert.[204] Meena Harris ist auch die Nichte der US-Vizepräsidentin Kamala Harris, für deren Kandidatur sie sich im Wahlkampf stark gemacht hatte, was ihr größere Prominenz einbrachte. Anfangs hatte ihre hochkalibrige Verbindung vermutlich jedoch weniger Einfluss auf ihren Erfolg.

Die Lehre hier: fleißig sein und Dinge vorantreiben. Harris hat mit T-Shirts nicht gerade das Rad neu erfunden, aber sie hat in dieser politisch sensiblen Zeit einen Nerv getroffen. Manchmal ist man einfach mit der richtigen Idee zur richtigen Zeit am richtigen Ort. Deshalb: einfach versuchen und loslegen.

Wie wichtig ist Ihre Ausbildung?

> *»Die beste Investition, die Sie machen können, ist eine Investition in sich selbst. […] Je größer Ihr Investment, desto größer Ihre Rendite.«*
>
> Warren Buffett

Im Hinblick auf meine Ausbildung und meinen beruflichen Werdegang kann ich beim besten Willen nicht behaupten, »Abkürzungen« genommen und es mir leicht gemacht zu haben.

Im frühen Teenageralter flog ich in den Sommerferien mit meinen Eltern nach Tucson, Arizona. Während die anderen Jugendlichen die Zeit am Pool vertrieben, setzte ich mich auf mein Rennrad und strampelte bei 40 Grad unter glühender Sonne eine Stunde lang bis zur nächsten Bushaltestelle. Von dort fuhr ich mit dem Bus noch eine weitere Stunde bis zum Campus der University of Arizona, wo ich mich für Kurse in englischer Literatur eingeschrieben hatte. Da meine erste Fremdsprache in der Sexta Latein war, und ich erst später Englisch lernte, verstand ich kaum ein Wort. Umso motivierter war ich, die Sprache zu lernen. Das Studium an einer amerikanischen Universität faszinierte mich so sehr, dass ich mich für den folgenden Sommer zu einem weiteren Kurs anmeldete.

Noch vor dem Abitur absolvierte ich darüber hinaus ein Summer-School-Programm an der Berkeley University in Kalifornien – für mich als Teenager eine unglaublich tolle Erfahrung. Nach dem Abschluss meines Jurastudiums und dem Erhalt meiner Rechtsanwaltszulassung in Deutschland erwarb ich einen »Master of Law«-Abschluss in Bank-, Unternehmens- und Finanzrecht an der Fordham University in New York. Im Anschluss absolvierte ich noch das Rechtsanwaltsexamen in New York und bin seither auch dort als Anwältin zugelassen. Während meiner Zeit bei Deloitte in Deutschland bestand ich die Fachanwaltsprüfung für Steuerrecht, und als ich in die USA übersiedelte, absolvierte ich erfolgreich das Series 7 – General Securities Representative Exam (GSRE) bei der FINRA, der Aufsichtsbehörde für die Finanzindustrie. Noch während des Jurastudiums hatte ich am Leiden-Amsterdam-Columbia Summer Program teilgenommen und jeweils ein Sommersemester an der Alliance Française in Paris und an der Sorbonne absolviert. Als Studentin in Deutschland befasste ich mich nicht nur mit der Rechtswissenschaft, sondern lernte auch fortwährend Englisch und erwarb das Certificate of Advanced Proficiency der University of Cambridge.

Warum ich das alles erwähne? Um zu demonstrieren, dass ich praktiziere, was ich predige: Im Zuge meiner gesamten beruflichen Laufbahn habe ich mich kontinuierlich weitergebildet, auch wenn dies formell nicht erforderlich war. Meine breit gefächerte Ausbildung und die Erlangung fachübergreifender Qualifikationen haben es mir ermöglicht, meine Fähigkeiten auszubauen und umfangreiche Erfahrungen zu sammeln, von internationalem Recht über die Finanzindustrie und Wirtschaft bis hin zu Politik und Medien. Diese disziplinübergreifende Aufstellung hat mir letztendlich viele Wahlmöglichkeiten eröffnet – und damit auch Wege, meine beruflichen und persönlichen Ziele zu verwirklichen. Allerdings verfüge ich auch über einen großen Wissensdurst und es macht mir Spaß, neue Dinge zu lernen.

Aber abgesehen von der intellektuellen Bereicherung lohnt sich Weiterbildung auch, wenn noch kein konkreter Anlass oder Verwendungszweck ersichtlich sind. Die Fähigkeit zu lernen und der Besitz von Wissen, Fachkenntnissen und Abschlüssen sind wie eine Lebensversicherung. Materielle Güter kann man verlieren, aber Lernfähigkeit und Bildung bleiben ein Fundament, auf das Sie immer bauen können.

Durch den technischen Fortschritt »verändern sich zahlreiche akademische Fachgebiete nachhaltig. Laut des Weltwirtschaftsforums sind bei der Abschlussprüfung nach einem vierjährigen technischen Studium nahezu 50 Prozent des im ersten Jahr vermittelten Fachwissens bereits überholt.«[205]

Wenn sich unsere Welt aber so schnell verändert, lohnen sich dann überhaupt noch die Mühen und Kosten für eine konventionelle Universitätsausbildung? Nach Auffassung des Technologieinvestors und Milliardärs Peter Thiel ist das nicht der Fall. Sein untrüglicher Business-Instinkt und gutes Timing haben dem Visionär ein Vermögen eingebracht. 2002 verkaufte er PayPal für 1,5 Milliarden Dollar an eBay – nur vier Jahre, nachdem er es mit anderen Investoren gegründet hatte. 2004 gehörte er zu den ersten Investoren in Facebook. Seine ursprünglich eingesetzten 500.000 Dollar brachten ihm 400 Millionen Dollar Gewinn. Einen guten Riecher bewies er weiterhin im Hinblick auf andere Investments, beispielsweise in Spotify und Yelp, die seinen bereits beachtlichen Reichtum zusätzlich vergrößerten. In weiser Voraussicht prognostizierte Thiel das Platzen der Dotcom-Blase im Jahr 2000 und der Immobilienblase 2008. Der Anhänger der politisch rechts anzusiedelnden Libertariar betrachtet Technologie als »Mittel, die Welt zu verändern«. Er strebt nach »radikaler Innovation zum Wohle der Gesellschaft«[206], um »einen Wandel der bestehenden sozialen und politischen Ordnung herbeizuführen« und »eine neue Welt« zu schaffen«.[207]

Thiel ist der Auffassung, dass »Eliteuniversitäten eine Illusion vorgaukeln«[208], wenn sie behaupten, dass die von ihnen vermittelte Bildung »zweifelsohne Vorteile bringt und jedermann zugänglich ist«.[209] Sie gäben fälschlicherweise vor, mit ihren Abschlüssen eine »Zukunftsversicherung«[210] zu geben, da diese Erfolg und Wohlstand garantierten. Auf diese Weise rechtfertigten sie ihre astronomischen Gebühren von durchschnittlich insgesamt einer Viertelmillion Dollar als Investition in die Zukunft. Studierende müssten sich dafür in der Regel verschulden – ohne dass hinterfragt wird, ob sich das überhaupt lohnt. Nach Thiels Ansicht ist Ausbildung die nächste Blase, die in absehbarer Zeit platzen wird, weil Studiengebühren in den letzten Jahren doppelt so schnell wie die Inflation gestiegen sind: »[D]ie Preise sind unglaublich gestiegen, ohne dass sich das Produkt wesentlich verbessert hätte […], und wenn etwas völlig überbewertet ist und Bereitschaft besteht, diese überhöhten Preise zu zahlen, dann ist das ein untrügliches Zeichen für eine Blase.«[211]

Um Unternehmertum als Alternative zum Studium zu fördern, ging Thiel sogar so weit, Studenten finanzielle Anreize dafür zu bieten, ihr Studium abzubrechen und Start-ups zu gründen. Zu diesem Zweck rief er das Thiel-Förderprogramm ins Leben, bei dem Bewerber bis zu einem Alter von 21 Jahren einen zweijährigen Zuschuss von 100.000 Dollar beantragen können, um »innovative Entwicklungen voranzutreiben, anstatt Zeit im Hörsaal abzusitzen«.[212] Bis zum Jahr 2017 ist es »138 Thiel-Stipendiaten gelungen, insgesamt 450 Millionen Dollar von Investoren für Start-ups einzusammeln und Unternehmenswerte in Höhe von 2,5 Milliarden Dollar zu schaffen«.[213]

Die Überzeugung, dass ein Studienabschluss für beruflichen Erfolg nicht unbedingt erforderlich ist, ist nicht neu. Techtitanen wie Bill Gates, Steve Jobs oder Mark Zuckerberg werden oft als Vorbild dafür hochgehalten, dass man auch ohne Universitätsabschluss Milliardär werden kann. Doch man sollte nicht verkennen, dass auf jeden milliardenschweren Techtitanen Tausende junger Unternehmensgründer kommen, deren Start-ups scheitern und denen nie der Durchbruch gelingt. Der Ex-Präsident der Harvard University, Larry Summers, kritisiert Thiels Idee denn auch als »das unsinnigste philanthropische Unterfangen dieses Jahrzehnts«.[214] Zwar hält auch er das Hochschulwesen für reformbedürftig, aber die Idee, »junge Menschen mit Geld dazu zu bewegen, ihre Ausbildung aufzugeben, sei geradezu gefährlich«.[215]

Doch Thiel ist mit seiner Meinung nicht allein. Elon Musk, der vor seiner Gründung von Tesla und SpaceX zusammen mit Thiel und anderen PayPal mitgegründet hatte und der wie Thiel ebenfalls eine Universitätsausbildung absolviert hat, behauptet, »man brauche nicht zur Uni zu gehen, um Sachen zu lernen […]. Zur Uni geht man nicht, um etwas zu lernen, sondern um Spaß zu haben und einen Nachweis für gemachte Hausaufgaben zu erhalten.« Das einzig Gute an einer Uni-Ausbildung ist, »dass man sehen kann, ob jemand in der Lage ist, hart zu arbeiten und über Durchhaltevermögen verfügt«. Merkwürdigerweise sind allerdings für die meisten der bei SpaceX ausgeschriebenen Jobs Universitätsabschlüsse erforderlich.[216]

Thiel hat zwar eine längst überfällige Diskussion über die Reform des Bildungswesens in den Vereinigten Staaten in Gang gebracht, doch Fakt ist, dass ein Universitätsabschluss Amerikanern statistisch gesehen höhere Arbeitsplatzsicherheit und deutlich höhere Verdienstmöglichkeiten bringt.[217] Nach Aussage des *Wall Street Journal* werden Jobs, für die Berufsanfänger eines Collegeabschlusses bedürfen, mit 4,2 Millionen am stärksten wachsen. Berufe, die einen darüber hinausgehenden Studienabschluss, also ein Masterstudium erfordern, werden um 15 Prozent zunehmen.[218] Eine formale Ausbildung stellt also auf absehbare Zeit weiterhin einen Wettbewerbsvorteil dar. Wenn zwei Kandidaten – einer mit und der andere ohne Universitätsabschluss – über die gleichen Kenntnisse verfügen, dann hat der Bewerber mit der formellen Qualifikation bei sonst vergleichbaren Kriterien im Zweifel die besseren Karten. Ein solcher Abschluss ist auch nicht einfach ein »gekaufter akademischer Grad«, wie manchmal kritisiert wird, denn er bezeugt das ordnungsgemäße Durchlaufen aller Verfahren und Prozesse, die erfolgreiche Ablegung von Prüfungen und das Meistern aller Herausforderungen, die damit einhergehen. Damit verleiht ein offizieller Nachweis staatlich anerkannter Universitäten Legitimation und Glaubwürdigkeit.

Eine Universitätsausbildung vermittelt auch eine Grundlage für »Metalernen«, also für die Fähigkeit zu lernen an sich und damit weiteres Wissen und zusätzliche Kenntnisse zu erwerben. Natürlich bedeutet das im Umkehrschluss nicht, dass man ohne einen Universitätsabschluss keinen Erfolg haben kann, aber mit Abschluss stehen die Chancen deutlich besser. Außerdem bietet das Studium die Möglichkeit, das Studentenleben kennenzulernen, Freunde fürs Leben zu finden und für das spätere Berufsleben wichtige Kontakte zu knüpfen, unter anderem zu Mentoren. Im Zweifel ist das Netzwerk, das man im Studium aufbaut, mindestens genauso wichtig wie die Ausbildung selbst.

Scott Galloway, der erfolgreiche Start-up-Gründer, Silicon-Valley-Insider und NYU-Professor, geht davon aus, dass auch Universitäten nicht vor Disruption sicher sind. Big Tech werde auch das Businessmodell von Universitäten radikal verändern. Die Trefferquote von Galloways Vorhersagen ist beachtlich. So prognostizierte er die Übernahme von Whole Foods durch Amazon kurz vor ihrer Ankündigung und warnte vor der überhöhten WeWork-Bewertung von 47 Milliarden Dollar kurz vor dem Scheitern dessen Börsengangs.

Laut Galloway würden Eliteuniversitäten wie das Massachusetts Institute of Technology (MIT), Oxford und Stanford ihrem öffentlichen Bildungsauftrag nicht mehr gerecht, sondern hätten sich kommerziell als ultimative Luxusmarken etabliert, insbesondere durch ihre monopolähnliche Macht, Universitätsabschlüsse zu vergeben. Studierende seien bereit, für einen Abschluss an einer prestigeträchtigen Eliteuniversität ein Vermögen zu zahlen, weil sie dadurch eine Quasigarantie auf eine steile Karriere erhielten, mit einem Verdienstpotenzial, das 30 Prozent höher liege als das anderer Universitäten. Galloway vergleicht dies mit einem »Kastensystem«, in dem der Abschluss die Weichen für das Lebenseinkommen stelle.

Allerdings hätten die Menschen aufgrund der COVID-19-Pandemie und der anschließenden Zoom-Revolution erkannt, wie unzureichend und überteuert die Ausbildung an den Universitäten in den Vereinigten Staaten tatsächlich sei. Infolgedessen rechnet er damit, dass Hunderte, wenn nicht gar Tausende solcher Universitäten schließen würden, während die führenden 20 Universitäten weltweit mehr Zulauf verzeichnen dürften. Diese würden ihren Betrieb wirtschaftlich noch effizienter, wie ein Unternehmen, führen. Aus diesem Grund würden sie sich mit den größten Techunternehmen zusammentun, um dadurch mehr Studenten zu gewinnen und hybride Online/Offline-Studiengänge zu günstigeren Preisen anzubieten, ohne dabei die Exklusivität ihrer Marken zu beeinträchtigen. Die großen Techunternehmen wiederum hätten gar keine andere Wahl, als in den Bildungsbereich als nächstes Geschäftsgebiet vorzudringen, da sie durch den Wettbewerb und ihre Aktionäre unter enormem Druck stünden, ihren Umsatz deutlich zu steigern.

Galloway sieht Partnerschaften zwischen MIT und Google, Microsoft und Berkeley oder Harvard und Facebook – MIT@Google, iStanford oder HarvardX-Facebook. Würde sich Apple mit einer Universität zusammentun und Studiengänge in Design und Kreativität anbieten oder die University of Washington mit Microsoft im Bereich Technologie oder Ingenieurwesen, so würde dies eine gewaltige Nachfrage auslösen. Die Universität wäre für die Akkreditierung zuständig, während die Techunternehmen die technische Infrastruktur liefern würden.

Derartige Kooperationen würden unzähligen Menschen Zugang zu Bildung eröffnen, die überwiegend über das Internet vermittelt würde, so Galloway. Gleichzeitig könnte sich dann aber nur noch das »eine Prozent« das Privileg einer persönlichen On-Campus-Ausbildung leisten. Die Techaristokratie besäße dadurch die Macht, darüber zu entscheiden, welche Institute und Projekte Finanzmittel erhielten, anstatt wie bisher staatliche Institutionen und die Universitäten selbst. Und diese Dynamik, sagt Galloway, würde ein paar wenige Menschen sehr, sehr reich machen.[219]

Zahlreiche Vordenker und Intellektuelle sind der Auffassung, dass eine allgemeine und umfassende Ausbildung mit einem Fokus auf unabhängiges Denken und Geisteswissenschaften am besten auf die Zukunft vorbereitet.

Eine solch breit angelegte Ausbildung hat auch Fabiola Gianotti durchlaufen, die angesehene Generaldirektorin der Europäischen Organisation für Kernforschung (CERN) in Genf und als solche unter anderem für den Large Hadron Collider, den berühmten Teilchenbeschleuniger, zuständig. Auf dem Jahrestreffen des Weltwirtschaftsforums in Davos ging sie auf die Rolle ein, die Bildung bei der Verwirklichung menschlichen Potenzials spielt. Sie macht sich für eine »fachübergreifende Bildung« stark, weil diese den Menschen ein solides Fundament gäbe, unabhängig von dem Beruf, den sie am Ende ausübten. Gianotti erläuterte, dass für ihren Erfolg als Wissenschaftlerin das Studium der Geisteswissenschaften und der Musik genauso wichtig gewesen sei wie das Studium der Physik. Sie sei ein sehr neugieriges Kind gewesen, das sich viele Fragen gestellt habe, etwa wie das Universum funktioniert.[220] Zunächst studierte sie so ziemlich alles außer Physik: Geisteswissenschaften, Latein, Altgriechisch, Kunst, Kunstgeschichte und Musik. Erst später nahm sie das Studium der Physik auf. Gianotti ist der Meinung, dass ein multidisziplinärer Bildungsansatz Voraussetzung für analytisches und kritisches Denken, Kommunikation, Teamarbeit, Flexibilität und internationale Zusammenarbeit ist.[221]

Welche Fähigkeiten werden gefragt sein?

Zukünftig werden Qualifikationen rascher überholt sein und veralten, während eine Nachfrage nach neuen Fähigkeiten entstehen wird. Welche Kompetenzen und Berufe werden künftig besonders gefragt sein?

Laut dem Analyse- und Beratungsunternehmen Gartner nimmt die schiere »Anzahl von Qualifikationen, die bei Arbeitgebern gefragt sind, deutlich zu. In Job-Annoncen führten Unternehmen im Jahr 2020 33 Prozent mehr gesuchte Qualifikationen an, als dies noch 2017 der Fall war.« Teilweise liegt das an den vielen neu entstandenen Berufen im Technologiesektor, die ganz neue Kompetenzen erfordern. Aber »selbst wenn eine Berufsbezeichnung gleich bleibt, so wird sich der Inhalt der Tätigkeit bis 2030 doch stark verändern«, sagt Brian Kropp, Chef der Personalabteilung bei Gartner.[222]

Der 2020 Jobs Report des Weltwirtschaftsforums prognostiziert, dass 50 Prozent aller Angestellten über die nächsten fünf Jahre eine Umschulung benötigen werden.[223]

Technologische Kompetenzen

Das prestigeträchtige Weltwirtschaftsforum (WEF), internationale Institution, Denkfabrik und Konferenzplattform, hat sich der Lösung globaler Probleme, vor allem durch eine Kooperation zwischen dem privaten und öffentlichen Sektor verschrieben. In den vergangenen Jahren hat das WEF zunehmend die Themen der »vierten industriellen Revolution«[224] und der »Zukunft der Arbeit«[225] in den Mittelpunkt der Diskussion gerückt. Seit fünf Jahrzehnten versammelt sich die globale Machtelite jedes Jahr im Januar im malerischen Schweizer Alpendorf Davos, um auszuloten, wohin sich die Welt bewegt und um ihren Kurs zu beeinflussen. Ich habe an den Treffen seit 2007 teilgenommen und beobachten können, wie der Technologiesektor zunehmend mehr Aufmerksamkeit genoss. Noch vor zehn Jahren drehte sich alles um Finanzinstitute und ihre CEOs. Inzwischen dominieren die Techtitanen das Geschehen, wie Mark Benioff, CEO von Salesforce, Sundar Pitchai, CEO von Alphabet Inc. und dessen Tochterunternehmen Google, Sheryl Sandberg, COO von Facebook, Alex Karp, CEO von Palantir, Dara Khosrowshahi, CEO von Uber, und viele andere. Sie alle erscheinen mit Entourage, werden empfangen wie Rockstars, und wenn sie auftauchen und Hof halten, »teilt sich das Meer«.

Auch meine persönliche Aufmerksamkeit hat sich im Laufe der Jahre zunehmend mehr auf den Techsektor gerichtet. Ich verfolge Podiumsdiskussionen zu Themen wie »Regelsetzung für den Wettlauf mit Künstlicher Intelligenz«, »Fragen zu biohybrider Robotik« oder »Strategischer Ausblick für die Digitalwirtschaft« und weiteren mit ähnlicher Ausrichtung. Darüber hinaus habe ich dort viele der führenden Wissenschaftler auf diesem Gebiet kennenlernen dürfen.

Angesichts der Ausbreitung von Technologie wird die Nachfrage nach Softwareentwicklern, Experten für Cybersicherheit, und Computeranalysten in den kommenden Jahren deutlich zunehmen – und damit auch nach Menschen mit analytischen und quantitativen Kompetenzen. Wer technische Fachkenntnisse besitzt, also programmieren und kodieren kann, und sich mit Künstlicher Intelligenz, Support und Steuerung auskennt, der kann seiner Zukunft relativ entspannt entgegenblicken. [226]

Viele Experten relativieren solche Prognosen jedoch, unter anderem der Präsident des Massachusetts Institute of Technology (MIT) Leo Rafael Reif, der die Wichtigkeit branchenübergreifender Erkenntnisse betont. Seiner Ansicht nach sollten Ingenieure auch über fundiertere geisteswissenschaftliche Kenntnisse verfügen und bei der Schaffung von Produkten und Plattformen ein größeres ethisches Verantwortungsbewusstsein zeigen. Aber auch Politiker und prominente Stimmen aus der Gesellschaft sollten versuchen, sich eine größere Technologie-Expertise anzueignen, um Innovationen verantwortungsvoll zu lenken. 2018 hat das MIT denn auch das mit einer Milliarde Dollar gesponserte Schwarzman College of Computing zur Entwicklung eines fachgebietsübergreifenden KI-Forschungszentrums ins Leben gerufen.[227]

Durch Robotik und maschinelles Lernen verwischen die Grenzen vormals klar definierter Felder immer mehr. Jared Cohen, der für Googles Technologie-Inkubator Jigsaw verantwortlich zeichnet, glaubt, dass die künstliche Abgrenzung von Fachbereichen bereits bröckelt. Nach Cohens Auffassung sollten Natur- und Geisteswissenschaften in einem interdisziplinären Ansatz verschmelzen. In einer Welt, in der alles mit allem verbunden und schwer voneinander trennbar ist, hinterfragt er zum Beispiel, warum man entweder nur Politikwissenschaftler oder nur Informatiker sein sollte, und schlägt Mischformen vor, wie sie bereits in einigen Berufen existieren.

Fabiola Gianotti, Generaldirektorin der Kernforschungsorganisation CERN, erachtet Musik als genauso wichtig wie Mathematik. »Wir müssen die säuberlich voneinander getrennten, kulturellen Schubladen abschaffen. Allzu oft teilen die Menschen Natur- und Geisteswissenschaft oder Wissenschaft und Kunst in separate Kategorien, obwohl sie nahtlos ineinander übergehen.«[228]

Nach Ansicht von Twitter-Gründer Jack Dorsey bedeutet das Beherrschen von Programmiersprachen mehr als nur Kodieren, denn diese Fähigkeit helfe, Systeme und deren Verflechtungen zu verstehen. Darüber hinaus lehre sie auch Abstraktion, also, Probleme auf ihre wesentlichen Bestandteile herunterzubrechen und Lösungen zu finden. Wenn man das Programmieren beherrsche, dann könne man auch hochkomplexe Systeme erstellen und kurz und knapp darlegen, worauf es ankommt. Diese Denkfähigkeiten seien in ganz verschiedenen Bereichen nützlich – etwa beim Aufbau, der Führung von oder der Arbeit in Unternehmen.[229]

Minouche Shafik, Leiterin der London School of Economics, verweist auf die Bedeutung von Forschungskompetenz, also der Fähigkeit, relevante Informationen zu finden, diese in passenden Kontext zu setzen und zu neuen Schlussfolgerungen zu gelangen.[230]

Auch Eric Schmidt von Google sagt, dass »die größte Herausforderung die Entwicklung analytischer Fähigkeiten ist. Computer werden bald die meisten Routinearbeiten erledigen. Aber menschliche, analytische Fähigkeiten werden relevant bleiben, weil Menschen die Computer managen müssen«.[231]

Diese Auffassung entspricht der Prognose von Gründer und Investor Charlie Songhurst, nämlich dass die Nachfrage nach technischen und mathematischen Kompetenzen kurzlebig sein wird und vermutlich noch innerhalb des nächsten Jahrzehnts abnehmen dürfte, »denn wenn die Techplattformen erst einmal eingerichtet sind, werden Innovationen nachlassen«.[232]

Der milliardenschwere Technologieunternehmer und »Shark Tank«-Investor Marc Cuban warnt ebenfalls davor, sich auf vermeintlich sichere Abschlüsse in Fächern wie Informatik zu verlassen. Nur weil sie sich heute auszahlen, heißt das nicht, dass dies in Zukunft auch noch der Fall sein wird. Genauso gut möglich sei, dass »wir die Automatisierung automatisieren« und dass »Künstliche Intelligenz so schlau wird, dass sie sich selbst programmieren kann«. Deshalb empfiehlt auch er, geisteswissenschaftliche Fächer wie Philosophie zu studieren, weil sie lehren, in größeren Gesamtzusammenhängen zu denken […] [W]er kritisch denken und die Dinge aus globaler Perspektive einschätzen kann«, wird von größerem Nutzen und weniger leicht zu ersetzen sein.[233]

Eine umfassende Ausbildung versetzt Sie in die Lage, das »große Ganze« zu sehen, Zusammenhänge zu erkennen und diese einzuordnen. Und das ist eine solide Basis, auf der Sie aufbauen können.

EQ: Emotionale Intelligenz und soziale Kompetenz

Die Techelite regiert die Welt und verdient mit ihren Innovationen ein Vermögen. Doch für ihre Kinder bevorzugt sie ein analoges Umfeld mit möglichst wenig Technologie. Sie sollen mit »echten Menschen« aufwachsen, vor allem auch, damit sie emotionale Intelligenz entwickeln können. Viele Techtitanen und ihre Beschäftigten schicken ihre Kinder auf Low-Tech-Schulen und untersagen ihnen die Verwendung technischer Geräte entweder ganz oder schränken diese jedenfalls stark ein.

Techmilliardäre wie Bill Gates, Steve Jobs und Mark Zuckerberg, wollen, dass ihre Kinder Bücher lesen und nicht vor dem Computer hängen.[234] Genauso sieht das auch eine Techunternehmerin und Mutter aus der San-Francisco-Bay-Region, die auf die Wichtigkeit »zwischenmenschlicher Beziehungen«[235] hinweist, während der Manager eines Hightech-Start-ups zum Thema Technologie im Unterricht meint, dass »das, worauf es ankommt, die Begegnungen von Menschen sind – also der direkte Austausch mit dem Lehrer und der persönliche Kontakt zu den Mitschülern«.[236]

Der milliardenschwere Gründer und Ex-CEO von WeWork, Adam Neumann, und seine Frau Rebekah Paltrow Neumann haben sogar eine eigene Schule namens WeGrow gegründet, weil sie in New York für ihre fünf Kinder keine ihren Ansprüchen genügende Schule gefunden hatten. WeGrow sollte eine » unternehmerisch geprägte« New-Age-Schule werden – mit der Mission, »das Bewusstsein der Welt zu fördern«. Der Lehrplan fußte auf den sechs Säulen des Wachstums, darunter Achtsamkeit, tägliche Yoga- und Meditationsübungen und wöchentliche Ausflüge auf eine Farm der Neumanns, um dort »einmalige« Erfahrungen zu sammeln, zum Beispiel durch das Auseinandersetzen mit der Umwelt im »Earth Lab«. Rund 100 Schüler im Alter von zwei bis elf Jahren besuchten die Schule, jeweils für eine Gebühr von zwischen 26.000 bis 48.000 Dollar pro Jahr. Mit dem Niedergang von WeWork musste Rebekah Neumann auch die WeGrow-Schule schließen. Sie plant jedoch, diese nunmehr weltweit zu etablieren: als »Student of Life for Life« – kurz SOLFL –, ausgesprochen wie »soulful school«, also Schule mit Seele.[237]

Jack Ma, einer der reichsten Menschen der Welt, der seine berufliche Laufbahn als Lehrer in China begonnen hatte, verweist wie die Silicon-Valley-Eltern auch auf die Bedeutung der sogenannten Soft Skills wie soziale Intelligenz. Er warnt davor, dass uns in 30 Jahren Probleme bevorstehen könnten, wenn wir das Bildungswesen nicht reformieren. Die reine Vermittlung von Wissen wird unseren Kindern langfristig nicht gerecht, denn alles Wissensbezogene können Maschinen viel besser als sie.[238] Dafür haben Maschinen aber mangels emotionaler und sozialer Intelligenz noch keine typisch menschlichen Fähigkeiten erwerben können, wie Kreativität, Einfühlsamkeit, Kranken-, Alten- oder sonstige Pflegekompetenzen, gesunden Menschenverstand, Urteilsvermögen und Entscheidungsfindungskompetenz sowie Problemlösungs-, Verhandlungs- und Überzeugungsgeschick. Auch Personalmanagement- und Führungskompetenzen sowie die Fähigkeit, Unternehmenskultur zu gestalten, sind das Ergebnis komplexer kognitiver und emotionaler Prozesse, die sich zumindest vorerst noch nicht in

Gigs und Bytes übersetzen lassen. Jack Ma zieht auch die Schlussfolgerung, dass wir auf der Basis von kognitiver Intelligenz niemals mit Maschinen konkurrieren können. »Wir werden nie schneller sein als ein Auto und niemals fliegen können wie ein Flugzeug – und nie so schlau sein wie ein Computer, denn der vergisst nichts, hat nie schlechte Laune und kann viel schneller rechnen.«[239] Dafür verfügen wir aber über Kompetenzen, die uns vorbehalten bleiben, etwa künstlerisch kreativ zu sein, sportliche Leistungen zu erbringen und unsere Entscheidungen werteorientiert zu fällen.[240] Deshalb ist es wichtig, »Kindern und Jugendlichen in der Ausbildung ›Soft Skills‹ zu vermitteln, wie unabhängiges Denken, Werte und Teamgeist«.[241]

Experten sind sich einig, dass »unser Menschsein für die meisten Jobs der Zukunft sehr wichtig und unser größter Wettbewerbsvorteil sein wird«.[242] Deshalb ist es ein Fehler, sich ausschließlich auf technische Qualifikationen zu konzentrieren und selbst in technischen Berufen unsere typisch menschlichen Eigenschaften zu vernachlässigen. Emotionale Intelligenz (EQ) und soziale Kompetenz (SQ) stehen deshalb hoch im Kurs. Nuancen in zwischenmenschlichen Beziehungen sind schwer fassbar, beispielsweise die »Chemie« oder Spannungen zwischen zwei Menschen. Auch auf komplexe menschliche Verhaltensweisen, etwa Launenhaftigkeit oder Unvernunft, können andere Menschen immer noch am besten eingehen. Maschinen haben kein Einfühlungsvermögen, keinen Instinkt, keine menschlichen Erfahrungen und kein Gespür für Zusammenhänge.[243]

Ein weiterer Aspekt, der nicht übersehen werden sollte: Je mehr Zeit wir online verbringen, desto größer wird unser Bedürfnis nach zwischenmenschlichen Begegnungen. Menschen sind soziale Wesen, die das Bedürfnis haben, Beziehungen zu anderen Menschen herzustellen. Sie streben danach, sich mit anderen zu identifizieren, Vertrauen aufzubauen und Menschlichkeit, Mitgefühl und Loyalität zu verspüren. In prädigitalen Zeiten waren wir noch ständig von anderen Menschen umgeben und Konsumgüter stellten Luxus dar. Demgegenüber sind heute die meisten Dinge leicht erhältlich und erschwinglich, aber gemeinsam verbrachte Zeit wird immer rarer und damit auch zunehmend kostbarer.[244]

Warren Buffett ist der Ansicht, dass zwischenmenschliche Probleme auch die größten Herausforderungen in der Wirtschaft darstellen. Der sympathische, leicht spröde, milliardenschwere Investmentguru hat seiner ersten Frau Susan Anerkennung dafür gezollt, dass sie ihm die Augen für die Wichtigkeit zwischenmenschlicher Beziehungen geöffnet hat. Auch seinen Besuch des Dale-Carnegie-Kurses mit dem Titel des gleichnamigen Bestsellers, *Wie man Freunde gewinnt und andere beeinflusst*, bezeichnet Buffett als entscheidend für seinen Erfolg.[245] Ebenso äußerte sich Jamie Dimon, CEO von JPMorgan Chase & Co. Auch er ist der Auffassung, dass »soziale Kompetenzen ausschlaggebend seien«[246], eine Aussage, die wissenschaftliche Studien bestätigen.

Wir sind biologisch darauf ausgerichtet, Bindungen mit anderen Menschen, – nicht leblosen Gegenständen – aufzubauen. Anstatt unsere Zeit mit Maschinen zu verbringen, sehnen wir uns nach emotionaler Verbundenheit und haben das tiefsitzende Bedürfnis, mit anderen Menschen persönliche Gespräche zu führen. Zwischenmenschliche Bindungen geben unserem Leben Sinn und Wärme. Darüber hinaus vermitteln sie uns Rückhalt, Bestätigung und Trost. Es ist unmöglich, eine Seele oder Empfindsamkeit in Algorithmen zu übersetzen. Maschinen können zwar darauf programmiert sein, menschliches Verhalten per Gesichtserkennung zu analysieren und nachzuahmen, aber Menschen spüren instinktiv, dass digitalisierte Soft Skills bestenfalls schlechte Kopien menschlicher Eigenschaften sind.

Emotionale Intelligenz (EQ) ist die Fähigkeit, Gefühle wahrzunehmen, zu verstehen und Kontrolle darüber zu haben.[247] In der Wissenschaft wird zwischen kognitiver und emotionaler Empathie unterschieden. Kognitive Empathie ist die Fähigkeit, Dinge aus der Perspektive eines anderen zu betrachten, während sich emotionale Empathie durch die Fähigkeit auszeichnet, das Verhalten anderer richtig zu deuten, und zu spüren, wie man anderen behilflich sein kann.[248] Emotionale Intelligenz verleiht uns größere Selbsterkenntnis und versetzt uns in die Lage, zwischenmenschliche Begegnungen mit Einfühlungsvermögen zu meistern. Mit EQ können wir uns leichter in andere hineinversetzen, mit ihnen mitfühlen, kaum wahrnehmbare soziale Signale deuten und Konflikte meistern. Auch Kommunikationsfähigkeit ist ein Ausdruck von EQ. Darüber hinaus befähigt uns EQ, uns in einer globalisierten Welt auf die Feinheiten und Empfindlichkeiten im kulturübergreifenden Dialog einzustellen. Menschen mit emotionaler Intelligenz verfügen häufig auch über einen einnehmenden Sinn für Humor. Ein solcher kann entwaffnend und damit hilfreich sein, kulturelle und sozioökonomische Unterschiede in Begegnungen zu »überbrücken«. Die Gabe zu besitzen, anderen ein »Wohlfühlgefühl« zu vermitteln, ist wichtig. Dem liegt auch die Aussage von Maya Angelou zugrunde, nach der Menschen vergessen, was man in ihrer Gegenwart gesagt und getan hat, nicht aber wie sie sich dort gefühlt haben.[249]

Empathie ist als Bestandteil von EQ auch bei Arbeitgebern gefragt.[250] Zwischen kognitiver Intelligenz (dem IQ) und emotionaler Intelligenz (dem EQ) gibt es keinen nachgewiesenen Zusammenhang, und EQ kann einen Mangel an IQ nicht ausgleichen.[251] Klar ist jedoch, dass sich nachhaltiger beruflicher Erfolg nicht allein auf IQ gründen kann[252] und EQ hierfür nachweislich unverzichtbar ist. Die meisten Menschen, die es bis an die Spitze der globalen Wirtschaftselite geschafft haben, haben ihren Aufstieg nicht nur ihrer Intelligenz, sondern vor allem auch ihrem hohen EQ zu verdanken. Was soziale Intelligenz und EQ gemeinsam haben, ist die Fähigkeit, sich in unterschiedlichsten sozialen Situationen gut zurechtzufinden. EQ entwickeln wir mit der Zeit als Resultat unserer Erfahrungen mit anderen.[253]

Manche haben das Glück, von Natur aus über einen hohen EQ und SQ zu verfügen, während andere sich diese Intelligenzarten erarbeiten müssen. Training ist hierfür nicht nur sehr hilfreich, sondern auch äußerst lohnenswert. Untersuchungen des Massachusetts Institute of Technology (MIT) haben ergeben, dass sich Investitionen in Soft-Skills-Schulungen bereits nach ein paar Monaten »zu rund 250 Prozent« auszahlen.[254] Daher sollte die Entwicklung Ihrer emotionalen Intelligenz zu Ihren Prioritäten zählen. Und falls Sie mit Ihrer sozialen Kompetenz noch nicht zufrieden sein sollten, verzagen Sie nicht: Emotionale Intelligenz ist nämlich nachweislich erlernbar und durch Übung ausbaubar.[255]

Ganz gleich, ob Sie angestellt oder selbstständig sind, für ein kleines oder ein großes Unternehmen arbeiten, noch am Anfang Ihrer Karriere stehen oder sich in einem fortgeschrittenen Stadium befinden – nutzen Sie unbedingt Ihren größten Wettbewerbsvorteil: nämlich Ihre ureigensten menschlichen Fähigkeiten.

Lernbegierde

»Wer aufhört zu lernen, der beginnt zu sterben.«

Albert Einstein

Eine der wichtigsten Eigenschaften, um in Zukunft zu bestehen, sind der Wille und die Fähigkeit, kontinuierlich dazuzulernen und sich weiter fortzubilden.[256] Lebenslanges Lernen ist zwingend erforderlich, um uns auf die bevorstehenden

Veränderungen einzustellen und uns anzupassen.«[257] Lernfähigkeit ist auf dem Arbeitsmarkt sehr gefragt. »Arbeitgeber halten zunehmend nach Arbeitskräften Ausschau, die die Eigeninitiative besitzen, sich fortzubilden und ihre Fähigkeiten weiterzuentwickeln, beispielsweise durch den erfolgreichen Abschluss von Onlinekursen.« Derartige Kurse zeigen nicht nur, dass »diese Menschen über gefragte Kompetenzen verfügen, sondern auch, dass sie bestrebt sind, durch stete Fortbildung an sich zu arbeiten«.[258]

Unsere Wissenswirtschaft lebt nicht nur von Technologie, sondern vor allem auch von unserem Humankapital, also unserem menschlichen Potenzial. Der Zukunftsforscher Alvin Toffler wies schon vor Jahren darauf hin, dass »die Analphabeten des 21. Jahrhunderts nicht Menschen sind, die nicht lesen und schreiben können, sondern solche, die nicht in der Lage sind, Neues dazuzulernen und zu erkennen, wenn Wissen veraltet ist«.[259] Salim Ismail, Investor, Unternehmer und früherer Geschäftsführer der Singularity University, merkt ebenfalls an, dass »die Halbwertszeit von Wissen von ehemals 30 auf nunmehr 5 Jahre geschrumpft ist,[260] eine Tatsache, die deutlich macht, dass wir nicht umhin kommen, fortlaufend weiter dazuzulernen. Tun wir dies nicht, dann besteht das Risiko, dass wir im Laufe der Zeit beruflich an Relevanz einbüßen.«[261]

Wenn Sie dafür sorgen, dass Sie stets auf dem »neuesten Stand« sind, wappnen Sie sich für die Zukunft. Sie bekommen ein Gefühl dafür, wie Sie sich am besten positionieren, um »zukunftssicher« aufgestellt zu sein und Optionen zu haben.

Idealerweise sollte unser Denken unsere immer stärker vernetzte Welt widerspiegeln – und tatsächlich ist es so, dass in unserem Gehirn neue synaptische Verbindungen entstehen, wenn wir neue Fakten lernen, neue Entwicklungen erkennen und neue Assoziationen herstellen.

Professor Yuval Noah Harari beschreibt die Quantensprünge, die Maschinen in den letzten Jahren gemacht haben, in seinem Bestseller *Homo Deus*: »Immer mehr Algorithmen entwickeln sich eigenständig, verbessern sich selbst und lernen aus ihren Fehlern. Sie analysieren astronomische Mengen von Daten, die kein Mensch verarbeiten könnte, und lernen, Muster zu erkennen und Strategien zu entwickeln, die Menschen kaum noch nachvollziehen können. Der ursprüngliche Algorithmus ist von Menschen entwickelt worden, aber im Laufe seiner automatischen Optimierung verselbstständigt er sich und begibt sich in Sphären, die noch nie ein Mensch zuvor erschlossen hat und die kein Mensch jemals erreichen wird.«[262]

Nehmen Sie die erfolgreichsten Wirtschaftstitanen der Welt, die ich in meinem Bestseller *$uper-hubs* porträtiert habe: Sie alle zeichnen sich durch große intellektuelle Neugier, Wissensdurst und den Drang aus, gedankliches Neuland zu erkunden. Sie gehen an ihre intellektuellen Grenzen und lassen sich von ihren Erfahrungen inspirieren, ganz gleich wie profan diese zunächst erscheinen mögen.

Das Erfordernis zur ständigen Weiterbildung kommt zur richtigen Zeit, denn nie war diese so leicht zugänglich und erschwinglich, zum Beispiel durch Quellen wie Coursera, Udemy, Khan Academy, EdX, LinkedIn Learning, iTunes U, The Great Courses, MasterClass, Skillshare, TED Talks, CreativeLive und vielen anderen mehr. Weitere Optionen stellen Abend- und Volkshochschulen dar.

Zahlreiche Universitäten wie Harvard, Stanford und die University of Notre Dame bieten Programme für Führungskräfte und andere Berufstätige an. Außerdem stellen viele Universitäten, Denkfabriken, Forschungsinstitute und staatliche Stellen Forschungsergebnisse unentgeltlich online zur Verfügung. Auch E-Books sind leicht und preiswert erhältlich.

All diese Quellen sind wichtig, aber die wichtigsten Quellen für die Aneignung neuen Wissens sind und bleiben andere Menschen. Deshalb sollte man das sogenannte Masterminding betreiben – also sich bewusst mit Menschen umgeben, von denen man etwas lernen kann. Wenn wir anderen aufgeschlossen begegnen, dann öffnen wir uns für neue Perspektiven und können unsere Ansichten nachjustieren. Man kann von fast jedem etwas lernen, wenn man ihm unvoreingenommen begegnet und Interesse entgegenbringt – von Freunden, von Feinden und häufig auch von Menschen, von denen man es nicht erwartet hätte. Wie Ralph Waldo Emerson sagte: »Jedermann, den ich je getroffen habe, ist mir in irgendeiner Hinsicht überlegen, und in diesem Punkt lerne ich von ihm.« Bill Gates hat Uniabsolventen dazu ermuntert, sich mit Menschen zu umgeben, »die sie fordern, von denen sie etwas lernen können und die sie dazu bringen, das Beste aus sich herauszuholen«.[263] Der Gedankenaustausch mit anderen versetzt Sie in die Lage, sich ein zutreffenderes und nuancierteres Bild von der Welt zu machen. Dann können Sie auch grundsätzlich bessere Fragen stellen, was noch viel wichtiger ist, als nur nach neuen Antworten zu suchen.[264] Wichtig auch: Verschwenden Sie Ihre wertvolle Zeit nicht mit sinnlosen Tätigkeiten wie Fernsehen, Streaming, Social Media oder dem ziellosen Surfen im Internet. Etwas Zerstreuung zur Entspannung ist zwar angezeigt, aber man sollte sich nicht in sinnentleerten Tätigkeiten verlieren.

Vor ein paar Jahren erzählte mir ein Wirtschaftsmagnat, den ich später auch in meinem Buch *$uper-hubs* porträtiert habe, dass er jede Woche zwei Bücher lese. Ich war enorm beeindruckt und fand es nachahmenswert, konnte mir aber nicht vorstellen, neben meiner Arbeit jemals ausreichend Zeit dafür aufbringen zu können. Aber ich habe es dann einfach einmal versucht, und mit der Zeit mein Lesepensum gesteigert. Heute lese ich mehrere Bücher im Monat. Ich lege sie mir als E-Books und Hörbücher zu. Amazon bietet Lesezeichen-Funktionen an, sodass man zwischen den verschiedenen Formaten auf seinen Smartgeräten jederzeit hin und her springen und nahtlos anknüpfen kann. In E-Books kann man auch Textstellen anstreichen und Notizen einfügen, die man separat exportieren kann. Zudem nutze ich Ressourcen wie Podcasts, informative Videos, ausländische Zeitungen (die man im Browser übersetzen lassen kann) und zahlreiche andere Quellen, um mich auf dem Laufenden zu halten.

Um es noch einmal ganz klar zu sagen: In der Wissenswirtschaft sind *Sie selbst mit Ihrem Wissen das wertvollste Gut*, deshalb ist ein Investment in Ihre Expertise das Beste, was Sie tun können.

Kreativität

> *»[E]s gibt nichts Neues unter der Sonne. Zwar gibt es bisweilen ein Ding, von dem es heißt: Sieh dir das an, das ist etwas Neues – aber auch das gab es schon in den Zeiten, die vor uns gewesen sind.«*
>
> Ecclesiastes 1:9, 1:10

Amerika ist ein Zentrum globaler Kreativität. Ob revolutionäre Innovationen, Lifestyle-Trends oder Hollywoodfilme – sie alle haben ihren Ursprung im Land der unbegrenzten Möglichkeiten. Es ist ein Schmelztiegel hochmotivierter Menschen aus aller Welt, die stolz auf ihren Unternehmergeist und ihre Kreativität sind. In welchem anderen Land wäre es möglich gewesen, dass ein Student in einer Garage ein Unternehmen auf die Beine stellt, das zu einem der größten der Welt werden sollte, nämlich Microsoft. Oder in dem ein exzentrischer Individualist mittels eines Unternehmens namens Apple Smartgeräte entwickelt, die die Welt verändern würden.

Von daher ist es kein Zufall, dass gerade hier die »Zukunftsmanufaktur« des Silicon Valley angesiedelt ist – der Ort, an dem buchstäblich unsere Zukunft entwickelt wird. Das Silicon Valley ist das Gravitationszentrum von Talent und Ideen. Die Entwicklung Künstlicher Intelligenz erfordert zwar Fachkenntnis und analytische Kompetenzen, doch damit all diese überhaupt entstehen können, bedarf es zuerst der Kreativität, sich solche Technologien überhaupt vorstellen und sie konzipieren zu können.

Unsere menschliche Evolution haben wir zu einem großen Teil unserer Kreativität zu verdanken. Auf ihr beruhen alle bahnbrechenden Innovationen, wie die Erfindung des Rads, des fließenden Wassers oder der Elektrizität. Und das Beste an Kreativität: Diese wertvolle menschliche Eigenschaft, die die Voraussetzung für die Schaffung von Maschinen war, wird sicherstellen, dass auch weiterhin Nachfrage nach von Menschen ausgeführten Tätigkeiten bestehen wird.

Roboter sind nicht in der Lage, Kreativität zu entwickeln, weil es ihnen an Vorstellungskraft mangelt.[265] Unter Fachleuten besteht Einigkeit darüber, dass Kreativität auf absehbare Zeit Menschen vorbehalten bleiben wird, weil sie sich aufgrund ihrer fast unmöglich zu definierenden Parameter nur ganz begrenzt in Algorithmen übertragen lässt.[266] Kreativität beruht auf der Fähigkeit, Zusammenhänge zwischen Ideen, Tatsachen und Wissen zu erkennen und sie zu etwas Neuem zu verbinden. Kreativität ist nicht nur für »kreative Berufe« wie bildende oder darstellende Kunst oder Musik relevant, sondern unverzichtbarer Bestandteil praktisch aller Berufe. So ist Kreativität zum Beispiel erforderlich, um die beste juristische Strategie auszumachen, die wirksamste medizinische Therapie zu konzipieren und den überzeugendsten Businessplan aufzustellen.

Kreativität kann sich am besten in einem Umfeld intellektueller Freiheit und Flexibilität entfalten und durch das Sprengen von »Denkgrenzen« stimuliert werden. Sie gedeiht in menschlichen Begegnungen,[267] vor allem mit anderen aus verschiedenen beruflichen, sozialen, kulturellen, politischen und religiösen Sphären.

Steve Jobs, der Mann, der unser aller Leben so nachhaltig verändert hat, ist der Inbegriff von Kreativität. Als Student an der Reed University exmatrikulierte er sich, weil er fand, dass sich die finanzielle Investition angesichts des vermittelten Wissens nicht lohnte. Stattdessen beschloss er, Kurse nur noch als Gastzuhörer zu belegen, und auch nur noch solche, die ihn wirklich interessierten.[268] Dazu gehörte auch ein Kalligrafiekurs, der Jobs große Freude bereitete, obwohl er zu der Zeit keine tatsächliche Verwendung für ihn hatte. Kalligrafie empfand er als »wunderschön, historisch bedeutsam, künstlerisch anspruchsvoll, und zwar auf eine Weise, die wissenschaftlich gar nicht darstellbar ist ... einfach faszinierend«.[269] Viele Jahre später inspirierte Jobs diese Erfahrung zu der Einführung verschiedener Schriftarten im Rahmen der Textverarbeitung. Er mutmaßte, dass Computer heute nicht über »eine Vielzahl von Fonts und Textformaten« verfügen würden, wenn er damals nicht von diesem Kurs inspiriert worden wäre. In der Biografie *Steve Jobs* beschreibt Walter Isaacson das kreative Phänomen Steve Jobs als »ein weiteres Beispiel dafür, dass Jobs bewusst versuchte, Kunst und Technologie miteinander zu verbinden«.[270] Steve Jobs ist ein Beispiel für Kreativität, die ein Computer voraussichtlich nie erreichen wird.

Edmund Phelps, Wirtschaftsnobelpreisträger und Gründer des Zentrums für Kapitalismus und Gesellschaft an der Columbia University, stellt in seinem Buch *Dynamism* fest, dass nicht nur Wissenschaftler und künstlerisch veranlagte Menschen, sondern solche aus allen Segmenten der Gesellschaft in der Lage seien, innovative Ideen zu entwickeln, und dass viele dieser Ideen kommerzielles Potenzial besäßen, genau wie wissenschaftliche dies täten. Ein neues Produkt oder eine neue Methode zu entwickeln, eine neue Idee zu konzipieren und das Unbekannte zu erforschen, seien die bereicherndsten beruflichen Erfahrungen, die man machen könne.[271]

Kreativität kann uns dabei helfen, unser persönliches und berufliches Potenzial zu erschließen, denn sie ermöglicht es uns, in größeren Dimensionen zu denken. Wissenschaftler haben herausgefunden, dass der beste Indikator für das Vorliegen von Kreativität der Grad der Aktivität einer Person ist. Nach ihren Erkenntnissen machen besonders aktive Menschen oft ganz »viele unterschiedliche Erfahrungen, die die Grundlage neuen Denkens und Kreativität sind«.[272]

Es gibt eine große Auswahl weiterführender Literatur zur Entwicklung Ihrer persönlichen Kreativität. Wagen Sie sich einfach einmal heran und denken Sie daran, dass Sie das Rad nicht neu erfinden müssen, um kreativ zu sein – weil nichts auf dieser Welt komplett neu ist.[273] Sie können Neues einfach dadurch erschaffen, dass Sie Ihnen Bekanntes anders zusammensetzen und in einem neuen Kontext anwenden.

Agilität

Ein weiterer Wettbewerbsvorteil, den Menschen gegenüber Maschinen besitzen, ist unsere Agilität, also die Fähigkeit, Veränderungen schnell zu verstehen und rasch und flexibel darauf zu reagieren. Berufe, die Agilität erfordern, sind auf absehbare Zeit vor maschineller Konkurrenz sicher, auch wenn bestimmte Teilbereiche zunehmend digitalisiert werden.

Ein Job, der Agilität erfordert, ist beispielsweise der einer Zahnärztin, die über den Patienten gebeugt eine ganz individuelle, technisch hochanspruchsvolle Behandlung durchführt. Handwerkliche Tätigkeiten werden ebenfalls vorerst Menschen vorbehalten bleiben, also Berufe wie Klempner, Elektriker und Maler, bei denen Menschen Installationen, Reparaturen und Renovierungsarbeiten ausführen. Diese Berufe sind krisenfest und profitieren zunehmend von digitalen Plattformen wie TaskRabbit, Neighborly oder Handyman – oder in Deutschland blauarbeit.de, deinehelfer24.de, haushelden.de, fairgarage.de oder fixico.de.

Kommunikationsfähigkeit

Vor etwas über zehn Jahren besuchte ich mit meinem damaligen Chef, dem renommierten Wirtschaftswissenschaftler Nouriel Roubini, die Jahrestagung des Weltwirtschaftsforums in Davos. Am ersten Abend waren wir zu dem traditionellen Davos-Dinner bei Lally Weymouth, *Washington-Post*-Erbin und Journalistin, eingeladen. Ich kannte Lally und viele ihrer Gäste und freute mich auf das Event, das in einem privaten Raum in einem der rustikalen Schweizer Hotels stattfand. Nach dem Cocktailempfang nahmen gut ein Dutzend Gäste an einem großen runden Tisch Platz. Wie sich zu meinem Schrecken herausstellte, war es eines dieser Dinner, bei denen sich jeder selbst vorstellen und zu einem Thema äußern sollte. Die Gäste waren ausnahmslos bekannte Persönlichkeiten, die an öffentliche Auftritte gewöhnt waren. Sie waren folglich entspannt, und alles, was sie sagten, klang brillant. Mit jedem Gast, der gesprochen hatte, nahte der Zeitpunkt, an dem ich an die Reihe kommen würde. Oh Gott, wie genau sollte ich mich vorstellen und was könnte ich Schlaues sagen? Während ich versuchte, mein Pokerface zu wahren, brach ich innerlich in Panik aus. Dann war es soweit

– mir wurde heiß und kalt. Ich kann mich nicht mehr daran erinnern, was ich gesagt habe, aber ich war so nervös, dass ich mir sicher bin, dass es nichts Tolles war. Nach dieser einschneidenden Erfahrung entschloss ich mich, an meinen rhetorischen Fähigkeiten zu arbeiten. Ein paar Monate später gab ich meine ersten Fernsehinterviews. Zwar finde ich auch diese im Rückblick schrecklich, aber es waren fantastische Lerngelegenheiten – und, wenn ich das sagen darf, mit der Zeit habe ich gelernt, vor Publikum deutlich souveräner aufzutreten. Heute erhalte ich mehr Interviewanfragen, als ich annehmen kann, und erscheine regelmäßig in internationalen Medien. Und wenn nicht gerade weltweit eine Pandemie grassiert, spreche ich häufig vor Hunderten von Menschen über finanzielle, wirtschaftliche und politische Themen – und mittlerweile macht es mir großen Spaß.

Anscheinend bin ich nicht die Einzige, die öffentliche Auftritte anfangs furchtbar fand. Selbst die Investorenlegende Warren Buffett hegte eine große Abneigung dagegen. In Gillian Zoe Segals Buch *Getting There* beschreibt er seine Erfahrungen: »Bis ich 20 war, konnte ich mich überhaupt nicht überwinden, öffentlich aufzutreten. Allein der Gedanke daran bereitete mir körperliches Unbehagen. Mir wurde buchstäblich übel. Im College wählte ich bewusst Kurse, bei denen man nicht Gefahr lief, vor anderen sprechen zu müssen. Im Privatleben versuchte ich ebenfalls, öffentliche Auftritte so weit wie möglich zu vermeiden. Kam ich doch einmal in die Verlegenheit, brachte ich kaum meinen eigenen Namen heraus. Ich weiß nicht, warum das so war, aber es war jedenfalls ein großes Problem.«[274] Doch mit der Zeit überwand Buffett seine Hemmungen und erklärte: »Im Studium lernt man so viel kompliziertes Zeug, dabei ist das Wichtigste, was man lernt, andere von seinen Ideen überzeugen zu können. Unabhängig davon, welchen Beruf Sie ausüben, ist es unerlässlich, über gute Kommunikationsfähigkeiten zu verfügen. Fast jeder hat das Potenzial, diese Fähigkeit zu verbessern, und bereits geringe Verbesserungen können sich in verschiedensten Lebensbereichen positiv auswirken und Ihr zukünftiges Verdienstpotenzial stark steigern.«[275]

Ganz gleich, wie kompetent Sie sind – wenn Sie nicht überzeugend mit anderen kommunizieren können, dann können Sie auch kein Vertrauen aufbauen und weder sich selbst noch Ihre Produkte und Dienstleistungen positiv darstellen. Deshalb haben Sie gar keine andere Wahl, als über ihren Schatten zu springen und das Sprechen vor anderen immer wieder üben, um die Herausforderung zu meistern.

Was sind die Jobs der Zukunft?

Technologiesektor

Der Technologiesektor wird weiterhin zu den größten Wachstumsbranchen mit entsprechend vielen neuen Jobs gehören. Gegenwärtig übersteigt auf vielen Gebieten die Nachfrage an qualifizierten Arbeitskräften das Angebot. Aber vom Technologiesektor einmal ganz abgesehen werden sich die meisten Unternehmen in fast allen Branchen digital anpassen müssen, sodass die »Nachfrage nach Softwareentwicklern und Computeranalysten in den kommenden Jahren nur zunehmen wird«.[276] Aufgrund von Cyberkriminalität wird auch der Bedarf an Cybersicherheitsjobs um 30 Prozent steigen.[277] Die Gehälter auf diesem Sektor sind attraktiv und können astronomische Höhen erreichen. 2019 haben Softwareentwickler ein durchschnittliches Einkommen von 107.500 Dollar verdient. Bei Google und Facebook erhalten Entwickler Einstiegsgehälter von über 150.000 Dollar, und die Einkommen von Ingenieuren mit langjähriger Berufserfahrung bewegen sich in der Größenordnung von einer halben Million Dollar.[278] Forscher und Programmierer, die auf dem Gebiet der Künstlichen Intelligenz tätig sind, können häufig über eine Million Dollar Jahresgehalt verlangen.[279]

Ein aufkommender Trend im Technologiesektor: E-Globalisierung. Nach Aussage von Nat Friedman, CEO der Website GitHub, auf der sich mehr als 56 Millionen Softwareingenieure austauschen, findet die Entwicklung von Software zunehmend globaler statt. Während der Anteil von Softwareentwicklern in der Bay Area rund um San Francisco herum schrumpft, nimmt er in Gegenden wie Houston und Miami zu. Aber das größte Wachstum haben Länder wie Nigeria, Bangladesch, die Türkei, Ägypten und Kolumbien zu verzeichnen, und zwar dank der technischen Möglichkeiten, die Clouds bieten. »Tolle Software wird nicht mehr nur in San Francisco, Seattle, Shenzhen und Bangalore geschrieben, sondern in Lagos, Dhaka, Lima und Istanbul. Softwareunternehmen begegnen in einer digitalen Welt nur wenige Hindernisse, sodass sie über Nacht global expandieren können.« Das in Bukarest gegründete Unternehmen UiPath, dessen Geschäft sein Gründer Daniel Dines, der »Bot-Milliardär«, als »Automatisierung per App« beschreibt, hat Investitionen von internationalen Venture-Capital-Firmen erhalten und ist nun weltweit tätig. Softwareunternehmen können von überall aus operieren, und ihre Kunden realisieren oft gar nicht, wo sie ihren Sitz haben. Je mehr Tätigkeiten online abgewickelt werden, desto schneller wird dieser Trend weiter wachsen.[280]

Wenn Technologie nicht »Ihr Ding« ist, dann brauchen Sie sich trotzdem nicht allzu große Sorgen zu machen. Denn: Nur weil bestimmte Arbeiten automatisiert werden *können*, bedeutet das noch lange nicht, dass sie automatisiert *werden*. Das liegt vor allem daran, dass die meisten Menschen in vielerlei Hinsicht immer noch am liebsten mit anderen Menschen zu tun haben – vor allem in Branchen wie Dienstleistungen und Pflege. Einer Pew-Studie zufolge ziehen Menschen persönlichen Kontakt der elektronischen Kommunikation vor, trotz deren Bequemlichkeitsfaktors.[281]

Ein weiterer Aspekt ist, dass eine Ausführung menschlicher Tätigkeiten allein durch Maschinen in manchen Branchen nicht akzeptiert wird, und es damit an Nachfrage fehlen würde. So könnten Flugzeuge beispielsweise vollautomatisch geflogen werden[282], doch die meisten Menschen möchten potenziell lebensgefährdende Prozesse nicht gänzlich dem Ermessen von Maschinen überlassen und legen ihr Schicksal lieber in die Hände erfahrener Piloten. Und das mit gutem Grund, wie Captain Sully Sullenberger gezeigt hat, als er 2009 ein Flugzeug meisterhaft auf dem Hudson River bei Manhattan landete, nachdem beide Triebwerke ausgefallen waren. Was passieren kann, wenn die Technik übernimmt, wurde im Boeing-MAX-Desaster deutlich. Eine Softwarepanne brachte Flugzeuge dieses Typs innerhalb von Sekunden automatisch in den Sturzflug – so schnell, dass die Piloten von mindestens zwei Maschinen keine Zeit mehr hatten, mit einer Kursänderung den tödlichen Absturz zu verhindern.

Menschliche Expertise wird erforderlich bleiben, um Maschinen zu bauen, zu überwachen und zu reparieren, denn Algorithmen machen Fehler, Roboter funktionieren nicht einwandfrei und Maschinen gehen kaputt.[283]

Und genauso wie menschliche Fähigkeiten Grenzen haben, so stoßen auch Maschinen an Grenzen. Das wiederum birgt Potenzial für den Einsatz menschlicher Tätigkeiten. Ein paar geniale progressive Titanen arbeiten allerdings schon daran, die Grenzen maschineller Fähigkeiten zu überwinden. Dazu gehört auch der Hedgefonds-Milliardär Ray Dalio, der 2015 ein Team von Softwareentwicklern zusammengetrommelt hat, das auf Künstliche Intelligenz spezialisiert ist, um die strategischen Entscheidungsprozesse in seinem Unternehmen zu automatisieren.

Das Projekt mit dem vielsagenden Titel »Das Buch der Zukunft« wird von David Ferrucci geleitet, der zuvor für die Entwicklung des IBM-Supercomputers »Watson« zuständig gewesen war. Dieser hatte im Fernsehquiz *Jeopardy!* Aufsehen erregt, weil er gegen jegliche menschliche Konkurrenz gewann. Dalios Projekt ist streng geheim, aber es ist durchgesickert, dass dessen Mission darin besteht, Dalios Expertise in Algorithmen zu übersetzen, um den Erfolg der von seinem Unternehmen gemanagten Fonds noch zu steigern. Darüber hinaus soll gewährleistet werden, dass die Fonds nach Dalios Ausscheiden aufgrund dessen Kompetenz – nun in computerisierter Form – von seinen Nachfolgern auch weiterhin erfolgreich fortgeführt werden können.[284] Im *Wall Street Journal* hieß es, eine mit dem Projekt vertraute Quelle aus dem Unternehmen habe das Ganze als den Versuch bezeichnet, »Rays Gehirn in Computerform nachzubilden«.[285] Menschen sollen aber weiterhin dafür zuständig bleiben, die Kriterien zu entwickeln, nach denen das System seine Entscheidungen trifft, und im Falle von Problemen eingreifen.[286]

Diese Berichte über Dalios ehrgeiziges Unterfangen mögen wie Science-Fiction anmuten, aber in seinem Bestseller *Die Prinzipien des Erfolgs* klingen seine Ansichten etwas moderater. Darin prognostiziert Dalio, dass Mensch und Maschine nicht gegeneinander konkurrieren, sondern zur Erreichung optimaler Ergebnisse kooperieren werden. Seiner Einschätzung zufolge wird es Jahrzehnte dauern, bis Computer viele der Prozesse, die im menschlichen Gehirn ablaufen, nachbilden können, beispielsweise Vorstellungskraft, Kreativität und verknüpftes Denken – falls sie jemals dazu in der Lage sein werden. »Menschen treffen in wichtigen Angelegenheiten immer noch bessere Entscheidungen, als Computer dies können. Und schauen Sie sich doch an, wer den größten Erfolg hat. Es sind nicht die Softwareentwickler, Mathematiker und Spieltheoretiker, die ein Vermögen absahnen, sondern diejenigen, die über das größte Maß an gesundem Menschenverstand, Vorstellungskraft und Entschlossenheit verfügen.«[287] Außerdem führt er an: »Ich glaube, dass nur Menschen auf solche Dinge kommen können und dann Computer darauf programmieren, sie auszuführen. Deshalb glaube ich, dass der Schlüssel zum Erfolg darin liegt, dass die richtigen Menschen miteinander und mit Computern kooperieren.«[288]

Dalios Einschätzung deckt sich mit der herrschenden Meinung von Experten, die davon ausgehen, dass Maschinen in absehbarer Zukunft vor allem eingesetzt werden, um die Arbeit von Menschen zu ergänzen und verbessern,[289] weil ihnen wichtige Fähigkeiten fehlen, unter anderem Beurteilungsvermögen, beispielsweise hinsichtlich rechtlicher und ethischer Sachverhalte. Dementsprechend meinte der Gründer des chinesischen E-Commerce-Unternehmens Alibaba, Jack Ma, dass »ein Computer nie so weise sein [könne] wie ein Mensch«.[290] Maschinen mögen intelligent sein, doch ihnen fehlt eine wesentliche Eigenschaft, die Menschen besitzen: emotionale Intelligenz. Jobs, die soziale Kompetenz und die Fähigkeit zu flexibler Zusammenarbeit erfordern, werden in absehbarer Zukunft noch Menschen vorbehalten bleiben – oder sind zumindest weniger automatisierungsgefährdet.[291] Wissenschaftler bei der Bank of England gehen sogar davon aus, dass »die Zahl jener Arbeitsstellen zunehmen könnte, die menschliche Wesenszüge wie Kreativität, emotionale Intelligenz und soziale Kompetenz erfordern«.[292] David Autor, Wirtschaftsprofessor am Massachusetts Institute of Technology (MIT) und Experte für die Auswirkungen, die Technologie auf den Arbeitsmarkt hat, erklärt, dass Maschinen viele Tätigkeiten ausüben könnten, bis sie die Schwelle der »zwischenmenschlichen Kompetenz« erreichen. Jobs, bei denen »maschinisierbare Tätigkeiten zu eng mit solchen verknüpft sind, die zwischenmenschliche Kompetenzen erfordern, sind in den nächsten Jahrzehnten vor Automatisierung tendenziell sicher«.[293]

Ungeachtet der fortbestehenden Wichtigkeit rein menschlicher Fähigkeiten sollten wir alle trotzdem stets daran arbeiten, unseren »digitalen IQ«, also unsere digitalen Fähigkeiten, weiterzuentwickeln.[294] Denn wir werden ein Mindestmaß an technologischer Kompetenz für fast alle Berufe brauchen, weil Technologien unsere »physische, digitale und biologische Welt immer weiter miteinander verschmelzen lassen«.[295]

Eine tiefergehende Erörterung des Technologiesektors würde den Rahmen dieses Buches sprengen, da es sich in erster Linie an Menschen wendet, die keine »Techies« sind und in der analogen Welt arbeiten. Daher gehe ich an dieser Stelle nur kurz darauf ein.

»Gig-Wirtschaft«

Wahrscheinlich ist Ihnen schon aufgefallen, dass immer mehr Arbeit »outgesourct« wird, aber nicht mehr unbedingt an Arbeitskräfte in Billiglohnländern, sondern an externe, selbstständige Auftragnehmer, die sich häufig im eigenen Land befinden.

Als Air Berlin vor ein paar Jahren pleiteging, sprach ich dem Herrn am Abfertigungsschalter, der in die schicke blau-rote Uniform des Unternehmens gekleidet war, mein Bedauern aus. Daraufhin lächelte er ungerührt: »Das betrifft mich nicht. Wir sind alle bei einer externen Firma angestellt und werden einfach woandershin versetzt.«

Kürzlich drehte ich für einen großen deutschen Fernsehsender ein Segment für eine Dokumentation. Der Journalist, der das Projekt leitete, hatte eine Visitenkarte mit dem Logo des Senders und dessen E-Mail-Domäne, doch nach einer Weile stellte sich heraus, dass er in Wirklichkeit ein freiberuflicher externer Mitarbeiter war, der nur zeitweise Projekte übernahm.

Globale Konzerne outsourcen bereits bis zu 50 Prozent ihrer Jobs an Zeitarbeitskräfte oder Freiberufler. Unternehmen, die solche Arbeitskräfte vermitteln, wie Adecco Group AG oder Accenture, florieren. Accenture stellt allein Google für seine Vermittlungstätigkeit mehrere hundert Millionen Dollar im Jahr in Rechnung. Dieser Trend wird in den nächsten Jahren weiter zunehmen und sich beschleunigen. Ziel der großen Unternehmen ist es, nach und nach alle Jobs auf diese Weise outzusourcen, soweit dies möglich ist – bis auf die der Spitzenmanager in den Chefetagen natürlich.[296] Viele dieser noch regulär angestellten Beschäftigten werden sich wahrscheinlich früher oder später auf freischaffende oder selbstständige Auftragsarbeit umstellen müssen.

Die Zahl der sogenannten Gig-Arbeiter, deren Arbeitsleistung auf begrenzte Zeit eingekauft wird, ohne Arbeitsplatzsicherheit oder Sozialleistungen zu bieten, ist in den letzten Jahren ständig gestiegen. Die genaue Zahl ist schwer zu ermitteln, da Gig-Arbeiter noch nicht systematisch in amtlichen Statistiken erfasst werden. Es ist jedoch davon auszugehen, dass dieser Trend in den kommenden Jahren weiter stark zunehmen wird. Einer Studie von McKinsey zufolge »sind bis zu 162 Millionen Menschen in Europa und den USA – beziehungsweise 20 bis 30 Prozent der Bevölkerung im erwerbsfähigen Alter – in der einen oder anderen Form freiberuflich oder selbstständig tätig«. In rund 30 Prozent der Fälle sind die Menschen mangels Alternativen auf diese Art der Einkommensquellen angewiesen, während die Mehrheit sie noch als positive Lifestyle-Option oder einfach als lukrative Nebenbeschäftigungen betrachten.[297]

Aus gesamtwirtschaftlicher Perspektive ist dies eine positive Entwicklung, da der wachsende Anteil »freiberuflicher und selbstständiger Arbeiter […] den Anteil der arbeitenden Bevölkerung und der geleisteten Stunden erhöht und damit die Arbeitslosigkeit verringert«.[298] Aus der Perspektive des Einzelnen ist diese Entwicklung jedoch eher mit gemischten Gefühlen zu betrachten.

Zwar stehen wir mittlerweile mit der ganzen Welt im Wettbewerb, aber gleichzeitig ist auch der Absatzmarkt gewachsen. Dies gibt Menschen die Möglichkeit, ihren Lebensunterhalt auf ganz neue Art zu verdienen, insbesondere auf der Grundlage der Plattformwirtschaft. Menschen, die über gefragte Fähigkeiten, Unternehmergeist und Verständnis für Projektarbeit verfügen, sind hervorragend positioniert, um in der »Gig-Economy« erfolgreich zu sein. Sie können sich ihre Kunden und Projekte aussuchen. Viele von ihnen genießen die Freiheit, Unabhängigkeit und Kontrolle, die sie über ihre Zeit haben. Arbeit finden sie über Personalagenturen, Vermittler oder digitale Plattformen wie clickworker.com, auf der sich »über eine Million Arbeitskräfte [...] für Projekte verfügbar halten«, crowdsource.com, das eine Vielzahl verschiedener Dienstleistungen anbietet und mit dem Slogan wirbt: »Die Nutzung dieses Services spart Ihnen den Aufwand für Personalmanagement und gibt Ihnen damit mehr Zeit, sich auf Ihre Dienstleistungen zu konzentrieren«, oder cloudfactory.com, das nach eigenen Angaben »pro Tag über eine Million Aufträge vermittelt«. Darüber hinaus gibt es noch zahllose weitere Möglichkeiten, etwa die Website InnoCentive, über die Freiberufler, häufig Wissenschaftler, an anspruchsvollen Forschungs- und Entwicklungsproblemen von Konzernen wie Colgate, Boeing, DuPont oder Procter & Gamble mitwirken können und pro Auftrag durchschnittlich 10.000 bis 100.000 Dollar verdienen.[299]

Der Standort ist mittlerweile mehr Einstellung als ein physischer Ort, und Einzelne können mittels Plattformen wie Alibaba, Amazon oder eBay quasi ihre persönliche »Do It Yourself«-Globalisierung betreiben. So ermöglichen digitale Technologien »es selbst kleinsten Unternehmen und Soloselbstständigen, multinationale Mikrounternehmen zu betreiben, die Produkte, Dienstleistungen und Ideen grenzüberschreitend verkaufen und beziehen«.[300] Während Verhandlungen über viele Freihandelsabkommen wie TTIP und TPP ins Stocken geraten sind, hofft Jack Ma, dass Alibaba »als ›Welthandelsorganisation‹ für kleine und mittelgroße Unternehmen fungieren« wird, die er als »e-WHO« bezeichnet. Er rechnet damit, dass Alibaba bis 2036 zwei Milliarden Kunden hinzugewinnen wird, was jedem vierten Erdbewohner gleichkäme.[301] Diese Prognose erscheint durchaus plausibel in Anbetracht der Tatsache, dass 2021 bereits schon rund 4,7 Milliarden Menschen – also fast 60 Prozent der Weltbevölkerung – an das Internet angeschlossen sind.[302]

Auch wenn die Wirtschaft der Zukunft großes Potenzial birgt, so ist doch davon auszugehen, dass die meisten Menschen nicht ausreichend auf sie und den daraus resultierenden Wettbewerb vorbereitet sind. Insbesondere solche, die Gewohnheit und Planbarkeit bevorzugen, werden aller Voraussicht nach Anpassungsschwierigkeiten haben. Auch Menschen, die sich bereits in einem fortgeschrittenen Karrierestadium befinden, finden es üblicherweise schwerer, ihr Leben nachhaltig zu ändern. Doch Anpassung ist nicht nur notwendig, sie ist, wenn man es richtig anstellt, auch eine große Chance.

Einzelhandel und Verkauf

Auf die Einzelhandels- und Vertriebsbranche hat die Digitalisierung einen großen Einfluss. Allerdings ist zu unterscheiden: Tätigkeiten, die nur geringe Qualifikationen erfordern, wie das Auffüllen von Regalen und Kassieren, fallen der Digitalisierung als Erstes zum Opfer.[303] So eröffnete Amazon beispielsweise bereits 2018 seine erste kassiererlose Filiale »Amazon Go«. Kunden kaufen in den stationären Amazon-Supermärkten mit einer App ausgerüstet ein, und wenn sie das Geschäft verlassen, belastet eine Kombination aus Sensoren, Kameras und Bilderkennung ihr Konto automatisch.[304] Damit gehören auch Warteschlangen und umständliches Selbsteinscannen durch die Kunden an der Kasse der Vergangenheit an. Für die nahe Zukunft plant Amazon die Eröffnung rund 3000 solcher Geschäfte,[305] mit einem Umsatzpotenzial von 4 Milliarden Dollar.[306]

Demgegenüber werden für den Verkauf exklusiver, hochpreisiger Produkte und solcher, die komplexe Verkaufsprozesse beinhalten, weiterhin Menschen benötigt. Diese werden sich allerdings zunehmend Künstliche Intelligenz zu Hilfe nehmen, um Vertriebsprozesse effizienter gestalten zu können.[307]

Kaufentscheidungen werden selten rein rational, sondern vor allem auch emotional getroffen, und gerade Kunden, die hochwertige, teure Produkte kaufen, legen üblicherweise Wert auf persönliche Beratung, nuanciertes Feedback und Bestätigung – Dynamiken, die stark von Einzelumständen abhängen. Darüber hinaus spielen gerade im hochpreisigen Segment, wie dem Verkauf von Autos, Schmuck oder Kunst, persönliche Beziehungen und Vertrauen eine große Rolle, sodass Maschinen hier den Kürzeren ziehen.

Michael Bloomberg, Gründer des Finanzdienstleisters und Medienunternehmens Bloomberg LP und ehemaliger Bürgermeister von New York, vertritt die Ansicht, dass »Künstliche Intelligenz […] den Menschen nie ersetzen kann«. Für ihn steht der Mensch immer noch im Zentrum seiner Unternehmenskultur, denn nach seiner Überzeugung leben wir immer noch in einer analogen Welt, und Menschen ziehen es vor, mit anderen Menschen zu tun zu haben. Zwar setzt auch Bloomberg zur Effizienzsteigerung Künstliche Intelligenz ein, beispielsweise um zu ermitteln, welche Sprache ein Anrufer spricht, wegen welchen Servicebereichs er anruft, welches Problem er hat und wie die Lösung aussehen könnte. Doch die tatsächliche Kundenbetreuung wird ganz bewusst durch einen Angestellten ausgeführt. Bloomberg setzt auf die Kommunikation zwischen Menschen, vor allem im Vertrieb und im Kundenservice, weil nur Menschen das dort notwendige Verständnis, das Einfühlungsvermögen und den Respekt vermitteln können.[308]

Gesundheitswesen

Auch im Gesundheitssektor wird der Einsatz von Automatisierung in Teilbereichen stark zunehmen, während er in anderen begrenzt bleibt. In den nächsten Jahren werden wir hier voraussichtlich ein Jobwachstum von 15 Prozent sehen. Nach Prognosen des US-Arbeitsministeriums werden von insgesamt 800 Berufen bis zum Ende des Jahrzehnts häusliche Pflegejobs um 1,1 Millionen Stellen wachsen, direkt gefolgt von einer starken Zunahme von Altenpflegejobs.[309] »In Amerika erfordern diese Jobs lediglich einen Highschool-Abschluss. Das durchschnittliche Gehalt betrug 2019 25.280 Dollar und damit weniger als die Hälfte des Durchschnitts aller Einkommen. […] Ein Teil des Wachstums in diesem Segment wird in besser bezahlten Positionen erfolgen, wie denen von [höher qualifizierten Krankenschwestern, sogenannten] Nurse Practitioners.«[310]

Fast alle Menschen ziehen die persönliche Betreuung eines Arztes oder einer anderen medizinischen Fachkraft immer noch der einer Maschine vor. In Bewertungen messen Menschen den Umgangsformen und dem Einfühlungsvermögen eines Arztes einen ebenso hohen Stellenwert bei wie seiner fachlichen Kompetenz. Offensichtlich sind Menschen am besten dafür qualifiziert, der komplexen Psychologie anderer zu begegnen,[311] vor allem in Krisensituationen wie Krankheitsfällen. Auch im Hinblick auf die Beurteilung, Bewertung und Auswertung von Diagnosen verlassen sich Menschen immer noch am liebsten auf ihre Artgenossen. Zwar begrüßen sie den unterstützenden Einsatz Künstlicher Intelligenz, möchten sensible Nachrichten aber lieber von einem Menschen als einem Computer überbracht bekommen. Insbesondere Entscheidungen über Leben und Tod wollen sie selbstredend nicht Maschinen überlassen. Das wäre auch nicht ratsam, weil Untersuchungsergebnisse oft nicht ganz eindeutig sind und medizinische Entscheidungen menschliches Urteilsvermögen und Ermessen erfordern.[312] Wie wichtig menschliches Urteilsvermögen ist, wurde 2018 deutlich: Der IBM-Computer »Watson« gab im Hinblick auf eine Krebsbehandlung Empfehlungen ab, deren Befolgung gesundheitsgefährdend gewesen wäre.[313] Nicht zuletzt wegen der sich aus der Fehlfunktion von Maschinen ergebenden potenziellen Haftungsrisiken wird ihr Einsatzbereich vorerst begrenzt bleiben.

Hinzu kommt, dass, wie bereits erwähnt, viele medizinische Berufe wie die von Zahnärzten und Chirurgen eine gewisse physische Agilität erfordern.[314]

Nicht übersehen sollte man auch, dass insbesondere Jobs im Pflegebereich eine stark ausgeprägte soziale Komponente besitzen. So stellen Altenpflegekräfte für isolierte ältere Menschen häufig die einzigen zwischenmenschlichen Begegnungen dar.

Lehrkräfte und andere pädagogische Berufe

Vor allem in der Bildung halten Computer weiter Einzug. Trotz ihres deutlich verstärkten Einsatzes wird der Bedarf an menschlichen Lehrkräften aber weiterhin bestehen bleiben. Vor allem auch die Lockdowns während der Corona-Pandemie haben das Potenzial des Onlineunterrichts verdeutlicht, aber auch dessen Grenzen aufgezeigt. In derartigen Notsituationen kann das Internet großartig unterstützend Hilfe leisten. Auch im Hinblick auf die preiswerte oder gar kostenfreie Bildung von Millionen von Menschen in Entwicklungs- und Schwellenländern hat sich das Internet als unschätzbar wertvoll erwiesen. Experten zufolge werden voraussichtlich circa ein Drittel der Aktivitäten im Bildungsbereich automatisiert.

Aber ihrem Wesen nach setzt die Vermittlung von Wissen nicht nur fundierte Fachkenntnisse, sondern auch komplexe zwischenmenschliche Begegnungen voraus, sodass auch hierfür zukünftig zu einem großen Teil Menschen erforderlich bleiben werden.[315] Nur Menschen können auf andere eingehen, sich auf ihre Bedürfnisse einstellen und die Lehrtätigkeit individuell auf ihre persönlichen Erfordernisse zuschneiden.[316] Aus diesen Gründen und nicht zuletzt auch wegen des hohen Stellenwerts von Bildung in der Gesellschaft weltweit wird es auch weiterhin eine hohe Nachfrage nach persönlich vermittelter Bildung geben.

Menschliche »Zuwendungsjobs«

Im Zeitalter der Digitalisierung und der Pandemien wird direkte, persönliche Zuwendung immer seltener und dadurch umso wertvoller. Nach Schätzungen des US-Arbeitsministeriums wird die Nachfrage nach Psychologen im nächsten Jahrzehnt um 12 Prozent steigen. Die Nachfrage nach Personal Trainers und »Lebensberatern«, sogenannten Life Coaches, ist in den letzten Jahren ebenfalls spürbar gestiegen.

Auch Berufe, die die Interessenvertretung von Einzelnen und den Lobbyismus für Unternehmen und Institutionen erfordern, funktionieren weiterhin über Beziehungen und erfordern zwischenmenschliche Begegnungen.[317]

Finanzdienstleister und Unternehmertum

Im Finanzdienstleistungssektor sind besonders viele Jobs durch Automatisierung gefährdet,[318] weil quantitative Tätigkeiten leicht und kosteneffizient digitalisiert werden können. Dementsprechend warnen die Titanen der Finanzwelt bereits vor einem anstehenden Tsunami an Jobverlusten.

Der ehemalige Chef der Deutschen Bank, John Cryan, geht davon aus, dass eine »große Anzahl« von Angestellten ihre Arbeitsplätze bei Finanzinstituten verlieren werden, »weil Menschen sich immer mehr wie Roboter verhalten und Dinge mechanisch erledigen, während sich Roboter immer mehr wie Menschen verhalten werden«.[319] Hedgefonds-Magnat Ray Dalio begründet den Einsatz Künstlicher Intelligenz im Finanzdienstleistungsgeschäft mit der Fähigkeit von Computern, Informationen zu verarbeiten, die die des Gehirns um ein Vielfaches überträfen. »Aufgrund der von Algorithmen produzierten Informationen können Menschen ihr bestes Denken entwickeln«, meint er.[320] Laut dem Ex-CEO der Citigroup, Vikram Pandit, könnten »innerhalb des nächsten Jahrzehnts 30 Prozent aller Vollzeitstellen in Banken automatisiert werden«. Nach seiner Meinung wird sich das Bankgeschäft verändern und dezentralisieren, weg von einigen großen Instituten, hin zu vielen kleineren. Diese Entwicklung würde schneller stattfinden als gedacht und mit erheblichen Arbeitsplatzverlusten in den nächsten Jahren einhergehen.[321] Der ehemalige CEO von Barclays Plc, Antony Jenkins, gibt sogar explizit zu bedenken, dass Banken einen »Kodak-Moment« erleben und in 5 bis 15 Jahren durch FinTech(Finanztechnologie)-Unternehmen verdrängt werden könnten.[322] Demgegenüber warnt Jamie Dimon, CEO von JPMorgan Chase & Co., vor Überreaktionen und verweist darauf, dass die Beschäftigtenzahl in seinem Unternehmen weiter steigen werde – wenngleich vor allem deshalb, weil zunehmend mehr IT-Leute eingestellt werden müssten.[323] Auch der angesehene Investmentguru und CEO von DoubleLine Capital, Jeffrey Gundlach, ist im Hinblick auf die pessimistischen Arbeitsplatzprognosen skeptisch. Seiner Ansicht nach werden in der Finanzbranche Menschen nicht so bald durch Maschinen ersetzt.[324]

Fest steht jedoch, dass weite Teile des Backoffice, also der Abwicklung und Verwaltung von Finanzgeschäften, zunehmend von Computern übernommen werden. Auch automatisierte und kostengünstige »Robo-Berater« werden immer häufiger eingesetzt. Gemäß einer Studie der University of Oxford sind allerdings »viele Berufe im Management, in der Betriebswirtschaft und im Finanzwesen, die vor allem Generalisten mit sozialer Intelligenz erfordern, weniger durch die maschinelle Konkurrenz gefährdet«.[325] Die Netzwerke, die notwendig sind, um potenzielle Kunden anzuwerben und Geschäfte abzuschließen, müssen immer noch von Menschen aufgebaut werden. Wer Ideen und Produkte verkaufen will, muss über zwischenmenschliches und Verhandlungsgeschick verfügen. Da Finanzprodukte abstrakt und risikoreich sind, müssen Finanzdienstleister Glaubwürdigkeit besitzen und Vertrauen aufbauen, um Anlageprodukte vertreiben zu können.[326]

Unternehmensführung und -strategie

»Viele Entscheidungsprozesse werden automatisiert, weil Maschinen wesentlich schneller sind und keinen Krankheiten, Launen und anderen menschlichen Unwägbarkeiten unterliegen.«[327] Im Bereich des Unternehmensmanagements und der Unternehmensstrategie werden jedoch weiterhin Menschen benötigt, um die Richtung vorzugeben und die konzeptionelle Rahmenplanung zu erstellen, Ziele festzulegen, Entwicklungen zu interpretieren und gesunden Menschenverstand bei der Problemlösung anzubringen. Maschinen werden aber auch hier vermehrt eingesetzt werden, um Prozesse effizienter zu gestalten.[328] Schachmeister Garri Kasparow brachte es wie folgt auf den Punkt: »Spielt man zusammen mit einer Maschine als Partner Schach gegen einen anderen Menschen mit einer Maschine, dann ist es so, dass die Maschine ›taktischen Scharfsinn‹ besitzt, aber der Mensch über eine bessere ›strategische Orientierung verfügt‹.«[329]

Ein weiterer Aspekt ist, dass Unternehmensführung immer auch den Umgang mit Beschäftigten, Geschäftspartnern und Kunden beinhaltet, was Fingerspitzengefühl erfordert. Außerdem weist Devin Fidler, Forschungsleiter am Institute For The Future, darauf hin, dass Menschen kaum Lust hätten, sich von Maschinen herumkommandieren zu lassen. Er ist der Überzeugung, dass Anweisungen nur von Menschen kommen könnten, weil nur sie diese in angemessenem Ton und schlüssigem Kontext geben könnten.[330]

Je höher man die Karriereleiter erklimmt, desto sicherer wird im Zweifel der Job. Wer auf der Führungsebene am oberen Ende einer Hierarchie angesiedelt ist, hat für gewöhnlich kein Interesse daran, sich überflüssig zu machen, und die Wahrscheinlichkeit, dass Topmanager ihre lukrativen, einflussreichen Positionen wegrationalisieren könnten, ist eher gering. Wenn es Ihnen also gelingt, ins Topmanagement vorzudringen, haben Sie im Zweifel die Möglichkeit, für ihre eigene Jobsicherheit zu sorgen.

Kreative Berufe: Kunst

Kreativität und Kunst genießen in unserer Gesellschaft einen hohen Stellenwert, ob in Form von Literatur, Kunst oder Musik. Wir empfinden es als bereichernd, uns mit schöpferischen Menschen zu umgeben, uns von ihren Errungenschaften inspirieren zu lassen, und an den Schicksals- und Schöpfungsgeschichten, die hinter den Menschen und ihren Kreationen stehen, Anteil zu nehmen.

Wie bereits erläutert,[331] fehlt es Maschinen an Kreativität. Vereinzelte Skeptiker widersprechen dieser herrschenden Auffassung zwar und tatsächlich gibt es zahlreiche Beispiele für Computer, die Bilder gemalt, Musik komponiert und

Gedichte geschrieben haben,[332] die sich kaum von durch Menschen geschaffene unterscheiden. Dennoch wird sich die Nachfrage nach »Computerkunst« voraussichtlich in Grenzen halten, da Menschen den der Kunst zugrunde liegenden Schöpfergeist schätzen, der sich in außergewöhnlichem Talent, in Hingabe und in Einzigartigkeit manifestiert.

Superstars in der Sport-, Medien- und Eventbranche

Sport ist etwas zutiefst Menschliches. 22 Roboter auf einem Fußballplatz wären kein Fußballmatch, sondern ein Computerspiel. Bei Sportwettkämpfen geht es um das Zugehörigkeitsgefühl zu einer bestimmten Gruppe, das Bewundern menschlicher Höchstleistungen und den Ehrgeiz, mit seinem Team zu gewinnen. Wir haben das Bedürfnis, zu Sportlern aufzublicken, sie als Vorbild zu betrachten und an ihren persönlichen Lebensgeschichten teilzuhaben.[333]

Ebenso werden auch Jobs in der Medien- und Eventbranche vor Robotern relativ sicher sein. Von Maschinen moderierte TV-Sendungen würden uns einschläfern, und attraktive Roboter, die auf Instagram am Strand posieren, würden uns wohl wenig ansprechen. Zwar übernehmen Maschinen bereits bestimmte Teile journalistischer Arbeit, wie die Informationsbeschaffung und das Schreiben einfacher Texte. Das Internet mit seinen dort kostenlos verfügbaren Informationen setzt Geschäftsmodelle unter Druck, was zu Einsparungen und Jobverlusten führt. Doch Journalisten wird man auch zukünftig benötigen, weil sie über menschliche Quellen, investigative Kompetenzen, kritisches Urteilsvermögen und gesunden Menschenverstand verfügen. Außerdem ist der Journalismus eine wichtige Säule der Demokratie, die nicht Maschinen überlassen werden darf.

Die Eventbranche wird sich auch zukünftig hauptsächlich auf Menschen stützen. Die Begehrtheit von Veranstaltungen wie Konzerten lässt sich auch an dem Preis ablesen, den Menschen bereit sind, dafür zu bezahlen. Obwohl viele solcher Veranstaltungen online verfolgt werden können, zahlen Menschen zum Teil exorbitante Preise, um sie persönlich und gemeinsam mit anderen erleben zu können. Die Branche hat schwer unter der Pandemie gelitten, aber das tiefsitzende Bedürfnis der Menschen, anderen persönlich zu begegnen und Veranstaltungen wie Konzerte, Sportereignisse, Ausstellungen und Tagungen zu besuchen, wird fortbestehen.

Staat: Politik, Rechtswesen, Strafverfolgung, öffentlicher Dienst

Auch Politik ist eine zutiefst menschliche Angelegenheit. Menschen formieren sich zu Gruppen, mit denen sie sich identifizieren. Politische Bewegungen und Handlungen werden häufig von Emotionen gesteuert. Politiker sind die Interessenvertreter des Volkes, und Interessenvertretung funktioniert nur durch persönlichen Einsatz. Menschen werden nie Maschinen die Macht übertragen, über sie zu regieren. Deshalb werden auch der öffentliche Dienst und die Polizei in menschlicher Hand bleiben.

Rechtsberufe setzen ebenfalls menschliches Urteilsvermögen und Ermessen voraus, weshalb Maschinen auf absehbare Zukunft keine Gesetze erlassen, Prozesse führen und Menschen verurteilen werden.

VIERTES KAPITEL

Personal Branding: Etablieren Sie Ihre persönliche Marke

Unverwechselbar: Ihre Eigenmarke

Häufig bekomme ich zu hören, ich hätte mir so eine überzeugende »Marke« aufgebaut. In der Tat habe ich seit jeher versucht, meinen Werdegang in ein anschauliches Narrativ zu kleiden und meinen Mehrwert zu definieren. Doch was bedeutet es eigentlich, ein »Brand«, also eine Marke zu sein, warum ist dies wichtig und wie können Sie Ihre Marke aufbauen?

Was Branding, also Markenerschaffung, bedeutet

Prestigeträchtige Marken wie Apple, Nike, Coca-Cola, McKinsey, Virgin Atlantic oder Chanel erkennen wir auf Anhieb. Wenn wir ihrer Namen gewahr werden, assoziieren wir unwillkürlich bestimmte Eigenschaften wie »Qualität«, »besondere Leistung«, »guter Geschmack«, »Kompetenz«, »Abenteuer« oder »Inbegriff der Eleganz«. Wir sind davon überzeugt, dass wir am besten mit *diesem* Smartphone zurechtkommen, nur mit *diesem* Laufschuh Höchstleistungen erreichen können, unbedingt *dieses* Auto fahren müssen, weil es am besten zu uns passt, *und definitiv noch diese* Handtasche ganz dringend benötigen, auch wenn es beim besten Willen keinen erkennbaren Grund dafür gibt.

Der Begriff Branding kommt von dem altdeutschen Wort »brinnan«, was »brennen« bedeutet. Verwendet wurde das Wort unter anderem im Zusammenhang mit dem Brandmarken von Viehbeständen. Später wurde es mit der niederländischen East India Company assoziiert, die ihre Produkte mit ihrem Logo versah. Im Zuge der industriellen Revolution nutzten immer mehr Unternehmen diese Praxis, um ihre Erzeugnisse aus der Fülle des Angebots herauszuheben.

Der Werbeguru David Ogilvy definierte den Begriff »Marke« als die »immaterielle Summe der Eigenschaften eines Produkts«.[334] Eine Marke verleiht Waren und Dienstleistungen eine Identität und stellt zur Abgrenzung gegen andere Produkte ihre Besonderheiten heraus – wie »handgefertigt«, »umweltfreundlich« oder »zukunftsweisend«.

Unternehmen konzipieren ihre Markenstrategie sehr bewusst und sorgfältig. Um sich von der Konkurrenz abzusetzen, investieren sie ein Vermögen in Werbung und Sponsoring. Sie bemühen sich, Verbraucher sowohl auf rationaler als auch auf emotionaler Ebene anzusprechen, um Vertrauen und eine Bindung herzustellen. Letztendlich dient all dies dem Absatz des Produkts oder der Dienstleistung und damit dem Umsatzwachstum. Nehmen Sie zum Beispiel Chanel: Die Marke, die mit der Lebensgeschichte von Coco Chanel ein anschauliches Narrativ erzählt, steht für Luxus und Eleganz. Das Unternehmen hatte seinen Ursprung in der Herstellung von Damenbekleidung und expandierte von dort aus in die Segmente Handtaschen, Accessoires, Echtschmuck und Kosmetik. Dies ist ein typischer Expansionsverlauf, wie er bei vielen Unternehmen in ähnlicher Form beobachtet werden kann.

Firmen, die über etablierte Marken verfügen, können für ihre Produkte höhere Preise verlangen, als Hersteller von unbekannten No-Name- oder Nachahmerprodukten dies können. Kunden gehen unwillkürlich davon aus, dass eine Marke für höhere Qualität steht, und sind daher bereit, einen Aufpreis dafür zu bezahlen – ob für Designermoden, Papiertaschentücher oder Kopfhörer. Selbst bei Medikamenten sind Markenprodukte teurer als Generika, obwohl die Zusammensetzung genau gleich ist.

Mittels ihrer Marke suggerieren Unternehmen nicht nur höhere Qualität, sondern auch immer ein Image, einen Lebensstil, eine Erfahrung oder einen gewissen Status – etwas Erstrebenswertes, mit dem Käufer assoziiert werden möchten. Diese geben beispielsweise bereitwillig ein Vermögen für Luxusfahrzeuge aus, nicht nur wegen des »Fahrvergnügens«, sondern auch, weil Fahrzeuge Status und – je nach Modell – ein bestimmtes begehrenswertes Image verleihen. Wissenschaftlichen Untersuchungen zufolge wirken sich Marken stark auf unsere Wahrnehmung aus. So beeinflussen sie sogar, wie wir Nahrungsmittel bestimmter Marken geschmacklich wahrnehmen.[335]

Da Marken abstrakte Konstrukte sind, bedienen Unternehmen sich häufig Prominenter als »Botschafter«, um ihren Brands ein menschliches Gesicht zu verleihen und die Begehrtheit der Prominenten auf die Marken zu projizieren. Besonders beliebt sind dafür berühmte Musiker, Schauspieler, Sportstars und Supermodels. So ging Adidas mit dem Rapper Kanye West eine profitable Partnerschaft ein, Dior engagierte die Hollywoodschauspielerin Charlize Theron und die Fast-Food-Kette McDonald's nahm das Supermodel Gigi Hadid unter Vertrag. Durch den Einsatz von Stars profitieren Unternehmen von dem Effekt des sogenannten Image Transfer. Der Ruhm eines Hollywoodstars, der Glamour eines Topmodels oder der Olympiaerfolg eines Medaillengewinners strahlen durch die Assoziation auf das Produkt ab und werten es auf. Verbraucher schätzen die vermittelte Exklusivität, sowohl für ihr Produkterlebnis als auch für die Aufwertung ihres eigenen Images.

Warum Ihre Eigenmarke unerlässlich ist

Die Grundsätze, die für das Branding von Unternehmen gelten, lassen sich auch auf die Markenetablierung von Personen übertragen. Fast alle Prominente verfügen heute über eine einflussreiche Marke. Aber auch zunehmend mehr »nicht prominente« Erfolgreiche achten darauf, im Laufe ihrer Karriere ihre Marke zu etablieren, wie ein »Ein-Mann-Unternehmen«, das unternehmerisch handelt.

Ein Mann hatte ein so hervorragendes Gespür für seine Selbstvermarktung, dass er mittels seiner Marke als brillanter, milliardenschwerer Geschäftsmann bis ins Präsidentenamt der Vereinigten Staaten aufstieg: Donald Trump.

Richard Branson nutzt sein Image als Abenteurer und Wirtschaftsmogul, um für sein Unternehmen Virgin Atlantic zu werben. Sheryl Sandberg, Facebook-CEO mit angeblichen Präsidentschaftsambitionen, hat sich mit ihren Initiativen und ihrem Buch *Lean In* als Fürsprecherin der Frauen etabliert. Der legendäre Investor Warren Buffett hat mit seinem vertrauenswürdigen und integeren Image die Marke seines Unternehmens Berkshire Hathaway so stark geprägt, dass es diesen Namen inzwischen lizenziert.

Eine starke Marke kann Ihnen sogar dabei behilflich sein, Heiligenstatus zu erlangen. Vor ein paar Jahren sprach die katholische Kirche posthum Mutter Teresa heilig, die Zeit ihres Lebens ihre Marke als wohltätige und tugendhafte Missionarin kultiviert hatte. Ein von der BBC 1969 ausgestrahlter Dokumentarfilm verlieh ihr schließlich Weltberühmtheit. Nachfolgend erhielt sie zahllose Auszeichnungen, darunter sogar den Friedensnobelpreis. Fast jeder erkennt Mutter Teresa auf Bildern an ihrem blau eingefassten weißen Sari. Ihre prestigeträchtige Marke ermöglichte es ihr, weltweit Milliarden Dollar an Spenden für die von ihr gegründete katholische Ordensgemeinschaft der »Missionarinnen der Nächstenliebe« zu sammeln. Ihre Marke stellte sich auch als wirksamer Schutzwall gegen Kritik und Kontroversen heraus.[336]

Aber warum sollte man sich mit einem Heiligenstatus zufriedengeben, wenn man seine Marke als gottgleich inszenieren kann? Der schon erwähnte Kanye West, preisgekrönter Rapper, Modedesigner und Ex-Mann von Kim Kardashian, bezeichnet sich selbst regelmäßig als gottgleich und gab sogar einem seiner Songs den Titel »I am a God«. Der College-Abbrecher aus der Mittelschicht hat es zum Milliardär gebracht. Nach Wests Aussage leide er an einer bipolaren Störung, einer Erkrankung, die ihm »Supermacht« verleihe. Das selbst ernannte Genie läuft zur Hochform auf, wenn es mit provokantem Verhalten öffentliche Kontroversen entfacht. So stößt er andere Stars mit Beleidigungen grundlos vor den Kopf und verstört mit schockierenden Äußerungen, etwa dass Sklaven sich ihr Schicksal selbst ausgesucht hätten. 2020 gab er bekannt, als US-Präsident kandidieren zu wollen, zog seine Bewerbung dann aber nach mehreren öffentlichen Skandalauftritten zurück, wobei er eine potenzielle zukünftige Kandidatur in Aussicht stellte. West ist ein kreativer Mensch mit Ecken und Kanten und dem Talent, für Aufsehen zu sorgen, negative Publicity in Popularität umzumünzen und eine treue Gefolgschaft aufzubauen. Trotzdem würde ich ihn als Vorbild nur bedingt empfehlen, denn nur wenige Menschen sind in der Lage, öffentliche Kontroversen, auch Shitstorms genannt, in Popularität zu verwandeln. Allerdings ist West ein gutes Beispiel dafür, dass die effektivste Strategie, sich als Marke zu etablieren, nicht immer unbedingt darin besteht, ein möglichst breites Publikum anzusprechen, sondern dass es wirksamer sein kann, erst eine Nische zu kultivieren und diese dann nachfolgend zu vergrößern.

Dass man es zu etwas gebracht hat, weiß man, wenn man nur noch mit seinem Vornamen genannt wird – wie Madonna, Ivanka oder Kylie. Die Jüngste der Kardashian-Schwestern, Kylie Jenner, erst Anfang 20, hat den Wert einer Eigenmarke mehr als deutlich demonstriert. Der Reality-TV-Star war schon über Jahre durch Auftritte in der Kardashian-Fernsehserie bekannt geworden und hatte sich mit verführerischen Selfies in den sozialen Medien hervorgetan. Doch der Durchbruch gelang Kylie, als sie ihr Äußeres operativ fast bis zur Unkenntlichkeit verändern ließ, unter anderem auch durch extremes Aufspritzen ihrer Lippen. Die mediale Aufmerksamkeit monetarisierte sie im Anschluss durch die Produktion von Lippenstiftpaletten und Lipgloss, die sie an ihre Millionen Follower vertrieb. Sie selbst warb allgegenwärtig mit ihrem Hyaluron-Schmollmund und erzielte mit ihrem Unternehmen Kylie Cosmetics in nur 18 Monaten einen Umsatz von 420 Millionen Dollar. Laut der Branchenzeitung *Women's Wear Daily* (WWD) benötigte die zu Estée Lauder gehörende Beautymarke Tom Ford zehn Jahre, um 500 Millionen Dollar, Bobbi Brown 25 Jahre, um 1 Milliarde Dollar, und Lancôme (Groupe L'Oréal) sogar 80 Jahre, um 1 Milliarde Dollar zu erzielen.[337] Kurz nach ihrem kommerziellen Erfolg verkaufte Kylie 51 Prozent ihres Kosmetikunternehmens, das mit knapp 1,2 Milliarden Dollar bewertet war, für 600 Millionen Dollar an den Beauty-Riesen Coty.

Eine Marke verleiht Prominenten im öffentlichen Bewusstsein den Eindruck des Unverwechselbaren und gibt ihnen die Möglichkeit, ihre Botschaft effektiv zu vermitteln. Und genau aus diesen Gründen sollten auch Sie Ihre Marke aufbauen und sich als solche positionieren. Die Mechanismen zum Markenaufbau sind für »Normalsterbliche« dieselben wie für Prominente auch. Vielleicht werden Sie nicht so berühmt und reich wie diese, aber wenn Sie Ihren Wiedererkennungswert erhöhen und ein Markennarrativ erschaffen, dann wird Ihnen das helfen, sich von anderen abzuheben, Ihren Bekanntheitsgrad zu steigern und Ihr Verdienstpotenzial zu erhöhen. Der Businessexperte Tom Peters stellte schon vor Jahren fest: »Wir sind die CEOs unseres eigenen Unternehmens, der ›Ich-AG‹. Wer heute beruflichen Erfolg anstrebt, der kommt nicht umhin, Marketingchef seiner eigenen Marke zu sein.«[338] Ihre Marke stellt in einer Welt, in der alles flüchtig ist, einen bleibenden Wert dar.

In unserer »Aufmerksamkeitsökonomie« leiden wir alle unter Informationsüberflutung und konkurrieren im Wesentlichen um das Erzeugen von Interesse. Die Aufmerksamkeitsspanne eines Erwachsenen beträgt nur ein paar wenige Sekunden,[339] und in dieser kurzen Zeit muss es uns gelingen, so viele Menschen wie möglich zu erreichen, ihr Interesse zu wecken und dieses möglichst lange aufrechtzuerhalten.

Hinzu kommt: Ganz gleich, wie gut Sie oder Ihre Waren oder Dienstleistungen sind – wenn es keiner weiß, hilft es Ihnen nicht weiter. Deshalb müssen Sie nach dem Erlangen von Aufmerksamkeit andere davon überzeugen, dass Sie die beste Wahl sind. Die Stärke Ihrer Marke manifestiert sich in Ihrer Macht, andere dazu zu motivieren, Ihre Waren zu kaufen, Ihre Dienste in Anspruch zu nehmen oder Sie einstellen zu wollen. Für die Notwendigkeit der Markenetablierung sprechen auch Forschungsergebnisse, die belegen, dass die Wahrnehmung einer Leistung heutzutage mindestens ebenso wichtig ist wie die Leistung selbst. Während in früheren Jahrzehnten Karrieren noch an schlechten Leistungen gescheitert sind, reicht heute oft schon die negative Wahrnehmung.[340] Vielleicht ist Selbstdarstellung nicht Ihr Stil oder Sie befürchten, als oberflächlicher Profineurotiker wahrgenommen zu werden. Wenn Ihnen Selbstvermarktung unangenehm ist, hilft es möglicherweise zu realisieren, dass jeder etwas zu verkaufen hat und sein

Business vorantreiben möchte. Ob CEO, Anwalt, Arzt – und alle anderen auch – jeder steht unter dem Druck, finanziellen Erfolg zu erwirtschaften. Niemand ist darüber erhaben, und während Bescheidenheit eine Tugend sein mag, macht sich Werbung bezahlt. Es ist nicht immer offensichtlich, aber selbst etablierte Persönlichkeiten, von denen Sie nicht annehmen würden, dass sie es nötig hätten, machen ganz gezielt Eigenwerbung. Dies geschieht häufig subtil, durch Medienauftritte, Konferenzvorträge, philanthropisches Engagement oder in der Rolle als Gastgeber von Veranstaltungen. Deshalb sollten auch Sie über Ihren Schatten springen und die Werbetrommel für sich rühren, wenn auch nur dezent. Wenn Sie einer Generation angehören, die mit dem Smartphone aufgewachsen ist, fällt Ihnen die Selbstdarstellung vermutlich leichter als Älteren. Gerade Frauen neigen zu allzu bescheidenem Auftreten, was häufig Nachteile zur Folge hat.

Über das wichtigste Kriterium zum Aufbau Ihrer Marke verfügen Sie im Zweifel schon, nämlich Ihre Reputation. Der legendäre Amazon-Gründer Jeff Bezos formulierte es so: »Ihre persönliche Marke ist das, was Menschen über Sie sagen, wenn Sie nicht im Raum sind.« Der Ruf entsteht in der Wahrnehmung anderer und sollte Integrität, Leistung und Beständigkeit widerspiegeln. Eine Reputation aufzubauen, braucht seine Zeit. Ist sie etabliert, muss sie sorgfältig gepflegt werden, denn wenn sie erst einmal beschädigt ist, braucht es lange Zeit, um sie wiederherzustellen, sofern dies überhaupt möglich ist. Laut Warren Buffett »dauert es 20 Jahre, eine Reputation aufzubauen, aber nur fünf Minuten, sie zu zerstören«.[341] Deshalb fordert er seine Manager auf, ihre Handlungen nicht nur nach geschäftlichen und rechtlichen Normen auszurichten, sondern sich vor allem an Normen der Integrität zu orientieren. Als Leitlinie hat er hierfür den »Zeitungstest« erstellt: Wie würden sich die Manager fühlen, wenn sie am nächsten Tag über ihr Verhalten in der Zeitung lesen würden? Wäre es ihnen unangenehm?[342] In der Smartphone-Ära sollte man diesen »Zeitungstest« noch weiter ausdehnen und versuchen, sich so zu verhalten, als würde man mit dem Handy gefilmt werden.

Ein guter Ruf gibt Ihnen »Prestigekapital«, und das versetzt Sie wiederum in die Lage, eine »Exklusivitätsprämie« fordern zu können. Je besser Ihr Ruf ist, desto höher sind Ihr Status, der Wert Ihrer Marke und der Preis, den Sie für Ihre Arbeit, Waren und Dienstleistungen verlangen können. Wir alle haben vorzugsweise mit Menschen zu tun, die über einen guten Ruf und Ansehen verfügen, und das hat im geschäftlichen Umfeld für gewöhnlich seinen Preis.

Ihre persönliche Marke beruht sowohl auf »Hard Power« als auch auf Soft Power. Zu der »Hard Power« gehören Ihre Fachkenntnisse, Qualifikationen und Erfolgsbilanz. Darüber hinaus benötigt Ihre Marke aber auch »Soft Power«, wie einen guten Ruf und Prestige, um Glaubwürdigkeit zu vermitteln und Wirksamkeit zu entfalten.

Ein Beispiel für eine Frau, die zunächst ein »normales« Leben führte, letztlich aber mit ihrer Marke beachtlichen Erfolg hatte und ein Vermögen verdient hat, ist die Unternehmerin Bethenny Frankel. Mit Mitte 30 versuchte die attraktive und schlagfertige New Yorkerin, die immer knapp bei Kasse war, sich einen Namen als Köchin für gesunde Ernährung zu machen. Nachdem sie bei Martha Stewarts Reality-TV-Wettbewerb »The Apprentice« als Zweitplatzierte abgeschlossen hatte, nahm sie 2008 in der Reality-TV-Show »The Real Housewives of New York City« teil. Die Sendung gibt vor, das Leben von New Yorker Society-Ladys zu porträtieren, auch wenn die Besetzung bestenfalls aus C-Promis besteht. Obwohl die Show nicht sonderlich prestigeträchtig und Bethenny alles andere als prominent war, wurde sie ein Riesenerfolg. Bethenny nutzte die Serie als Plattform, um ihre Marke auszubauen, und erschuf 2009 in ihrer kleinen Küche den »Skinnygirl Margarita« – einen kalorienarmen Cocktail. Diese Idee bot sie den großen Spirituosenkonzernen an, die sie allesamt ablehnten. Doch Bethenny ließ sich nicht beirren und versuchte es unaufhörlich weiter, bis sie schließlich einen »Veteranen« der Spirituosenbranche kennenlernte und ihn überzeugte. Er glaubte an ihre Idee und stieg als Partner ein. Der »Skinnygirl Margarita« schlug ein wie eine Bombe und das Unternehmen konnte die immense Nachfrage kaum decken. 2011 verkaufte Bethenny ihr Unternehmen an Beam Global – Medienberichten zufolge für 100 Millionen Dollar. Auch danach nutzte sie jede Gelegenheit, ihre Marke durch ihre eigene Reality-TV-Show, eine Talk-Show und gleich mehrere *New-York-Times*-Bestseller als megaerfolgreiche Unternehmerin, Fernsehstar und Philanthropin auszuweiten.

Der Inbegriff für erfolgreiches Branding und Marketing in der Finanzwelt ist Cathie Wood. Wood, Mitte 60, mit schulterlangem braunem Haar und Brille, ist eine elegante Erscheinung. Sie ist »trendig« und auf dem besten Weg, eine Kultfigur zu werden. Innerhalb weniger Jahre ist es ihr mit ihrer 2014 gegründeten Firma Ark Invest gelungen, zu einer der erfolgreichsten Vermögensverwalterinnen der Wall Street aufzusteigen. Mittlerweile legt sie 7,4 Milliarden US-Dollar für Investoren an.[343] Damit hat sie in Rekordgeschwindigkeit Heerscharen von, überwiegend männlichen, Finanzdienstleistern im Kampf um Investorengelder und Performance überholt. Dies liegt vor allem auch daran, dass es ihr gelungen ist, das trockene Thema innovativer Zukunftstechniken spannend darzustellen. Rhetorisch gekonnt vermittelt sie ein griffiges Narrativ über ihren Aufstieg, ihre Mission und Investmentphilosophie. Gerne beruft sich die gläubige Christin auf ihre Religion, ihr regelmäßiges Bibelstudium und ihre göttliche Mission: Sie sieht sich quasi als Erfüllungsgehilfin Gottes. »Es geht nicht wirklich um mich. Es geht darum, der Schöpfung Gottes auf die innovativste und kreativste Weise Kapital zukommen zu lassen«, so Wood.[344] Früh hat sie es verstanden, sich konventioneller und sozialer Medien geschickt zu bedienen. Mittlerweile monopolisiert sie das Rampenlicht und ihre treue Robinhood-, Reddit- und Social-Media-Influencer-Gefolgschaft huldigt ihr durch das Tragen von mit ihrem Antlitz versehener Streetwear und dem Erwerb anderer Fanartikel. Denn: Cathie ist cool und ihre Marke hat Anziehungskraft – Investoren sind erpicht darauf, sich damit zu assoziieren. Manche Leute besitzen einfach ein naturgegebenes Talent für Eigenwerbung, und wenn man selbst noch nicht so weit ist, kann man sich von ihnen eine Scheibe abschneiden.

Soziale Medien, Podcasts und Eigenverlagsplattformen verhelfen Nischenakteuren ebenfalls zum erfolgreichen Markenaufbau. Beispiele dafür sind James Altucher, Seth Godin, Tim Ferriss und Gary Vaynerchuk, die auf diese Weise große Fangemeinden aufbauen konnten. Sie zeichnen sich durch neuartige Perspcktiven und innovative Geschäftsideen aus, die sie auf originelle und authentische Weise vermitteln.

James Altucher sticht bereits rein optisch hervor. In der Highschool habe er »zerzaustes Haar, schlimme Akne, Zahnspange und Brille« gehabt, so Altucher. Heute werde er bei geschäftlichen Besprechungen wegen seiner eigenwilligen Haarpracht und der dicken Brille unwillkürlich für ein Genie gehalten. Seine unverkennbare Stimme könnte man als schrill empfinden, aber im Zusammenhang mit seinem sympathischen Wesen ist sie ein Merkmal, das auffällt und zu seiner Markenidentität gehört. Altucher hat zahlreiche, extrem erfolgreiche Unternehmen aufgebaut und Millionen verdient, ist aber auch mehrfach gescheitert und musste wieder ganz von vorne anfangen. Seine unorthodoxe Herangehensweise an Probleme macht ihn interessant. Entwaffnend offen spricht er über seine Schwächen und Verwundbarkeiten, was ihm Glaubwürdigkeit verleiht und ihn nahbar erscheinen lässt. Altucher hat, unter anderem auch im Eigenverlag, mehrere Bücher veröffentlicht und produziert einen äußerst erfolgreichen Podcast. In einer Welt, in der alles standardisiert und angepasst ist, stechen Originale hervor und schaffen Mehrwert.

Narrativ: Ihre Brand-Story

Um Ihre Marke aufzubauen, sollten Sie proaktiv Ihr Image formen und Ihr Narrativ erschaffen – bevor andere Ihnen, möglicherweise in weniger schmeichelhafter Form, zuvorkommen. Dabei ist eine Onlineidentität heute wichtiger denn je. Ob es uns gefällt oder nicht, in der Regel ist eine Vielzahl an Informationen über uns bereits im Internet verfügbar. Wenn über Personen keine oder nur sehr wenige Informationen auffindbar sind, so erscheint das mittlerweile fast »verdächtig«.

Auch wenn Sie normalerweise lieber diskret im Hintergrund bleiben, ist es heutzutage aus Karrieregesichtspunkten ratsam, eine Onlinepräsenz strategisch zu planen und sorgsam umzusetzen. Denn Ihr Erfolg hängt zu einem großen Teil davon ab, wie Sie von anderen wahrgenommen werden. Sie sollten sich nicht darauf verlassen, dass Ihre Arbeit einfach für sich spricht und dass potenzielle Arbeitgeber und Kunden in Detektivarbeit mühsam alle Informationen über Sie zusammentragen. Deshalb sollten Sie Ihre »Informationskampagne« selbst in die Hand nehmen, Hintergrundinformationen liefern und die Zusammenhänge erläutern. Daraus wird dann Ihre »Brand-Story«.

Gerade wenn Ihr Werdegang unkonventionell ist, nicht geradlinig ist oder Lücken aufweist, sollten Sie einen roten Orientierungsfaden erstellen, der anderen das Verständnis darüber erleichtert, wer Sie sind, woher Sie kommen und welche Leistungen Sie anbieten. Gibt es Punkte in Ihrem Lebenslauf, die ein eher negatives Licht auf Sie werfen könnten, dann sollten sie versuchen, Ihren Werdegang anders zu »framen« und einzelne Stationen und Lücken in etwas Positives umzudeuten. Denn: Wie etwas wahrgenommen wird, hängt immer ganz entscheidend auch von der Perspektive und dem Kontext ab. Hüten Sie sich aber vor Übertreibungen und Ungereimtheiten, denn diese wirken sich negativ auf Ihre Glaubwürdigkeit aus.

Hilfreich kann zu Beginn Ihrer Konzeption sein, zunächst einmal eine Bestandsaufnahme durchzuführen: An welchem Punkt in Ihrem Leben und Ihrer Karriere befinden Sie sich jetzt? Wo möchten Sie gern hin? Diese Überlegungen hängen natürlich entscheidend von Ihren individuellen Umständen ab. Haben Sie gerade erst die Schule oder die Uni hinter sich gebracht und wollen damit beginnen, auf dem Arbeitsmarkt Fuß zu fassen? Oder befinden Sie sich in der Mitte Ihrer Karriere und möchten sich neu orientieren? Vielleicht sind Sie aber auch bereits in einer späteren Lebensphase angelangt und suchen nach einer neuen, erfüllenderen beruflichen Aufgabe?

Um es noch einmal zusammenzufassen: Sie haben mittels Ihrer Marke ganz entscheidenden Einfluss darauf, wie Sie von anderen wahrgenommen werden. Für den Aufbau derselben sollten Sie definieren, 1. wer Sie sind und wofür Sie stehen, 2. welche Leistungen Sie anbieten, 3. worin Ihr Mehrwert besteht, 4. was Ihr Wettbewerbsvorteil ist (warum man sich für Sie entscheiden sollte), 5. welches Zielpublikum Sie ansprechen möchten, 6. welche ethischen Werte Sie Ihrem Tun zugrunde legen möchten und 7. wie Ihre Wachstumsvision und Umsetzungsstrategie aussieht. Menschen kommunizieren am effektivsten durch Geschichten. Formulieren Sie ein überzeugendes, glaubwürdiges und schlüssiges Narrativ über sich. Dieses sollte Ihr Zielpublikum idealerweise auch emotional ansprechen, weil es dadurch einprägsamer wird. Behalten Sie bei Ihrer Selbstdarstellung immer auch im Auge, welches Ziel Sie letztendlich verfolgen. Betonen Sie Ihre Stärken und versuchen Sie, Ihre Schwächen zu kompensieren. Nutzen Sie Ihre Qualifikationen, Fachkenntnisse und Erfahrung und erläutern Sie eingängig, was genau Sie für andere tun können. Was macht Ihre Leistung relevant und wie unterscheidet sie sich von der anderer? Vielleicht praktizieren Sie einen originären, innovativen Ansatz, verfügen über einen interessanten Blickwinkel oder nutzen einen neuen Prozess oder neue Materialien? In der Welt der Massenprodukte fällt man bereits auf, wenn man anders an Dinge herangeht als erwartet. Lassen Sie sich bei der Ausgestaltung Ihrer eigenen Marke ruhig von anderen inspirieren und orientieren Sie sich an ihnen. Achten Sie aber darauf, nichts zu kopieren, denn das ist unprofessionell, unglaubwürdig und ethisch fragwürdig.

Wichtig ist auch, Ihren »Elevator Pitch« parat zu haben, was so viel wie Kurzpräsentation bedeutet. Manche schreiben den Ursprung dieses Begriffs Hollywood zu, wonach sich Autoren zu Produzenten in den Aufzug gedrängt haben sollen, um sie während der kurzen Aufzugfahrt von ihren Drehbüchern zu überzeugen. Nach Auffassung anderer geht er direkt auf die Aufzugsfirma Otis Elevator zurück. Wie dem auch sei, Ihr Elevator Pitch sollte aus ein paar Sätzen bestehen und in weniger als 90 Sekunden zum Ausdruck bringen, wer Sie sind, was Sie machen und was Sie für Ihr Gegenüber erreichen können. Üben Sie diesen Minivortrag, und falls es Ihnen nicht gelingen sollte, Ihre Botschaft in kurzer Zeit zu vermitteln, dann setzen Sie einfach noch einmal neu an und formulieren Sie ihn um.

Wir alle sind bestrebt, einen guten ersten Eindruck zu hinterlassen. Man sollte sich dabei allerdings der Gefahr bewusst sein, möglicherweise die vermeintlichen Erwartungen anderer vorauseilend zu antizipieren und dann zu versuchen, diese zu erfüllen. Gerade in der gegenwärtigen Ungewissheit geraten viele in diese Verlockung beim Versuch, ihre Erfolgschancen zu verbessern. Davon sollten Sie aber absehen. Studien belegen, dass andere unsere Unsicherheit, Nervosität und übermäßige Bemühtheit spüren und uns als unaufrichtig wahrnehmen. Deshalb seien Sie einfach Sie selbst. Dann wirken sie authentisch, aufrichtig und machen einen weitaus besseren Eindruck.[345]

Jemand, der diese Authentizität verkörpert, ist Anthony Robbins, Amerikas führender Motivationstrainer und Life Coach. Robbins ist eine stattliche Erscheinung – zwei Meter groß, athletisch, mit markanter Kinnpartie, hoher Stirn, braunen Augen und einem Megawattlächeln, das makellose Zähne entblößt. Er strahlt eine ansteckende Energie aus, und wenn er mit seiner rauen Stimme einmal in Redeschwung kommt, ist er kaum zu bremsen. Robbins entstammt einer zerrütteten Familie und verkörpert den amerikanischen »Vom Tellerwäscher zum Millionär«-Traum, den viele Amerikaner im Herzen tragen. Angefangen hat er als Hausmeister, heute ist er der Vorsitzende seiner Holdinggesellschaft, die mehr als 6 Milliarden Dollar Jahresumsatz generiert. Darüber hinaus engagiert er sich als Philanthrop. Ob Sie arbeitslos sind, mit überflüssigen Pfunden kämpfen, geschäftliche Probleme haben oder unter Beziehungskrisen leiden – es gibt kein Problem, das Robbins nicht lösen könnte. Die Zeitschrift *Fortune* porträtierte ihn in einem viel beachteten Leitartikel mit der Überschrift »Der CEO-Flüsterer«, weil er als Coach einige der erfolgreichsten und berühmtesten Wirtschaftsmagnaten der Welt beraten hat. Zu seinen Klienten haben auch Bill Clinton, Prinzessin Diana, Salesforce-Gründer Mark Benioff, Milliardäre wie Ray Dalio und Paul Tudor Jones sowie Spitzensportler wie Serena Williams oder Andre Agassi gehört. Robbins verkörpert die typisch amerikanische »Ideologie« von Individualismus und Eigenverantwortlichkeit, der zufolge jeder alles erreichen kann, was er sich in den Kopf setzt, und Scheitern kein Malus ist. Robbins betrachtet seine Fehlschläge weniger als Misserfolge, denn als Lernmomente. Seine Lehren ähneln jenen von Norman Winston Peale und Napoleon Hill, zwei klassischen amerikanischen Selbsthilfe-Gurus, und sein Selbstvertrauen lässt keinen Raum für Selbstzweifel. »Ich habe das Gefühl, dass ich Gottes Werk tue.«[346] Robbins verkörpert seine Lehren, denn er predigt sie nicht nur, sondern er praktiziert sie auch. Und weil er authentisch ist, hat er Erfolg.

Marketing-Power: Ihre Public Relations

Tamara Mellon, die glamouröse Mitgründerin des exklusiven Schuhunternehmens Jimmy Choo, hat mit dem Verkauf ihrer Unternehmensbeteiligung ein Vermögen von 135 Millionen Dollar verdient. Hinter der Hochglanzfassade war ihr Leben jedoch von persönlichen wie beruflichen Krisen geprägt. Auf die Frage, welchen Rat sie sich selbst als 20-Jährige aus heutiger Perspektive geben würde, antwortete sie: »Arbeite nicht bis zum Umfallen in der Erwartung, dass andere das schon irgendwie mitbekommen und honorieren werden. Das allein genügt nicht. Du musst es anderen mitteilen und öffentlich machen.«[347]

Teil Ihrer Markenstrategie sollte sein, öffentliche Aufmerksamkeit zu erlangen. Der Markt ist mit Informationen überflutet, und Sie müssen es schaffen, mit ihrem »Signal« im »Informationsrauschen« des Internets und der Medien zu Ihrer Zielkundschaft durchzudringen. Allein wenn Sie Dinge anders – innovativ und kreativ – auf Ihre ganz persönliche Art angehen, haben Sie gute Chancen, aufzufallen und im Gedächtnis zu bleiben. Mit unseren Smartphones können wir heutzutage gerade mittels Social Media alle unsere eigenen PR-Agenten sein.

Auch wenn es oft nicht gerechtfertigt erscheint, leben wir in einer Kultur, in der Bekanntheit mit Qualität gleichgesetzt und belohnt wird. So ziemlich alles, was ins Auge sticht und Aufmerksamkeit erregt, wird automatisch als positiv empfunden, denn sonst – so die unbewusste Annahme – würden sich ja kaum so viele Menschen dafür interessieren. Medienpräsenz erzeugt außerdem einen sich selbst verstärkenden »Heiligenschein-Effekt« – ein Begriff, der auf den Psychologen Edward Lee Thorndike zurückgeht und eine kognitive Eigenheit beschreibt, aufgrund derer wir positive Annahmen hinsichtlich einer Person treffen, weil diese bereits über einen guten Ruf verfügt, ohne hierfür im Besitz ausreichender Informationen zu sein. Hat man erst einmal einen gewissen Bekanntheitsgrad erreicht, dann geht es aufgrund dieser Dynamik fast schon von allein aufwärts. Bekanntheit verleiht in den Augen der Öffentlichkeit Legitimität, ob gerechtfertigt oder nicht.

Sie können Ihre eigene Bekanntheit über Ihre Website, soziale Medien, LinkedIn, YouTube-Videos, Blogs, Gastartikel in Fachzeitschriften oder anderen namhaften Publikationen, einen Podcast, Fernsehauftritte, Bücher, einen PR-Agenten und Mundpropaganda erhöhen. Medienauftritte, öffentliche Vorträge und die Veröffentlichung von Büchern sind zur Etablierung einer Markenidentität besonders gut geeignet. Denn wenn jemand großes Publikum anzieht, gehen die Menschen automatisch davon aus, dass der vermittelte Inhalt es wert sein müsse.

Zu beachten ist allerdings auch, dass Eigenwerbung ein Drahtseilakt ist. Trägt man zu dick auf, ist es kontraproduktiv, weil es unglaubwürdig und unsympathisch wirkt. Geschickter ist es, wenn andere – etwa Kunden oder frühere Arbeitgeber – Empfehlungen aussprechen. Hilfreich zur Markenetablierung können auch die Schöpfung eines Markennamens, Slogans und Logos, der Erwerb Ihrer Website-Domain und der eingetragene Schutz Ihrer Marke sein. Im Rahmen Ihrer Onlinepräsenz sollten Sie Ihre Fähigkeiten, Qualifikationen und Referenzen benennen. Mit etwas Glück gelingt Ihnen vielleicht sogar die virale Verbreitung von Inhalten. Diese ist aufgrund von Unberechenbarkeit zwar unmöglich planbar, aber es kann nicht schaden, vorbereitet zu sein. Vorbereitung legte denn auch den Grundstein zu Michelle Phans fulminantem Erfolg. Die Make-up-Mogulin und Multimillionärin hatte bereits eine Vielzahl weiterer Videos in der Pipeline, als sich ihr Lady-Gaga-Make-up-Video viral verbreitete. So konnte sie mit zeitnahem und regelmäßigem Posten weiterer Videos sicherstellen, das Eisen zu schmieden, solange es heiß war, und damit die Voraussetzung für dauerhaften Erfolg schaffen.

Achten Sie darauf, dass die Informationen, die Sie online stellen, das Wesen Ihrer Marke widerspiegeln und Ihre Botschaft konsistent transportieren. Und im Zweifel lieber Vorsicht walten lassen: Wenn Sie sich nicht sicher sind, ob die von Ihnen produzierten Inhalte Ihren Qualitätsstandards entsprechen oder ob sie möglicherweise gesellschaftliche oder politische Kontroversen auslösen, sollten Sie von der Platzierung besser absehen. Denn was einmal im Internet steht, ist praktisch auf ewig auffindbar. Denken Sie daran, sich auf positive Inhalte zu konzentrieren, denn diese rufen am ehesten positive Assoziationen und Reaktionen hervor. Vermeiden Sie folglich abfällige oder passiv-aggressive Äußerungen und persönliche Kritik, insbesondere auf beruflichen Netzwerken wie LinkedIn. Sie sind nicht zielführend und werfen nur ein schlechtes Licht auf Sie. Werden Sie von Trolls behelligt, ist es in den allermeisten Fällen ratsam, sie zu ignorieren und ihre Kommentare zu entfernen.

Schlussendlich sollten Sie, soweit möglich, Veranstaltungen wie Konferenzen und andere Wirtschaftsevents besuchen, um ihren Wiedererkennungswert zu erhöhen.

Zu Ihren Unterscheidungsmerkmalen gehört auch Ihr Äußeres. Wir halten uns zwar für weit fortentwickelt und tiefgründig, orientieren uns aber immer noch mehr an Äußerlichkeiten, als wir vielleicht glauben mögen. Wenn wir jemanden kennenlernen, fällen wir unser Urteil in Bruchteilen von Sekunden – und das Erscheinungsbild spielt dabei eine große Rolle. Viele außergewöhnlich erfolgreiche Menschen mit einflussreichen Marken kultivieren einen ganz eigenen Stil. Denken zum Beispiel an Steve Jobs und dessen »Uniform«: schwarzer Issey-Miyake-Rolli, Jeans und New-Balance-Turnschuhe. Dieser Look wurde später von der inzwischen in betrügerischen Konkurs gefallenen Silicon-Valley-Unternehmerin Elizabeth Holmes kopiert. Ihr gelang es aufgrund ihrer Überzeugungskraft, mit einer Märchengeschichte über Bluttestgeräte zahlreichen hochkarätigen Investoren Milliarden Dollar aus der Tasche zu ziehen.

Oder denken Sie an den Modedesigner Karl Lagerfeld, der vor allem durch seine jahrzehntelange Tätigkeit bei Chanel Prominenz erlangte. Seine optischen Markenzeichen waren kultverdächtig: dunkle Sonnenbrille, Pferdeschwanz und Fächer. Selbst in einem Scherenschnitt wäre er sofort erkennbar. Ein weiteres Beispiel ist Coco Chanel höchstpersönlich: Ihre Designstrategie, gerichtet gegen damalige modische und gesellschaftliche Konventionen, war geradezu revolutionär. In den 1920er-Jahren, als die Mode für Damen streng konservativ geprägt war, trug Chanel Kleidungsstücke aus groben Stoffen wie Tweed und Bouclé, die zuvor Männern vorbehalten waren. Außerdem führte sie neue Tragformen ein – leger sitzende Blazer und Röcke, die sie auf Knielänge verkürzte, beides damals unerhörte Tabubrüche.

Natürlich sind Modeikonen geradezu prädestiniert dafür, ihren ganz eigenen Look zu kreieren. Würden Sie die Chefredakteurin von *Elle* auf der Straße erkennen? Von *Harper's Bazaar*? Oder *Marie Claire*? Nein? Aber die Chefredakteurin der *Vogue* ganz sicher: Anna Wintour, zu deren Markenlook ihr eleganter

Bob-Haarschnitt, die dunkle Chanel-Sonnenbrille und stets eine schicke Halskette als Blickfang gehören.

Wie viele Bestsellerautorinnen außer J. K. Rowling, der *Harry-Potter*-Schöpferin, würden Sie wohl erkennen? Vermutlich nicht viele. Einer ihrer wenigen männlichen Kollegen mit einprägsamem Stil war Kulturikone Tom Wolfe, Autor des Klassikers *Fegefeuer der Eitelkeiten.* Hört man seinen Namen, hat man ihn gleich in seinem weißen Anzug vor Augen, der über Jahrzehnte zu seinem Markenzeichen gehörte. Früh erkannte er die Wichtigkeit, sich auch optisch von der Masse abzusetzen, und nutzte seinen Signature-Look, um aus der Aufmerksamkeit Kapital zu schlagen. Auf die Frage, ob er es nicht leid sei, für seinen Bekleidungsstil bekannt zu sein, entgegnete er scherzhaft: »Ganz im Gegenteil, das war sehr hilfreich. Kurz nach der Veröffentlichung meines ersten Buches merkte ich, dass es mir nicht lag, Interviews zu geben. Aber dann las ich in einem Artikel: ›Was für ein interessanter Mann. Er trägt weiße Anzüge.‹ Und so nutzte ich meine weißen Anzüge ein gutes Jahrzehnt als Ersatz für einen Mangel an Persönlichkeit.«[348]

Mein persönlicher Signature-Look besteht aus einem schwarzen Kleid und Perlenkette, denn das ist unkompliziert, hat Stil und ist auch auf Geschäftsreisen praktisch. Aufgrund meiner Medientätigkeit bin ich allerdings gezwungen, etwas mehr zu variieren. Die Frisur ist eine nicht zu unterschätzende Komponente persönlichen Stils. Nehmen Sie Donald Trumps aufwendiges oranges »Kunstwerk«. Oder Angela Merkels Bob, der sogar im Mittelpunkt der Werbekampagne einer Autovermietungsfirma stand. Ich werde immer auch an meiner Frisur erkannt und Menschen erinnern sich erstaunlich lange daran.

Für die Kultivierung Ihrer persönlichen Marke ist die Schaffung einer visuellen Identität, ob durch Kleidung, Frisur oder Accessoires, durchaus zweckdienlich. Ihre optische Präsenz sollte dabei im Einklang mit Ihrer Marke stehen, diese verkörpern und ihre Botschaft unterstreichen. Dabei geht es nicht um Perfektion oder das Erfüllen von Schönheitsidealen. Beispielsweise zeichnen sich viele der besonders erfolgreichen Influencer in sozialen Medien nicht unbedingt durch perfektes Styling aus, sondern vor allem durch ihre Individualität, Eigenwilligkeit und Authentizität. Wenn Sie einen besonderen Akzent setzen, der im Gedächtnis bleibt, kann das schon genügen. In meinem Fall wäre das vermutlich meine Frisur. Salopp formuliert: Man sollte eine Eigenheit besitzen, die sich karikieren lässt.

FÜNFTES KAPITEL

Super-Connect: Wie man am effektivsten Beziehungen, Netzwerke und Plattformen aufbaut

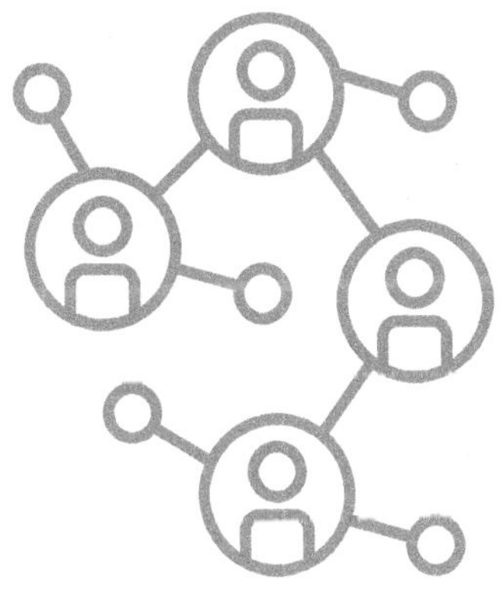

Technologisierung: Auswirkungen auf das Netzwerken

»Beziehungen sind das Wichtigste. Alles im Universum existiert nur, weil es in Beziehung zu etwas anderem steht. Nichts existiert in Isolation. Wir sollten nicht so tun, als ob wir andere Menschen nicht bräuchten.«

Margaret Wheatley[349]

Montagmorgen in New York. Ich sitze an meinem Schreibtisch im Rockefeller Center und checke meine E-Mails. Ach du meine Güte, noch zwei weitere Einladungen für Veranstaltungen, zusätzlich zu denen, die ich bereits zugesagt habe. Kurz darauf empfange ich auf meinem Handy eine Textnachricht von einem befreundeten Geschäftsmann aus London. Er kündigt eine Stippvisite in New York an und fragt, ob ich Zeit für einen Kaffee hätte. Wie soll ich all diese Termine nur unter einen Hut bringen?

So sah ein typischer Wochenbeginn bei mir aus, *vor* der Corona-Pandemie. In den darauffolgenden Monaten wurden Veranstaltungen abgesagt, vertagt oder online durchgeführt. Was sich vorher oftmals wie eine lästige Pflicht angefühlt hatte, erscheint nunmehr wie purer Luxus: persönliches Netzwerken. Lockdowns und Social-Distancing-Vorschriften machen auf einmal bewusst, dass diese vermeintlichen »Pflichtübungen« meist so viel mehr waren als das. Viele der Menschen, denen ich in New York regelmäßig begegne, kenne ich seit Jahren. Ich habe mich immer gefreut, sie zu sehen, aber wie sehr ich die Begegnungen geschätzt habe, realisiere ich erst jetzt, wo sie nicht mehr ohne Weiteres möglich sind. Hinzu kamen noch all die anderen interessanten Menschen aus aller Welt, die im Laufe des Jahres New York besuchten und die ich kennenlernen durfte. Ob beim geschäftlichen Brunch, bei einem Power Lunch oder einem Cocktailempfang – es hat immer Freude bereitet, berufliche Kontakte in diesem Umfeld zu pflegen. Solche Treffen boten Gelegenheit, aufschlussreiche Gespräche zu führen und anderer Perspektiven, neuer Erkenntnisse und innovativer Ideen gewahr zu werden.

Derzeit findet mein Leben, wie das der meisten anderen Menschen auch, hauptsächlich vor meinem Computerbildschirm statt. Zoom, Skype, GoToWebinar und andere Online-Meeting-Plattformen sind toll und haben sich während der Pandemie als enorm hilfreich erwiesen, aber nach Monaten der virtuellen Zusammenkünfte sehne ich mich nach »der guten alten Zeit« der persönlichen Begegnungen, und damit bin ich nicht allein.

Im Zuge unserer Evolution hat sich unser Gehirn so vernetzt, dass es zwischenmenschliche Kontakte als überlebenswichtig begreift. »Neurowissenschaftler, Psychologen und Evolutionsforscher sind sich darüber einig, dass es auf das Bedürfnis nach sozialer Kooperation vorprogrammiert ist. Zwischenmenschliche Beziehungen machen uns glücklicher, gesünder und produktiver. »Soziale Kooperation ist ein Aspekt, der unser Menschsein ausmacht und der für effektives Arbeiten unverzichtbar ist.«[350] Damit sind wir sozusagen genetisch bedingt auf das Knüpfen beruflicher und privater Beziehungen gepolt.[351] Eines unserer grundlegendsten Bedürfnisse ist neben Nahrung und physischem Schutz der Wunsch nach sozialer Zugehörigkeit. Unsere Fähigkeit, innerhalb von Netzwerken mit anderen zu kooperieren, hat uns zu der erfolgreichsten Gattung auf unserem Planeten gemacht. Mittlerweile beherrschen wir dies in solch einem Maße, dass manche Wissenschaftler vorschlagen, das aktuelle Zeitalter als das »Anthropozän« – die Epoche des Menschen – zu bezeichnen.[352]

Um unsere Dominanz noch zu steigern, setzen wir nun, zusätzlich zu unserer eigenen, Künstliche Intelligenz ein. Und je mehr Technologie unser Leben bestimmt, desto wertvoller werden zwischenmenschliche Beziehungen.

Die Wichtigkeit von Beziehungen hervorzuheben, mag banal erscheinen. Doch vieles, was wir während unserer Sozialisierung intuitiv verinnerlicht haben, nehmen wir kaum noch bewusst wahr. Und im Alltag sind wir meist so abgelenkt, dass wir dazu tendieren, unsere Beziehungspflege zu vernachlässigen.

Ein Freund von mir, Spitzenmanager eines internationalen Unternehmens, erzählte, wie er nach der Lektüre von *$uper-hubs* realisiert habe, dass er sich beruflich zu stark nach innen orientiert habe und ihm die Nähe zu Kunden fehle. Zu sehr habe er sich auf die Bewältigung interner, administrativer Aufgaben konzentriert, was ihn davon abgehalten habe, seine tatsächlichen Stärken, nämlich die Kundenakquise und die Pflege von Kundenbeziehungen, zu kultivieren. Um sich wieder mehr seiner Kernkompetenz zuzuwenden, legte er dem Management ein fundiertes Konzept für die von ihm gewünschte Funktion vor, in dem er auch schlüssig argumentierte, dass seine neue Tätigkeit zu lukrativen Transaktionen führen würde. Kurz darauf wurde er auf einen eigens für ihn geschaffenen Posten mit größerer Außenwirkung befördert.

Vorhersagen darüber, dass vor allem aufgrund von Pandemien und Digitalisierung die persönliche Anwesenheit im Büro, bei geschäftlichen Zusammenkünften, Konferenzen und auf Geschäftsreisen deutlich und dauerhaft abnehmen wird, werden sich voraussichtlich als lediglich bedingt zutreffend erweisen. Da Menschen sich generell nach persönlichem Kontakt sehnen und nicht jedes Zusammentreffen durch ein Onlinemeeting ersetzbar ist, werden sie wieder persönlich zusammenkommen, sobald die Umstände es zulassen.

Ein Netzwerk hat im wahrsten Sinne des Wortes Netz-»Wert«, weshalb Finanztitanen, CEOs und andere Magnaten ihr wertvollstes Gut, nämlich ihre Zeit, in Businessreisen rund um den Globus investieren.[353] Persönliche Begegnungen werden spätestens aufgrund von Konkurrenzdruck in den Berufsalltag zurückkehren. Zoom-Meetings hin oder her, sobald sich die Ersten wieder ins Büro begeben und beim Chef Pluspunkte sammeln, aufgrund persönlicher Treffen den besseren Deal abschließen oder sich ins Flugzeug setzen und so den Zuschlag für Aufträge bekommen, wird eine Sogwirkung entstehen, die andere nachzieht.

Insbesondere auch vor dem Hintergrund wirtschaftlicher, politischer und kultureller Krisen sind Beziehungen der Kitt unserer Gesellschaft. Sie überbrücken Kluften und stärken den Zusammenhalt. In unserer »Vernetzungswirtschaft« (Connection Economy) sind wir alle abhängiger voneinander denn je, und die größte Macht besitzen diejenigen, die über die besten Netzwerke verfügen.

Krisen, Umbrüche und Paradigmenwechsel sind der ideale Anlass, Ihre Netzwerkstrategie zu überdenken. Ergreifen Sie diese Gelegenheit zwecks optimaler beruflicher Positionierung und begeben Sie sich frisch motiviert an die Beziehungspflege!

Warum Netzwerken für Sie unerlässlich ist

Im Vorfeld der US-Wahlen von 2016 wurde ein Buch mit dem unauffälligen Titel *Hillbilly Elegy* zum überraschenden Bestseller, der in den Medien für große Aufmerksamkeit sorgte. Darin schildert der Protagonist J. D. Vance die schockierenden sozialen Verhältnisse der abgehängten weißen Arbeiterklasse. Er erzählt, wie er in einem sozial schwachen Umfeld in zerrütteten Verhältnissen aufwuchs, geprägt von Arbeitslosigkeit, Gewalt und Drogenmissbrauch. Trotz aller Widrigkeiten schafft er dann aber das Unfassbare: Er wird zum Studium an der Eliteuniversität Yale zugelassen. Dort erlebt er zum ersten Mal eine Dynamik, die ihm wie »eine geheimnisvolle Macht« erscheint: das Netzwerken. In Form eines Geistesblitzes erkennt er, dass »praktisch jeder, der sich an die Spielregeln hält, am Ende den Kürzeren zieht, weil erfolgreiche Menschen ein ganz anderes Spiel spielen. Sie vernetzen sich.« Ihm wird klar, dass diese »Netzwerke von Menschen und Institutionen, die uns umgeben, einen reellen wirtschaftlichen Wert haben. Sie bringen uns mit den richtigen Leuten zusammen, eröffnen uns wertvolle Informationen und Chancen.«[354] Das entspricht genau der Kernaussage meines auf Netzwerkwissenschaft basierenden Buches *$uper-hubs*: nämlich, dass Netzwerke den ultimativen Wettbewerbsvorteil darstellen.

Die Netzwerkwissenschaft belegt mathematisch, dass in allen Netzwerken Knotenpunkte mit einer größeren Anzahl von Verbindungen bessere »Überlebenschancen« haben und dass solche, die bereits über viele Verbindungen verfügen, wie ein Magnet noch mehr anziehen, und zwar exponentiell. Unser Schicksal hängt entscheidend davon ab, wo wir in gesellschaftlichen Netzwerken angesiedelt sind, und dies wiederum richtet sich nach der Zahl und Qualität unserer Verbindungen. Wir sind alle Knotenpunkte in unserem gesellschaftlichen Netzwerk, und die Knotenpunkte mit den meisten Verbindungen und dem größten Einfluss im Zentrum eines Netzwerks sind menschliche Super-hubs. Die am Rand eines Netzwerks gelegenen Knotenpunkte weisen die wenigsten Verbindungen auf und damit auch das größte Risiko zu scheitern.

Seine an der Yale University aufgebauten Netzwerke haben es Vance ermöglicht, seinem Schicksal zu trotzen und den Teufelskreis der Hoffnungslosigkeit zu durchbrechen. Mittlerweile hat er auch aufgrund seines Beziehungsnetzes eine außergewöhnlich erfolgreiche Karriere hingelegt und eine privilegierte Stellung als »Super-hub« in dem exklusiven inneren Kreis der Silicon-Valley-Elite eingenommen. Vance arbeitet direkt mit dem milliardenschweren Techtitanen und Präsidentenberater Peter Thiel zusammen[355] und hat sich 2017 einer Initiative des AOL-Gründers Steve Case angeschlossen, um in wirtschaftlich strukturschwachen Gebieten Amerikas – den sogenannten Flyover-Staaten – den Technologiesektor mittels Infrastrukturmaßnahmen und Finanzierungen anzusiedeln.[356]

Obwohl die Eintrittsbarrieren zu Eliteuniversitäten hoch sind, scheuen unzählige Interessierte weder Kosten noch Mühen, einen Studienplatz zu ergattern, vor allem auch wegen des Zugangs zu einem exklusiven Alumninetzwerk von Absolventen. Das Netzwerken an sich steht zwar nicht auf dem universitären Lehrplan, doch in diesem Mikrokosmos lernen die Studierenden durch den Umgang mit hochkarätigen Persönlichkeiten, wie man sich ihnen gegenüber verhält und wie man mit ihnen netzwerkt. So legen Sie bereits zu Anbeginn ihrer Karriere den Grundstein für ein weltumspannendes, einflussreiches Beziehungsnetzwerk.[357] Wie auch J. D. Vance als Außenseiter erfahren hat, können diese Netzwerke praktisch jede Tür öffnen.

Netzwerke haben einen größeren Einfluss auf Ihr Leben, als Sie vielleicht denken. Sie illustrieren die Geschichte unseres Werdegangs und ermöglichen es uns, unsere Ziele zu erreichen. Harvey Mackay sagte, dass unsere Lebensqualität von der Qualität unserer Beziehungen abhänge. Dasselbe gelte auch für unser berufliches Dasein.[358] Beziehungen eröffnen mehr und bessere Arbeitsmarktchancen. Die meisten Stellen werden nach wie vor über persönliche Kontakte vermittelt. Eine 2019 von Jobvite veröffentlichte Studie ergab, dass über die Hälfte aller Arbeitssuchenden ihren Job über Freunde gefunden hatte, während es 37 Prozent gelungen war, innerhalb ihres beruflichen Netzwerks eine neue Stelle zu finden.[359]

Wenn Sie sich bereits in einem Job befinden, dann erhöhen Sie Ihre Aufstiegschancen mit Beziehungen erheblich, und zwar innerhalb sowie außerhalb des Unternehmens. Auch im Hinblick auf den Abschluss von Geschäften verbessern persönliche Kontakte Ihre Erfolgsaussichten enorm, denn sie »können das Zünglein an der Waage dafür sein, welche Banken beispielsweise für die Begleitung eines Börsengangs ausgewählt werden, welche Unternehmen lukrative Bauaufträge bekommen und welche Firmen Zugang zu den Megadeals erhalten.«[360]

Ferner wird häufig übersehen, dass gute Beziehungen auch innerhalb des Unternehmens die Arbeitsqualität und die Jobzufriedenheit verbessern, wie Untersuchungen bestätigen.[361] Wenn wir einen Job beurteilen, achten wir in erster Linie auf das Unternehmen selbst, auf die Art der Tätigkeit und auf die Höhe des Gehalts. Dabei unterschätzen wir in der Regel die Bedeutung der Beziehungen zu Kollegen.[362] Der Faktor Mensch wirkt sich massiv auf unser Wohlbefinden aus, denn immerhin verbringen wir rund ein Drittel unserer Lebenszeit am Arbeitsplatz.

Und falls all diese Vorteile Sie noch nicht überzeugt haben, dann kann es vielleicht die folgende Tatsache: Netzwerken hat auf unser Gehirn eine ähnliche

Wirkung wie Verliebtsein.[363] Laut Paul J. Zak, Professor für Wirtschaftswissenschaft und Psychologie an der Claremont Graduate University, setzt unser Gehirn das neurochemische Wohlfühlhormon Oxytocin frei, wenn wir mit anderen interagieren und zusammenarbeiten. Oxytocin verringert nachweislich soziale Ängste und motiviert uns dazu, mit anderen zu kooperieren. Die hohe Dichte an Oxytocinrezeptoren in unserem frontalen Cortex bedeutet, dass wir buchstäblich auf das Vernetzen mit anderen programmiert sind. Oxytocin stellt den »sozialen Kitt« dar, der Familien, Gemeinschaften und Gesellschaften zusammenhält. Es fungiert damit im weiteren Sinne auch als Motor, der die Wirtschaft antreibt, da es bewirkt, dass wir einander vertrauen und so miteinander ins Geschäft kommen.[364]

Wenn Sie sich für Begegnungen öffnen, dann sind Sie auch insgesamt offener für die Entdeckung neuer Dinge, was einen Zustand kindlicher Neugier, Spannung und Faszination auslösen kann. Und so kommt auch Innovation zustande, nicht in einem isolierten Vakuum, sondern »wenn Menschen miteinander interagieren«.[365]

Vieles von dem, was ich erreicht habe, geht auf Beziehungen zurück, die ich im Laufe meiner Karriere aufbauen konnte. Zwar habe ich mir mit einer umfassenden akademischen Bildung meine Qualifikationen verdient und stets hart gearbeitet – doch es waren vor allem meine Kontakte, die den roten Faden zwischen den einzelnen Stationen meines Lebens gezogen haben, indem sie meine Ziele geprägt und meine Entscheidungen beeinflusst haben. Als ich vor zwei Jahrzehnten nach New York gezogen bin, kannte ich dort kaum jemanden. Ich musste mir ein ganz neues Leben aufbauen, und dazu gehörten auch neue Beziehungen. Ohne sie hätte ich mir nicht so hohe Ziele gesteckt, hätte nicht am Jahrestreffen des Weltwirtschaftsforums in Davos teilgenommen, nicht mit dem renommierten Ökonomen Nouriel Roubini zusammengearbeitet, nicht mein eigenes Unternehmen gegründet und nicht mein erstes Buch *$uper-hubs* veröffentlicht. Somit war auch mein Netzwerk ein ganz entscheidender Aspekt dafür, dass ich mich in New York beruflich verankern und gesellschaftlich etablieren konnte.

Wie Sie Ihre Abneigung gegen das Netzwerken überwinden können

> *»Netzwerken ist kein Schimpfwort. Umhüllt vom Gewand des Schicksals, befinden wir alle uns in einem unausweichlichen Gegenseitigkeitsverhältnis. Was immer einen Menschen direkt betrifft, betrifft alle anderen gleichzeitig indirekt.«*
>
> Martin Luther King Jr.

Unter Netzwerken sind der Aufbau, die Pflege und die Nutzung informeller Beziehungen zu verstehen, um das berufliche Fortkommen zu fördern und Zugang zu hilfreichen Ressourcen zu erlangen. Viele Menschen stehen dem Netzwerken mit gemischten Gefühlen gegenüber und manche verabscheuen es regelrecht. Die meisten von uns betrachten es als notwendiges Übel – ähnlich wie Sport: Auch dazu müssen wir uns oft aufraffen, obwohl wir wissen, dass es gut für uns ist.

Die Einstellung zum Netzwerken hängt auch davon ab, wo Sie leben. In den USA gilt Netzwerken als legitime und sinnvolle Tätigkeit zur Förderung des beruflichen Erfolgs. In anderen Kulturen, etwa in meiner deutschen Heimat, wird es eher skeptisch betrachtet. Selbst auf LinkedIn – wo ich offiziell zur Influencerin ernannt wurde – äußern sich deutsche Mitglieder nicht selten kritisch über das Netzwerken, was paradox anmutet, da Netzwerken der Hauptzweck der LinkedIn-Präsenz ist. Doch viele Menschen reagieren auf den Begriff allergisch. Sie halten Netzwerken für unfair und fühlen sich benachteiligt, weil andere durch ihre Herkunft oder sonstige glückliche Umstände bereits mit Vitamin B ausgestattet sind. Das Gefühl der Ausgrenzung löst Widerstand aus, denn der Wunsch dazuzugehören, gerecht behandelt und respektiert zu werden, gehört zu unseren grundlegendsten Bedürfnissen.[366] Matthew Lieberman, Professor an der University of California, Los Angeles, hat mithilfe funktioneller Magnetresonanztomografie den Teil unseres Gehirns erforscht, der für soziale Beziehungen zuständig ist. Dabei hat sich herausgestellt, dass unser Gehirn eine Art »sozialen Schmerz« empfindet, der physischem Schmerz sehr ähnlich ist, wenn wir ausgeschlossen werden oder uns ungerecht behandelt fühlen.[367]

Andere halten Netzwerken für unaufrichtig, manipulativ und unter Umständen sogar unethisch. Eine Studie der Universität von Toronto hat gezeigt, dass sich Menschen regelrecht »schmutzig« fühlen, wenn sie allein zu ihrem persönlichen Vorteil netzwerken.[368] Wieder andere sehen das Netzwerken zwar positiver, ihnen ist dabei aber trotzdem nicht ganz wohl. Rein zweckgerichtete Beziehungen opportunistisch zu verfolgen, missfällt ihnen und im Umgang mit Fremden tun sie sich schwer. Wenn sie interagieren, Small Talk pflegen oder sich darstellen müssen, fühlen sie sich unwohl und unsicher.

Ganz gleich wie Sie zum Netzwerken stehen: Sie können es sich schlichtweg nicht leisten, es nicht zu verfolgen. Netzwerke sind kein Luxus, sondern eine Notwendigkeit. Während Abschlüsse und persönliche Leistungen für gewöhnlich den Grundstein einer Karriere legen, wird ihr weiterer Verlauf vor allem auch von Beziehungen bestimmt, denn die entscheiden über den Zugang zu Chancen und Ressourcen. In unserer immer wettbewerbsintensiveren Welt sollten Sie alles tun, was Ihre Chancen potenziell verbessern kann. Von zwei Bewerbern, die über genau die gleichen Qualifikationen verfügen – mit dem einzigen Unterschied, dass einer über Beziehungen verfügt und der andere nicht –, wird der mit den Beziehungen im Zweifel das Rennen machen. Das gilt auch für Künstler, wie eine Studie der Columbia Business School bestätigt. Ganz gleich, wie kreativ ihre Werke sind, berühmt und kommerziell erfolgreich werden tendenziell diejenigen, die über ein großes, vielfältiges und internationales Kontaktnetz verfügen.[369]

Aber Netzwerke fallen leider nicht vom Himmel, sondern sie müssen proaktiv aufgebaut werden, indem man Zeit und Mühen investiert. Man kann sie nicht kaufen, erben oder auf andere Weise übernehmen. Abkürzungen gibt es hier, bis auf wenige Ausnahmen, nicht.

Netzwerken ist weniger schlecht als sein Ruf, denn im Prinzip ist es nicht so opportunistisch, manipulativ oder unaufrichtig, wie es oberflächlich betrachtet erscheinen mag. Wenn man es richtig anstellt, ist Netzwerken ein kooperatives Unterfangen, bei dem alle Beteiligten von dem gegenseitigen Austausch der Informationen und Ressourcen profitieren. Dieser positive, sich selbst verstärkende Effekt wird von Forschungsergebnissen des Cornell-Professors Adam M. Grant bestätigt, der sich wissenschaftlich mit der Frage der Gegenseitigkeit von Geben und Nehmen auseinandersetzt. Er unterscheidet drei Kategorien von Menschen: »Nehmer«, die überwiegend nehmen, »Geber«, die überwiegend geben, und sogenannte »Tauscher«, die in einem relativ ausgewogenen Verhältnis geben und nehmen. Die erfolgreichsten Menschen sind diejenigen, die großzügig geben

– solange sie sich nicht ausnutzen lassen. Nehmer und Tauscher rangieren im Mittelfeld, wobei die opportunistischen Nehmer in aller Regel irgendwann »zur Strafe« boykottiert und aus dem Netzwerk ausgestoßen werden.[370]

Demzufolge können wir Win-win-Situationen herbeiführen, wenn wir anderen respektvoll begegnen, ihnen Hilfsbereitschaft signalisieren und auf diese Weise mit unserem Verhalten den »Kuchen« für alle vergrößern.

Wenn Ihnen das Netzwerken nicht liegt, verzagen Sie nicht, denn die wissenschaftliche Forschung hat ergeben, dass sich die Abneigung gegen das Netzwerken überwinden lässt.[371]

Erstens wird Ihre Einstellung zum Netzwerken durch die Linse geprägt, durch die Sie es betrachten. Sehen Sie Netzwerken als etwas eher Positives, empfinden Sie es dann vermutlich auch dementsprechend. Schaudern Sie allein bei dem Gedanken daran und fokussieren sich auf die negativen Aspekte, dann erleben Sie es höchstwahrscheinlich als eher unangenehm. Zunächst einmal: Seien Sie nachsichtig mit sich, denn Druck hilft hier wenig. Versuchen sollten Sie aber, an Ihrer Einstellung zu arbeiten. Es ist kein Weltuntergang, wenn Ihre Nachfass-E-Mail nicht perfekt formuliert oder das Follow-up-Telefongespräch nicht optimal gelaufen ist. Netzwerken ist Übungssache. Wer es schafft, die eigene Komfortzone zu verlassen, verbessert sich zwangsläufig über die Zeit. Es ist nie zu spät, sein Gehirn durch neue Verhaltensweisen neu zu vernetzen, wie die Amerikaner gerne sagen. Lassen Sie sich nicht von Ihrem Perfektionismus davon abbringen, damit anzufangen. Legen Sie einfach los!

Zweitens sollten Sie versuchen, Motivation aus den Aussichten für Ihr persönliches Wachstum, Ihr berufliches Weiterkommen und die Erweiterung Ihres Horizonts zu schöpfen.[372] Konzentrieren Sie sich insbesondere auch auf den Mehrwert, den Sie anderen dadurch bringen können. Studien haben gezeigt, dass vielen Menschen das Netzwerken leichter fällt, wenn sie sich auf den Nutzen, den sie für andere generieren können, konzentrieren, und weniger darauf, was sie persönlich davon haben.[373] Vielleicht gelingt es Ihnen, einen »höheren Zweck« über Ihren eigenen Nutzen hinaus auszumachen, den Sie Ihrem Netzwerken überordnen und mit dem Sie sich zusätzlich motivieren können. Dann bringen Sie im Zweifel mehr Begeisterung auf und können effektiver Beziehungen aufbauen, von denen alle Beteiligten profitieren.[374] Dieser übergeordnete Zweck kann alles Mögliche sein, solange es dem Wohl anderer dient, etwa dem Interesse Ihres Unternehmens, der Gemeinschaft, in der Sie tätig sind oder leben, der Institution, der Sie dienen, oder auch Ihrer Familie.

Eine Studie der Cornell University hat ergeben, dass sich »Anwälte, die sich mehr auf den kollektiven Nutzen des Netzwerkens fokussierten – also beispielsweise auf die Unterstützung der Kanzlei oder ihrer Mandanten –, anstatt sich rein auf ihren persönlichen Vorteil wie die eigene Karriere zu konzentrieren, authentischer und weniger ›unrein‹ fühlten. Aus diesem Grunde verfolgten sie das Netzwerken aktiver und konnten so letztendlich mehr Stunden in Rechnung stellen.«[375]

Versuchen Sie, dem Netzwerken mit Aufgeschlossenheit, Freude und Enthusiasmus zu begegnen. So macht es Ihnen am Ende sogar Spaß!

Wie Sie ein Netzwerk an nachhaltigen Beziehungen knüpfen

Kultivieren Sie eine holistische Networking-Mentalität

Vielleicht habe ich während meiner ersten Zeit in New York gerade durch die Einblicke als Außenseiterin besonders deutlich wahrgenommen, wie gut vernetzte und erfolgreiche Menschen Beziehungen entwickeln und ihre Netzwerke erweitern. Mir fiel auf, dass in einer Welt, in der sich alles automatisieren lässt, in der alles zur Massenware werden kann und in der Menschen zunehmend digital interagieren, wenige Privilegierte über das wertvollste Gut überhaupt verfügen, nämlich ein einzigartiges, weltumspannendes Netz einflussreicher Beziehungen, deren Pflege sich weder delegieren noch auslagern lässt.[376]

Deshalb sollten Sie unbedingt Ihr eigener »Chief Networking Officer« werden und das Netzwerken mit einer positiven Einstellung ganzheitlich angehen. Die besten Netzwerker praktizieren den Grundsatz des »positive linking«, indem sie sich aufrichtig für andere interessieren, bestrebt sind, durch gegenseitigen Gedankenaustausch zu lernen, und Freude daran haben, zu kommunizieren und Beziehungen aufzubauen.

Zu den größten Hindernissen, die uns beim erfolgreichen Netzwerken im Weg stehen, gehören unsere kognitiven Fehlwahrnehmungen. Evolutionsbedingt zieht unser Gehirn instinktiv und blitzschnell Rückschlüsse aus vergangenen Erfahrungen, um unser Überleben zu sichern. Entdecken wir einen Menschen, den wir noch nicht kennen, dann versucht es als Erstes herauszubekommen, ob es sich um einen Freund oder Feind handelt. Solche Spontanurteile sparen in Gefahrensituationen wertvolle Zeit, aber sie verhindern auch, dass wir neue Dinge unvoreingenommen und zutreffend beurteilen. Begegnen wir Menschen zum ersten Mal, sind wir in aller Regel schnell mit einem Urteil bei der Hand, stecken sie gemäß unserer Vorurteile in Schubladen und reagieren entsprechend auf sie.

Doch solche vorschnellen Urteile stellen sich häufig als falsch heraus. Daher sollten wir versuchen, anderen erst einmal einen Vertrauensvorschuss zu gewähren, bevor wir uns eine Meinung über sie bilden, weil wir uns ansonsten der Chance berauben, sie wahrhaftig kennenzulernen. Wenn man in New York lebt, bekommt man recht schnell mit, dass es praktisch unmöglich ist, andere aufgrund ihres Erscheinungsbildes einzuschätzen. Annahmen wie »kommt bestimmt aus der Kunstszene«, »ist politisch eher konservativ« oder »wirkt oberflächlich«, können sich schnell als völlig unzutreffend erweisen. Und obwohl ich mir dieser Gedankenfalle bewusst bin, muss auch ich mich trotzdem regelmäßig daran erinnern, unvoreingenommen zu bleiben. Wenn man seine Vorurteile erst einmal abgebaut hat, merkt man, dass die meisten Menschen anders und häufig viel interessanter sind als zunächst angenommen. Oder, wie Abraham Lincoln sagte: »Jeder im Leben ist es wert, ihn kennenzulernen, wenn man sich nur die Zeit dafür nimmt.«

In unserer modernen Gesellschaft nimmt man solche »mentalen Abkürzungen« unter anderem auch, um Energie und Zeit zu sparen. Wer beispielsweise in einer dicht besiedelten Metropole wie New York lebt, wo man im Aufzug, auf der Straße oder im Supermarkt ständig anderen über den Weg läuft, der baut zwangsläufig einen etwas distanzierten Habitus auf, weil man unmöglich mit jedem sprechen kann.

Die besten Netzwerker haben ein positives Menschenbild und begrüßen die Gelegenheit, neue Leute kennenzulernen. Sie sind aufgeschlossen und sehen die fortwährende Beziehungspflege als integralen Bestandteil ihres Lebens. »Sie ziehen die Qualität der Begegnungen der Quantität vor, das Sichverbinden mit anderen Menschen dem reinen ›Sammeln‹ und den langfristigen ›Anbau‹ von Beziehungen der kurzfristigen ›Jagd‹ nach Kontakten.«[377] Und so weiten sie über die Zeit erfolgreich ihren Einflussbereich aus.

Bauen Sie das für Sie richtige Netzwerk auf

Talent und harte Arbeit sind unverzichtbare Voraussetzungen für Erfolg, aber mindestens genauso wichtig ist, dass man das für sich richtige Netzwerk strategisch aufbaut. So sieht es auch Silicon-Valley-Gründer David Lu. »Wer keinerlei Talent besitzt, hat anderen im Zweifel kaum etwas von Wert zu bieten. Wer nicht hart arbeitet, der kann sein Talent nicht entwickeln und ebenfalls nichts Wertvolles beitragen. Aber selbst wenn Sie alles Talent der Welt haben und rund um die Uhr arbeiten, brauchen Sie trotzdem noch ein Quäntchen Glück, um zur rechten Zeit am richtigen Ort zu sein. Das richtige Netzwerk aufzubauen, kann ihre Erfolgschancen entscheidend verbessern – mit anderen Worten: Wer über ein starkes Netzwerk verfügt, ist seines Glückes Schmied.«[378]

Herminia Ibarra, Professorin für Organisationsverhalten an der INSEAD Business School, betont, wie wichtig es sei, sich »das richtige Netzwerk aufzubauen«. Ibarra zufolge verschwenden viele Menschen Zeit und Energie, wenn sie sich nicht auf den Aufbau des für sie passenden Netzwerks konzentrieren. Sie differenziert zwischen drei verschiedenen Arten des Netzwerkens: das berufliche Netzwerken, das hilft, »aktuell wichtige Aufgaben zu erfüllen«, das private Netzwerken, das zur persönlichen Weiterentwicklung beiträgt, und das strategische Netzwerken, das sich auf neue geschäftliche Trends und Interessengruppen fokussiert. Sie sagt, dass »die Vorteile des Netzwerkens offensichtlich werden, sobald man anfängt, es richtig zu betreiben«, denn »strategisches Netzwerken hilft, sich die Zukunft auszumalen, die eigenen Ideen überzeugend zu präsentieren und die Informationen und Ressourcen zu beschaffen, die man braucht, um das Beste aus diesen Ideen zu machen«.[379]

Ein Netzwerk ist nur so stark wie die persönlichen Beziehungen, aus denen es besteht. Der Netzwerkwissenschaft zufolge bestehen unsere Beziehungen überwiegend aus zwei Arten, nämlich aus starken und schwachen Bindungen. Starke Bindungen haben wir zu einer überschaubaren Gruppe von Menschen, die auf einer soliden Grundlage fußen und nachhaltig sind. Sie haben sich in aller Regel über einen längeren Zeitraum entwickelt, uns immer wieder Rückhalt geboten und Belastungsproben überstanden.

Schwache Bindungen (»weak ties«) dagegen – übrigens ein von dem Soziologen Mark Granovetter geprägter Begriff – sind oberflächlichere Beziehungen zu Menschen, die wir flüchtig kennen oder mit denen wir schon lange keinen

Kontakt mehr hatten. Das können ehemalige Nachbarn sein, ein früherer Professor, jemand, den man vom Sehen aus dem Fitnessclub kennt oder dem man seit Jahren morgens beim Hundausführen über den Weg gelaufen ist, ohne sich jemals länger unterhalten zu haben.

Nicht alle unsere sozialen Bindungen können Tiefgang haben, und das müssen sie auch nicht. Es mag kontraintuitiv erscheinen, doch »schwache Bindungen« können ebenso wertvoll sein wie starke und sich manchmal sogar als effektiver herausstellen. Der Wert schwacher Beziehungen resultiert aus der Tatsache, dass unser innerster Kreis aus Menschen besteht, die uns in aller Regel sehr ähnlich sind. Menschen, zu denen wir starke Bindungen pflegen, haben dieselben Bekannten und Informationen. Schwache Bindungen hingegen bauen eine Brücke zwischen dem Vakuum unseres eigenen sozialen Umfelds und anderen, unverbundenen Netzwerk-Clustern, über die wir Zugang zu Informationen erhalten, die uns andernfalls nicht zur Verfügung stünden. Menschen, die sich außerhalb unseres festen Zirkels bewegen, kennen andere Menschen, haben Zugang zu anderen Informationen und bieten andere Chancen. In einer von Professor Granovetter durchgeführten Studie hatten 83,4 Prozent der Befragten von einer neuen Stelle durch oberflächliche Kontakte erfahren.[380] Darüber hinaus wirken sich schwache Bindungen nachweislich auch positiv auf unser Wohlempfinden aus, weil sie uns das Gefühl vermitteln, einer größeren Gemeinschaft anzugehören.[381]

Daraus folgt, dass die optimale Netzwerkstruktur ein engmaschiges Gewebe ist, das aus starken und schwachen Verbindungsketten besteht.

Ich werde häufig gefragt, wie man am besten an den Aufbau eines Netzwerks herangeht. Als ich neu in New York war, verfügte ich weder über den Weitblick noch den Luxus, besonders wählerisch bei der Auswahl meiner Kontakte sein zu können. Natürlich hatte ich Standards und Werte, aber weil ich praktisch niemanden kannte, fehlte es mir zunächst an einer Auswahl sozialer Aktivitäten. Wenn ich Einladungen zu Veranstaltungen mit einem Thema erhielt, das mich nur mäßig interessierte, ging ich trotzdem hin. Wurde ich von Libertären zum politischen Diskussionsdinner eingeladen, nahm ich an, obwohl mir diese Ideologie fernliegt. Wurde ich von Kunden eingeladen, einem Baseballspiel in ihrer Loge beizuwohnen, war ich da – wenngleich ich nicht einmal die Spielregeln kannte.

Beim Netzwerken kommt es wie überall im Leben darauf an, überhaupt einmal irgendwo anzufangen. Das gilt besonders für Neulinge und Umsteiger. Je mehr Leute Sie im Laufe der Zeit kennen, desto wählerischer können Sie sein.

Das sollten Sie auch, um mit Ihrer Zeit, Ihrer Energie und Ihren Ressourcen hauszuhalten, denn wir stoßen im Hinblick auf unsere Fähigkeit, Beziehungen zu anderen zu unterhalten, an eine natürliche Grenze. Einer anerkannten Theorie namens »Dunbar's Number« zufolge verfügen wir lediglich über die kognitive Kapazität, 150 tiefergehende Beziehungen zu unterhalten.[382]

Ihr Ziel sollte daher sein, sich mit einer sorgfältig ausgewählten Gruppe von Menschen zu umgeben, die Ihre Werte teilen, die Sie dazu motivieren, das Beste aus sich zu machen, und die Sie beim Vorantreiben Ihrer Karriere unterstützen.[383] LinkedIn-CEO Jeff Weiner betont, wie »wichtig es ist, die fünf Menschen in Ihrem innersten Kreis mit Bedacht auszuwählen, denn diese üben einen tiefen, grundlegenden Einfluss auf Sie aus«.[384] Der Experte für Persönlichkeitsentwicklung Jim Rohn behauptet sogar, wir seien quasi der Durchschnitt der fünf Menschen, mit denen wir die meiste Zeit verbringen.[385]

So rät denn auch Warren Buffett: »Das Beste, was Sie machen können, ist, sich mit Menschen zu umgeben, die Ihnen etwas voraushaben. Menschen, die etwas geschafft haben. Denn ihr Verhalten wird auf Sie abfärben, und Sie werden sich mehr wie diese verhalten. Und so werden diese dann umgekehrt auch von Ihnen profitieren. Das funktioniert wie Schwerkraft – gibt man sich mit Menschen ab, die nicht so gute Eigenschaften an den Tag legen, dann wird man von ihnen nach unten gezogen. Deshalb sollte man die Menschen, mit denen man seine Zeit verbringt, sorgfältig auswählen.«[386] Wenn Sie sich selbst sowie Ihr Netzwerk optimal zum Einsatz bringen, profitieren nicht nur Sie davon, sondern Ihr gesamtes Umfeld.[387]

Entwickeln Sie Netzwerkwährung: Das Sozialkapital

Netzwerken ist mehr Kunst als Wissenschaft. Es beruht auf Zusammenarbeit zum wechselseitigen Vorteil und erfordert »Investitionen«, unter anderem in Form von sogenanntem Sozialkapital. Sozialkapital ist eine Art »goodwill«, ein Wohlwollen, das wir im Laufe unserer Beziehungen aufbauen, indem wir anderen weiterhelfen, ihnen Türen öffnen, Empfehlungen für sie aussprechen, ihnen wertvolle Informationen zukommen lassen, Zugang zu Ressourcen verschaffen oder indem wir einfach für sie da sind.[388] Wir sind evolutionär darauf angelegt, Sozialkapital ganz unbewusst und automatisch als etwas zu betrachten, das auf

Gegenseitigkeit beruht. Wenn wir etwas für andere tun, dann führen wir darüber sozusagen innerlich Buch. Wir erwarten instinktiv, dass diese anderen auch uns helfen, wenn wir einmal in die Verlegenheit kommen sollten. Dieser »reziproke Altruismus« hat sich über die Jahrtausende entwickelt und bestimmt, wie wir zusammenarbeiten. Der Wert dessen, was in diesem System des informellen Quidproquo ausgetauscht wird, ist subjektiv und relativ. Was für den einen von Wert ist, ist möglicherweise für andere nutzlos. Hinzu kommt: Die meist unbewusste Erwartung, dass etwas zurückfließt, beruht weniger auf einer konkreten Aufrechnung, sondern ist mehr eine abstrakte Richtgröße. Geben und Nehmen gleicht sich im Hinblick auf Geber und Nehmer selten genau aus. Doch darum geht es auch gar nicht, vielmehr gilt das Prinzip: Wenn jeder an andere denkt, dann ist an alle gedacht. Und so geht die »Sozialkapitalgleichung« im Endeffekt wieder auf, wenn man die Gesellschaft als Ganzes betrachtet.

Mit unseren Investitionen in Sozialkapital erhöhen wir den Wert unseres »Beziehungskapitals« – also den Wert unserer Beziehungen. Wenn jemand über großes Sozialkapital verfügt, dann ist das in aller Regel ein Anzeichen für eine gute Reputation und einen gehobenen gesellschaftlichen Status. Gleichzeitig deutet es auf das Vorliegen eines nachhaltigen Netzwerks hin, was wiederum »Karrierekapital« gleichkommt, in das wir im Laufe unseres beruflichen Werdegangs investieren und auf das wir bei Bedarf zurückgreifen können. Menschen, die gute Netzwerker sind, sind üblicherweise großzügig und selbstlos im Geben und bauen so auf lange Sicht Wohlwollen auf.

Um Ihr Netzwerk auf- und auszubauen, ist es hilfreich, wenn Sie sich darüber klar werden, wie Sie sich nützlich machen können. Wie können Sie anderen helfen, was ist für andere interessant und von Wert? Was sind Ihre besonderen Kompetenzen, welche Erfolge haben Sie vorzuweisen? Adam Grant, Professor für Organisationspsychologie an der Wharton University, ist der Ansicht, dass sich viele Menschen beim Netzwerken zu sehr auf den Aspekt der reinen »Beziehungspflege« konzentrieren und dabei nicht ausreichend berücksichtigen, »dass man nicht nur ›Cocktails schlürfen und Visitenkarten austauschen‹ kann, sondern etwas von Wert beitragen muss. Wer diesem Aspekt mehr Beachtung schenkt, dem wird das Netzwerken auch gleich viel leichter fallen. […] Was Sie zu geben und beizutragen haben, beeinflusst die Nachhaltigkeit Ihrer Beziehungen und die Bereitschaft anderer, etwas für Sie zu tun, sehr. […] Mit wem Sie es morgen zu tun haben, richtet sich danach, was Sie gestern geleistet haben.«[389]

Folglich muss Netzwerken auf Substanz beruhen, denn ansonsten ist es oberflächlich und wenig nachhaltig.

Zu potenziellen – nicht unbedingt materiellen oder finanziellen – Wertbeiträgen zählen beispielsweise Einblicke, Wissen und Fähigkeiten. In ihrem Buch *Influence Without Authority* schreiben Allan Cohen und David Bradford, dass die meisten Menschen das, was sie potenziell für andere tun können, oft nicht zutreffend einschätzen. Sie tendieren dazu, sich auf greifbare physische oder jedenfalls konkrete Dinge zu konzentrieren wie Geld, Beziehungen, technische Unterstützung und Informationen, und dabei weniger Offensichtliches außer Acht lassen.[390] Menschliche Super-hubs, die extrovertierten, geselligen, zentralen Knotenpunkte in Netzwerken, die alles und jeden kennen, verfügen über eine ganz besonders wertvolle Netzwerkwährung, nämlich über Cluster-übergreifende Konnektivität und über das Vermögen, Menschen und nützliche Informationen zwischen diesen überwiegend unverbundenen sozialen Gruppen zu transportieren.

Doch auch einfach nur freundliche Gesten, positives Feedback, Anerkennung, Lob und Dankbarkeit werden meist als wertvoll empfunden und bleiben in Erinnerung. Vielleicht verfügen Sie ja über ganz spezifische Kenntnisse, die anderen nützlich sein könnten. Selbst Berufseinsteiger haben meist mehr zu bieten, als ihnen bewusst ist: Häufig kennen sie sich gut mit Generationentrends, neuen Märkten und Technologien aus. Andere Menschen nehmen auch zur Kenntnis, wenn man ihre Werte, ihren Hintergrund und ihre Identität versteht und ihnen das Gefühl vermittelt, zur größeren Gemeinschaft dazuzugehören.[391] Wenn Sie kreativ über das Offensichtliche hinausdenken, wird Ihnen sicherlich auch Wertvolles einfallen, das Sie anderen im Rahmen der Netzwerkpflege zuteilwerden lassen können.

Studien haben gezeigt, dass Menschen auf unteren Hierarchiestufen und solche, die Minderheiten angehören, am wenigsten netzwerken, weil sie glauben, dass sie nicht genug beizutragen und zu wenig Einfluss hätten. »Menschen auf höheren Hierarchiestufen hingegen netzwerken viel selbstverständlicher, weil sie in der Organisation über mehr Macht verfügen. […] Wenn Menschen davon überzeugt sind, dass sie viel zu bieten haben, beispielsweise nützliche Ratschläge und Mentoring, und dass sie Türen zu wichtigen Beziehungen öffnen oder Ressourcen zur Verfügung stellen können, dann fühlen sie sich weniger egoistisch und das Netzwerken fällt ihnen leichter.« Die Studie kommt zu dem Ergebnis, dass es einem authentischer und tiefgehender vorkommt, »wenn man bewusst auf der Grundlage substanzieller, gemeinsamer Interessen netzwerkt. Und das erhöht dann die Wahrscheinlichkeit, dass es zu der Bildung von Beziehungen führen wird, die sich auch durch diese Eigenschaften auszeichnen.«[392]

Aus all dem folgt, dass Sie fortwährend Sozialkapital aufbauen sollten. Je mehr Sie zu geben haben, desto größer werden Ihr Netzwerk und auch die Chancen, die sich daraus ergeben.

Praktische Networking-Anleitung: So wird's gemacht

Wo Sie am besten Netzwerken

Nachfolgend erfahren Sie etwas darüber, was alle stets am meisten interessiert: das Netzwerken selbst. Dabei stellt sich zunächst die Frage, wo man am besten netzwerken sollte. Generell sollten Sie innerhalb Ihrer Arbeitsstelle sowie extern netzwerken, auch an der Schnittstelle von Berufs- und Privatleben. Eine Studie mit über 165 bei einer amerikanischen Großkanzlei angestellten Rechtsanwälten hat belegt, »dass ihr Erfolg davon abhing, wie gut sie es verstanden, effektiv zu netzwerken, und zwar intern (zum Beispiel, indem sie bestimmte Mandanten betreuten) ebenso wie extern (zum Beispiel, indem sie der Kanzlei neue Mandanten brachten)«.[393]

Bei der Arbeit entstehen für gewöhnlich starke Bindungen, wenn man gemeinsam prägende Erfahrungen durchläuft.[394] Das Silicon Valley und die Finanzbranche sind jeweils Beispiele für eine Umgebung, in der Menschen, die eng zusammenarbeiten, starke Beziehungen entwickelt haben, auf denen spätere Erfolge fußten. Hier wäre unter anderem die sogenannte PayPal-Mafia des Silicon Valley zu nennen, die aus PayPal-Gründern und -Beschäftigten, darunter Peter Thiel, Elon Musk und Reid Hoffman besteht. Sie hatten Nächte durchgearbeitet und gemeinsam Krisen gemeistert. Später gründeten sie neue, extrem erfolgreiche Technologieunternehmen wie LinkedIn, Palantir und YouTube.

Die Finanzindustrie, der ich angehöre, besteht im Wesentlichen aus sich überschneidenden Netzwerken von Menschen, die zuvor einmal zusammengearbeitet haben und später dann aus verschiedenen Unternehmen heraus bei gemeinsamen, neuen Projekten kooperieren. Diese Querverbindungen finden sich überall. Das beste Beispiel dafür ist Goldman Sachs. Etliche ehemalige Beschäftigte haben das Unternehmen verlassen, um eigene Fonds zu gründen und zusammenzuarbeiten.

Gelegenheiten zum Netzwerken innerhalb Ihres eigenen Unternehmens können sich in der Teeküche, im Aufzug, bei Unternehmensveranstaltungen, bei Kundenzusammenkünften, beim geselligen Zusammensein nach der Arbeit und auch virtuell ergeben – über das Intranet zum Beispiel. Daneben bieten offizielle Netzwerkveranstaltungen, Konferenzen, private Veranstaltungen, Sportvereine, Universitätsklubs, Alumnivereinigungen, gemeinnützige oder philanthropische Organisationen, Aus- und Weiterbildungsforen und ehrenamtliche Tätigkeiten am Wohnort solche Möglichkeiten.

Veranstaltungen, die einzig und allein dem Netzwerken und keinem darüber hinausgehenden Zweck dienen, und bei denen die Teilnehmer darauf »abgerichtet« erscheinen, wie Roboter Kontakte zu knüpfen, muten in der Regel wenig erfreulich an. Anstelle solcher »mechanischen Speed-Dating-Plattformen« sollten Sie Veranstaltungen beiwohnen, auf denen sich Menschen mit über das Netzwerken hinausgehenden Interessen zusammenfinden – beispielsweise das Weltwirtschaftsforum in Davos und ähnliche, leichter zugängliche, Foren. Eine weitere, häufig ergiebige Möglichkeit sind spontane Zusammenkünfte in Ihrem sozialen Umfeld – egal ob Sie mit einer kurzfristig zusammengewürfelten Gruppe bowlen gehen oder sich zum Essen treffen, man weiß vorher nie, wer genau dort zusammentrifft.

Im Hinblick auf die engere Bindung, die gemeinsame Erfahrungen schaffen, erklärt Brian Uzzi von der Northwestern University: »Einflussreiche Netzwerke entstehen nicht durch zufällige Interaktionen, sondern durch vergleichsweise hochkarätige Aktivitäten, die Sie mit den entsprechenden Menschen zusammenbringen.«[395] Solche Gemeinschaftserlebnisse können sich an der Universität, am Arbeitsplatz oder im Privatleben ergeben. Wie bereits erwähnt, gehören Bildungsstätten, insbesondere Eliteuniversitäten wie Harvard, das Massachusetts Institute of Technology (MIT) oder Stanford zu den idealen Orten, um wertvolle Bindungen zu knüpfen. Beim Scrollen durch die Website der *New York Times* stieß ich kürzlich auf eine Werbeanzeige der Columbia Business School. Trotz ihrer erstklassigen Professoren warb die Universität nicht mit der Qualität der Lehre, sondern mit den Möglichkeiten, Kontakte herzustellen. Unter der Überschrift »Beziehungen begründen« stand, dass »die Universität Verbindungen fördert und pflegt«, dass sich »diese Beziehungen rasch entwickeln und noch lange nach Abschluss des Studiums fortbestehen« und dass man »an der Columbia Business School [...] andere herausragende Köpfe kennenlernen kann, die Mentoren, Kollegen und potenzielle Partner werden können«.[396]

Nach Auffassung von Ghazi Ben Othman, dem strategischen Leiter eines 250 Millionen Dollar schweren saudischen Private-Equity-Fonds mit Schwerpunkt Technologie, »gab es einen einzigen Faktor, der darüber entschieden hat, wer auch nur die Chance hatte, zu den 5 Prozent der [Silicon-Valley-]Gewinner zu gehören: ›Es kommt nur darauf an, wen man kennt [...] Waren Sie in Stanford, dann können Sie auch für die absurdeste Start-up-Idee Geld auftreiben.‹«[397] Davon zeugen die unzähligen übertrieben und unverdient gehypten Start-ups, denen es im Rahmen einer riesigen Blase gelungen ist, endlos viel Kapital einzuwerben, noch bevor sie überhaupt einen schlüssigen Businessplan vorzuweisen hatten, von einem Cashflow ganz zu schweigen. Und das hatten sie ihren fantastischen Netzwerken zu verdanken – wie Theranos, Clinkle und unzählige andere, die auf dem Friedhof der schlechten Ideen gelandet sind.

Eine Dynamik, die fast allen Netzwerken zugrunde liegt, ist das Gesetz der Homophilie – das sich mit der Redensart »gleich und gleich gesellt sich gern« zusammenfassen lässt. Wir fühlen uns am wohlsten unter Unseresgleichen, denn wenn unser Gehirn Gemeinsamkeiten mit anderen registriert, dann betrachtet es diese als »zum gleichen Stamm gehörig« und stellt im Schnellverfahren von »Alarmbereitschaft« auf »Entspannung« um. Homophilie stärkt das Vertrauen und erleichtert die Kommunikation. Ob sozioökonomischer Hintergrund, Bildung, ähnliche Interessen oder andere gemeinsame Bezugspunkte – wer anhand dieser Parameter nach Gemeinsamkeiten mit anderen sucht, dem fällt es aller Voraussicht nach leichter, Übereinstimmungen zu finden und Bindungen herzustellen. Allerdings sollte man hierbei Vorsicht walten lassen, weil wir beim Entdecken von Gemeinsamkeiten zu der vorschnellen Annahme neigen, dass uns diese Menschen ähnlicher sind, als dies in Wirklichkeit der Fall ist. Das kann insbesondere im Hinblick auf sensible Angelegenheiten, die Politik, Religion oder sozioökonomische Themen betreffen, unter Umständen peinlich werden.

Homophilie ist beim Netzwerken zwar sehr nützlich, allerdings hat sie auch ihre Tücken. Für gewöhnlich bilden wir unsere Identität als Bestandteil bestimmter Gruppen aus und wenn wir uns beruflich etablieren, dann bauen wir unsere »Community« auf. Sich in einer Gruppe Gleichgesinnter zu bewegen, ist angenehm und vermittelt uns Selbstbestätigung im Hinblick auf unseren Hintergrund, unser soziales Umfeld, unsere politischen Ansichten und religiösen Überzeugungen. Bindungen zu Angehörigen anderer Gruppen herzustellen, ist schwieriger und kann aufgrund der Unterschiede, unserer Unwissenheit und der daraus resultierenden schwer einschätzbaren Ungewissheit mitunter leicht unangenehm sein. Trotzdem sollten wir unsere Komfortzone verlassen und zu diesen andersartigen Gruppen Kontakte herstellen, weil deren Informationen, Kenntnisse und Möglichkeiten unsere Erfolgschancen steigern können. Wer sich nur mit Gleichgesinnten umgibt, der hört immer nur dieselben Meinungen und kommt nicht mit neuen Ideen und Ansichten in Berührung. Daher sollten Sie sich ganz bewusst bemühen, Kontakte zu Menschen zu knüpfen, die anders sind als Sie – um Ihren Horizont zu erweitern, Ihre intellektuelle Entwicklung zu fördern, Ihre Kreativität anzuregen und Sie auf neue Gelegenheiten aufmerksam zu machen.[398]

Bevor Sie loslegen

Zunächst müssen Sie sich über wichtige Veranstaltungen auf dem Laufenden halten und sich Ihre Teilnahmemöglichkeit sichern. Tragen Sie sich auf elektronischen Listen ein, um automatisch Updates und Einladungen zu erhalten. Bei kleineren und persönlicheren Events können Sie, falls Sie es als angemessen erachten, Ihr Interesse an einer Einladung signalisieren oder sich – gegebenenfalls – »selbst einladen«, indem Sie den Veranstalter einfach fragen, ob eine Teilnahme möglich wäre. Allerdings ist hierbei Vorsicht geboten. Ihre Anfrage mag zwar willkommen sein, aber möglicherweise gibt es Ihnen unbekannte Gründe, wegen derer Ihre Teilnahme nicht möglich oder eine solche Anfrage gar nicht angebracht ist. Fragen Sie daher nur, wenn Sie sich sicher sind, dass grundsätzlich nichts dagegen spricht. Werden Sie eingeladen, sollten Sie auf jeden Fall anbieten, einen Beitrag zu leisten und sich nützlich zu machen. Falls Sie eine Ablehnung erhalten, dann tragen Sie diese mit Fassung und nehmen Sie sie keinesfalls persönlich. Nicht jeder kann jeden stets einladen. Grämen Sie sich nicht und konzentrieren Sie sich auf das nächste Event.

Was machen Sie, wenn Sie zwar Pläne für den Besuch einer Veranstaltung haben, aber sich kurz davor überhaupt nicht danach fühlen? Sollten Sie trotzdem hingehen oder es lieber gleich bleiben lassen? Generell empfehle ich, dann lieber zu Hause zu bleiben, denn wenn Sie unmotiviert sind, merkt man es Ihnen möglicherweise an und Sie riskieren, nicht im besten Licht zu erscheinen.

Andererseits erinnere ich mich an Situationen, in denen ich mich erschöpft und ungesellig gefühlt habe und mich am liebsten in meine vier Wände zurückgezogen hätte. Wenn ich mich dann trotzdem aufgerafft habe, ist es schon mehrfach passiert, dass sich die Events als tolle Netzwerkgelegenheiten mit bleibenden Bindungen herausgestellt haben, auch wenn ich nicht in Hochform war. Es gibt also keine allgemeingültige Regel. Das Beste ist, diesbezüglich eine Intuition zu entwickeln und ihr letztlich zu folgen. Mit der Zeit werden Sie herausfinden, was für Sie am besten funktioniert.

Übrigens verköstige ich mich bereits im Vorfeld solcher Veranstaltungen, denn das Letzte, was man auf einem Cocktailempfang braucht, sind Fettfinger, Salatblätter zwischen den Zähnen, Tunfisch-Atem oder einen hässlichen Soßenfleck am Revers. Aus ähnlichen Gründen verzichte ich bei diesen Gelegenheiten weitgehend auf Alkohol – er vernebelt die Sinne und trübt das Urteilsvermögen. Ratsam ist, frühzeitig einzutreffen, denn wenn noch nicht so viele Gäste anwesend sind, kommt man leichter ins Gespräch.

Um sich schon einmal innerlich auf die Begegnungen vorzubereiten und dem Namensgedächtnis prophylaktisch auf die Sprünge zu helfen, empfiehlt sich bei der Registrierung ein Blick auf die Teilnehmerliste und die auf dem Tisch ausgestellten Namensschilder.

Bereiten Sie sich vor

Im Idealfall stehen Ihnen ausreichend Informationen und Ressourcen zur Verfügung, um sich angemessen auf Events vorzubereiten. Dies hängt ganz von der Art der Veranstaltung ab. Handelt es sich um eine legere Cocktailparty oder um eine förmliche Konferenz? Vor der Teilnahme an der Jahrestagung des Weltwirtschaftsforums in Davos studiere ich beispielsweise die Teilnehmerliste, das Programm, die WEF-Website und Medienberichte. Dann notiere ich mir, wen ich treffen möchte, schicke vorab Terminanfragen und frische vor den Treffen noch einmal mein Gedächtnis mit Informationen über die betreffenden Personen auf.

Leisten Sie einen Beitrag

Überlegen Sie sich, was Sie zu der Veranstaltung beitragen und wie Sie sich nützlich machen können. Die Art Ihres Beitrags wird aller Voraussicht nach von Ihrem Unternehmen, Ihrer Funktion und Ihrer Beziehung zur veranstaltenden Organisation abhängig sein. So können Sie beispielsweise anbieten, Inhaltliches beizusteuern, sich als Vortragsredner, Teilnehmer einer Podiumsdiskussion oder Leiter eines Gruppengesprächs zur Verfügung zu stellen, Gäste anzuwerben, auf Ihren Social-Media-Kanälen für die Veranstaltung zu werben und Mundpropaganda zu betreiben.

Managen Sie Ihre Energie

Die Teilnahme an interessanten Veranstaltungen ist gleichermaßen anregend wie strapaziös. Weil Menschen nur über eine begrenzte kognitive und emotionale Bandbreite verfügen, ist es ratsam, mit Ihrer Zeit und Ihren Kräften zu hauszuhalten. Weniger ist manchmal mehr: Statt unbedingt noch eine Sitzung oder den nächsten Vortrag mitzunehmen, kann es besser sein, sich zur Aufladung der persönlichen Batterien in ein entlegenes Eckchen oder, falls möglich, ins Hotelzimmer zurückzuziehen, damit Sie sich kurz darauf wieder in Bestform präsentieren können.

Zwingen Sie sich nicht zu Formaten, die Ihnen nicht liegen. Sind Sie eher Nachteule als Frühaufsteher, dann ist es für Sie möglicherweise besser, auf Frühstücksevents zu verzichten und sich stattdessen auf spätere Veranstaltungen zu konzentrieren. Sind Sie ein introvertierter Mensch, der sich auf Massenveranstaltungen unwohl fühlt, sollten Sie vielleicht lieber kleineren Events beiwohnen, anstatt große Konferenzen zu besuchen.

Machen Sie einen guten Eindruck

Nehmen Sie Netzwerken zum Anlass, »sich selbst zu optimieren«. Bemühen Sie sich, stets höflich, freundlich und zuvorkommend zu sein, egal in welcher Stimmung Sie sind, in welchen Umständen Sie sich befinden oder um welche Person es sich bei Ihrem Gegenüber handelt. Das macht Professionalität aus. Andere sollen sich in Ihrer Gegenwart wohlfühlen und Sie in guter Erinnerung behalten.

Experimente bestätigen das Sprichwort: Wie man in den Wald hineinruft, so schallt es heraus. Gefühle sind »ansteckend« und Ihre eigene Einstellung wirkt sich stark darauf aus, wie andere Sie wahrnehmen und auf Sie reagieren. Bei aller Freundlichkeit und Liebenswürdigkeit sollten Sie es nicht versäumen, sich darauf zu konzentrieren, auch Kompetenz auszustrahlen, denn die Forschung hat belegt, dass nur ein schmaler Grat zwischen der Wahrnehmung von Liebenswürdigkeit und Kompetenz verläuft. Mit anderen Worten: Die Wahrnehmung von Liebenswürdigkeit geht häufig auf Kosten jener der Kompetenz.[399]

Achten Sie darauf, das »Resting Bitch Face« zu vermeiden, die mürrisch-distanzierte Miene, die viele von uns häufig unwillkürlich und unbewusst aufsetzen, wenn wir in Gedanken versunken sind.[400] Versuchen Sie, geistig präsent zu sein, Blickkontakt aufzunehmen und aktiv auf andere zuzugehen.

Seien Sie einprägsam

Netzwerkerfolg bedeutet nicht nur, dass Sie *andere* kennen. Genauso wichtig ist es, dass andere *Sie* kennen. Wer positiv auffällt, bleibt länger im Gedächtnis – ganz gleich ob durch Charisma, intelligente Beiträge, cleveren Humor oder eine aufmerksame Geste. Angenehme, dynamische Menschen mit einer attraktiven Persönlichkeit und ausgezeichneter Sozialkompetenz werden es immer leichter haben, Unterstützung, Informationen und Zugang zu Chancen zu erhalten.[401]

Positionieren Sie sich strategisch

Sichern Sie sich bei Veranstaltungen einen zentralen »Standort«, an dem man buchstäblich nicht an Ihnen vorbeikommt. So sparen Sie Zeit und Mühen und erhöhen die Wahrscheinlichkeit, niemanden zu verpassen. Alternativ günstige Aufenthaltsplätze können die Bar, der Eingangsbereich, die Nähe des Haupttisches oder des Podiums sein (Vorsicht – nicht unbedingt vor den Lautsprechern!).[402]

Helfen Sie anderen

Selbst wenn ich auf Veranstaltungen »nur« Gast bin, versuche ich immer, die Einstellung eines Gastgebers zu haben, allerdings ohne mich dabei unangemessen in den Vordergrund zu drängen. Aber ich bemühe mich stets, proaktiv Einzelne zu integrieren, die verloren an der Seite stehen und keinen Anschluss finden, und anderen Teilnehmern zu helfen, denen das Netzwerken schwerer fällt. Das ist auch ein guter Weg, um neue Menschen kennenzulernen, »busy« zu bleiben und das Wohlwollen anderer zu erhalten. Und im besten Fall haben Sie auch noch Spaß dabei.

Übertreiben Sie es nicht

Auch beim Netzwerken gibt es ein Zuviel des Guten. Fieberhaft den Raum abzuarbeiten, andere nur kurz anzusprechen, um ihnen ihre Visitenkarte abzujagen, während man gar nicht richtig zuhört, zerstreut bereits die Gäste nach »wichtigeren« Leuten abscannt, nur um dann rasch zum nächsten Event zu entschwinden – das wirkt unsympathisch und ist kontraproduktiv.

Verstellen Sie sich nicht und versuchen Sie, auch wenn Sie nervös sind, natürlich und unprätentiös zu sein. Wenn Sie »ganz Sie selbst« sind, wirken sie automatisch sympathisch.[403]

Öffnen Sie sich für Zufälle

Netzwerkveranstaltungen können sowohl Volltreffer als auch Blindgänger sein: Im Vorhinein kann man üblicherweise schlecht beurteilen, wie sich die Dynamik auf einer Veranstaltung entwickeln und wem man begegnen wird. Möglicherweise trifft man gerade dort zufällig eine Person, die den Kurs des Lebens verändern wird.

Daher sollten Sie sich zum Beispiel auf Konferenzen nicht völlig verplanen, sondern in Ihrem Terminkalender etwas Spielraum für glückliche Zufälle lassen, aus denen sich manchmal die wertvollsten Chancen ergeben. Vielleicht laufen Sie ja einer Person über den Weg, die sich für Ihr Unternehmen als enorm wichtig herausstellt. Vielleicht bekommen Sie durch eine Einladung Zutritt zu einem Kreis, der Ihnen zuvor nicht zugänglich war. Vielleicht werden Sie in eine Unterhaltung verwickelt, die Ihnen ganz neue Perspektiven eröffnet. Viele einflussreiche Topmanager schreiben oft zumindest einen Teil ihres Erfolges solch glücklichen Zufällen zu.[404]

Follow-up: Fassen Sie nach

Denken Sie daran, stets ausreichend Visitenkarten dabeizuhaben. Wenn Sie sich anregend mit jemandem ausgetauscht haben und es für angemessen erachten, bieten Sie Ihren Gesprächspartnern Ihre Visitenkarte an. Wird diese Geste nicht erwidert, können Sie danach fragen (»Hätten Sie eventuell auch eine Karte?«), aber wohlgemerkt nur, wenn Sie sich auf ähnlicher Hierarchiestufe befinden. Höherrangige Gesprächspartner sollte man nicht um eine Visitenkarte bitten. Wenn diese Ihnen keine anbieten, müssen Sie davon ausgehen, dass sie dafür einen Grund haben, dürfen es jedoch nicht persönlich nehmen. Jedoch sind hochkarätige Persönlichkeiten häufig von persönlichen Assistenten oder anderen Mitarbeitern umgeben, die Sie durchaus nach einer Karte fragen können. Haben Sie eine erhalten, sollten Sie Details darauf notieren und in Ihrem elektronischen Adressbuch speichern, damit Ihnen später die Erinnerung leichter fällt.

Wenn man Leuten nach Jahren wieder begegnet und sich nur noch dunkel erinnert, können diese Notizen für Ihr Erinnerungsvermögen Wunder wirken. Eine freundliche, kurze Follow-up-E-Mail zum Nachfassen nach der Begegnung ist stets zu empfehlen, aber überschreiten Sie nicht die feine Linie zur Aufdringlichkeit. Vielleicht bietet sich die Gelegenheit, etwas Sozialkapital aufzubauen, indem Sie Ihrer E-Mail einen Artikel mit inhaltlichem Bezug beifügen, anbieten, einen Kontakt herzustellen oder – soweit angemessen –, sich auf andere Art nützlich zu machen.

Konversation leicht gemacht

Beherrschen Sie die Kunst der Konversation

Wie bereits erwähnt, geht Netzwerken über unverbindliche Plauderei hinaus und erfordert Substanz. Überlegen Sie sich daher im Vorfeld, was Sie Interessantes zu einer Unterhaltung beitragen können, und bereiten Sie sich inhaltlich vor. Vielleicht verfügen Sie über neue Informationen oder solche, die nur Ihnen zugänglich, aber nicht vertraulich sind. Möglicherweise kennen Sie sich in dem Thema gut aus und haben innovative Perspektiven beizutragen. Stellen Sie jedenfalls sicher, dass das, was Sie sagen, durchdacht ist. Ansonsten hören Sie im Zweifel besser interessiert zu und stellen intelligente Fragen. WEF-Gründer Klaus Schwab betont, »dass die besten Netzwerker nicht nur auf der Suche nach Wissen sind, sondern vor allem auch Katalysatoren für den Austausch von Ideen«.[405]

Der Konversationsstil hängt von den Umständen ab. Setzen Sie sich nicht unter Druck, zwangsläufig tiefgehende Gespräche führen zu müssen. Auf Cocktailpartys und informellen Anlässen ist Small Talk durchaus sinnvoll und angemessen. Handelt es sich allerdings um längere Gespräche oder um Veranstaltungen, auf denen gehaltvolle Gespräche angezeigt sind, wie gesetzte Abendessen bei Tisch, sollten Sie das einleitende, oberflächliche Geplänkel beizeiten hinter sich lassen und zu fundierten Inhalten übergehen. Fällt Ihnen der Einstieg ins Gespräch schwer, dann ist es hilfreich, sich auf Gemeinsamkeiten zu besinnen, aufrichtiges Interesse zu signalisieren, sachdienliche Fragen zu stellen oder ehrliche Anerkennung auszusprechen.[406] Informieren Sie sich im Vorfeld über die anderen Teilnehmer und ihren Hintergrund. Mit guter Vorbereitung sind Sie ein besserer Gesprächspartner.

Verinnerlichen Sie nonverbale Kommunikation

Wir alle kommunizieren verbal und nonverbal. Informieren Sie sich über Körpersprache und achten Sie beispielsweise auf Dinge wie eine gute Haltung, lächeln und nicken Sie und halten Sie Ihre Arme unverschränkt. Wichtig: Seien Sie ganz präsent, konzentrieren Sie sich auf Ihr Gegenüber und suchen Sie Augenkontakt, allerdings ohne zu »starren«.

So brillieren Sie mit Small Talk

Den meisten Menschen graut es beim Gedanken, vor anderen sprechen zu müssen, aber Small Talk ist fast ebenso verhasst. Sie fühlen sich unwohl und unter Druck, etwas Intelligentes äußern zu müssen. Dabei befürchten sie, dass ihnen ein Fauxpas unterlaufen könnte. Doch Small Talk ist sinnvoll und wichtig als sozialer Kitt in allen Lebenslagen.[407] Wir können nicht mit jedem, den wir noch gar nicht kennen, sofort in tiefschürfende, gehaltvolle Gespräche eintauchen. Als lockerer Einstieg eignet sich Small Talk ganz hervorragend und er ist einer der Bausteine, aus denen Bindungen entstehen, denn der oberflächliche Austausch gibt Gelegenheit, sich rasch gegenseitig einzuschätzen. Was für ein Mensch ist der andere? Hat er Humor? Welchen Hintergrund hat er? Kann ich ihm vertrauen? Daher spricht nichts dagegen, ein Gespräch mit scheinbar banalen Themen zu beginnen und sich über das Wetter, die Verkehrslage, die Umgebung, das Essen oder auch Berufliches zu unterhalten. Seien Sie dabei aber auf jeden Fall verbindlich und aufrichtig.

Eine unangenehme Situation, die gelegentlich auftreten kann, ist die, dass wir uns nicht an den Namen einer Person erinnern können oder daran, ob wir sie im Vorfeld schon einmal getroffen haben. Das kann jedem einmal passieren und ist völlig in Ordnung, es sei denn, es geschieht innerhalb eines sehr kurzen Zeitraums. So ist es mir passiert, als ich Jack Dorsey auf einer kleinen Dinnerparty in New York getroffen habe. Während des Cocktailempfangs stellten wir uns vor und er erzählte mir, dass er der Gründer von Twitter sei, was schon einprägsam genug hätte sein sollen. Im Anschluss schilderte er die Unternehmung, an der er gerade arbeitete, nämlich den Zahlungsservice Square. Kurz nach unserem Gespräch kreuzten sich unsere Wege wieder. Pflichtbewusst streckte ich meine Hand aus und stellte mich vor. Stille. Jack sah mir geradeaus in die Augen. »Wir sind uns schon begegnet. Vor zehn Minuten.« Mein Malheur war mir unglaublich unangenehm. Obwohl offensichtlich unbeabsichtigt, ist ein solches Verhalten unhöflich und völlig inakzeptabel. Ich war abgelenkt und nicht präsent gewesen, und das verheißt beim Netzwerken nichts Gutes.

Wenn Sie sich nicht an den Namen einer Person erinnern: Das passiert jedem. Versuchen Sie einfach, den Namen über jemand anderen in Erfahrung zu bringen, schauen Sie, falls vorhanden, auf der Namensliste nach oder fragen Sie die Person einfach direkt: »Es tut mir leid und ist mir wirklich unangenehm. Aber ich glaube, wir sind uns schon einmal begegnet. Ihr Name liegt mir auf der Zunge ... Ich hoffe, Sie sehen es mir nach ...« Mir gegenüber haben sich Leute auch schon in dieser Weise geäußert und ich fand es völlig in Ordnung. Wenn Sie sich nicht sicher sind, ob Sie jemanden schon einmal getroffen haben, ist es am besten, Formulierungen mit »treffen« und »wieder« zu vermeiden und einfach neutral zu sagen: »Schön, Sie zu sehen«

Nutzen Sie diese hilfreichen Konversations-»Bausteine«

»Hallo, ich bin [nennen Sie Ihren Namen]. Macht es Ihnen etwas aus, wenn ich mich zu Ihnen setze?«
»Darf ich mich zu Ihnen gesellen? Ich kenne hier gar niemanden.« (mit einem entwaffnenden Lächeln, nicht lamentierend)
»Woher kennen Sie denn [Name des Gastgebers]?«
»Was machen Sie beruflich?«
»Wie fanden Sie den Vortrag?«
Um die Runde zu machen und sich zur nächsten Gruppe zu gesellen: »Schön, dass wir uns kennengelernt haben. Ich muss leider weiter und wollte noch kurz dort drüben Hallo sagen.«
»Entschuldigen Sie mich bitte, ich wollte noch kurz mit X sprechen.«
»Ich sollte Sie nicht allzu sehr in Beschlag nehmen, ich ziehe einmal weiter.«
»Sie möchten bestimmt auch noch mit anderen sprechen.«
»Vielen Dank für das nette Gespräch – wir sollten uns wahrscheinlich noch ein bisschen unter die Leute mischen.«

Bewahren Sie einen positiven Grundtenor

Konzentrieren Sie sich auf das Äußern positiver Dinge und formulieren Sie Ihre Aussagen positiv. Wer positive Energie ausstrahlt, zu dem fühlt man sich hingezogen. Geben Sie anderen die Gelegenheit, sich im Gespräch zu profilieren, stellen Sie sie in einem positiven Licht dar und zollen Sie ihnen Anerkennung.

Überspielen Sie Momente verlegenen Schweigens mit einer humorvollen Bemerkung – gern mit einer Portion Selbstironie.

Bezeugen Sie aufrichtiges Interesse

In seinem Klassiker *Wie man Freunde gewinnt* schreibt Dale Carnegie: »Möchten Sie, dass man sich für Sie interessiert, dann seien Sie ein guter Zuhörer.«[408] Experimente haben gezeigt, dass die meisten Menschen so darauf erpicht sind, über sich selbst zu sprechen, dass sie dafür sogar bereit wären, auf bares Geld zu verzichten.[409] Zeigen Sie ehrliches Interesse am Leben und an den Ansichten anderer, auch, damit nicht der Eindruck entsteht, dass Sie sie nur als Mittel zum Zweck des Netzwerkens betrachten. Wenn andere Menschen ehrliches Interesse spüren, dann wissen sie dies zu schätzen und haben Freude an der Unterhaltung. So erfahren Sie Interessantes und Nützliches und hinterlassen gleichzeitig einen guten Eindruck.[410]

Gewähren Sie wechselseitig Einblicke

Verraten Sie etwas über sich. Damit machen Sie sich minimal vulnerabel, was hilft, Vertrauen herzustellen, und Ihre Gesprächspartner veranlasst, sich Ihnen gegenüber zu öffnen. Diese Gegenseitigkeit ist für uns Menschen ganz wichtig und »ein effektives Mittel zur Herstellung sozialer Harmonie«.[411]

Beziehen Sie sich auf Gemeinsamkeiten

Setzen Sie zum Zweck des Beziehungsaufbaus bei Gemeinsamkeiten an, denn diese verbinden. Heben Sie Dinge hervor, die Sie einen, zum Beispiel, dass Sie aus demselben Fachgebiet kommen, auf derselben Universität waren, Erfahrungen und Interessen teilen oder ähnliche Werte vertreten. Ob Hintergrund, Hobby, Ansichten oder ähnliche Ziele – all das sind Bezugspunkte, die helfen, Bindungen herzustellen.

Demonstrieren Sie Interesse durch Fragen

Einstein behauptete, dass er keine besondere Begabung besäße. Er sei nur leidenschaftlich neugierig und der Ansicht, dass Menschen grundsätzlich bessere Fragen stellen sollten.

Unser Interesse an anderen sowie unsere emotionale Intelligenz, die uns befähigt, uns in sie hineinzuversetzen, ermöglichen es uns, Verbindungen einzugehen.[412] Die Verhaltensforschung hat gezeigt, dass die Art und Weise, wie wir Fragen und Antworten formulieren, potenziell Auswirkung auf das Ergebnis von Gesprächen hat.[413] Wenn wir Fragen allgemeiner formulieren, geben wir anderen den Spielraum, sich uns gegenüber darzustellen. Dadurch vermeiden wir auch, sie in Verlegenheit zu bringen.[414] Auch gute Zuhörer können zwischendurch ruhig Fragen einwerfen, die der Ergiebigkeit des Gesprächs dienen und die dem Gegenüber bei seiner Selbstdarstellung helfen.[415]

Was Sie tun und was Sie lassen sollten

Hüten Sie sich davor, sich in zu langatmigen Ausführungen zu ergehen. Die Aufmerksamkeit anderer ist begrenzt. Bringen Sie das, was Sie sagen möchten, auf den Punkt. Schwadronieren Sie nicht, denn das wirkt belehrend und unsympathisch. Stellen Sie sich nicht aufmerksamkeitsheischend in den Mittelpunkt, aber seien Sie auch kein Mauerblümchen. Unterbrechen Sie andere nicht, seien Sie verbindlich und vermeiden Sie Indiskretion. Klatsch wirft nur ein schlechtes Licht auf Sie und kann im Nachgang ernsthafte Probleme verursachen. Klammern Sie sich nicht fest, geben Sie anderen die Möglichkeit, Ihre Runde zu verlassen, und beenden Sie jedes Gespräch taktvoll und höflich.

Tipps für Introvertierte

Die gängigen Netzwerktipps sind für Introvertierte in aller Regel bestenfalls nur begrenzt effektiv und schlimmstenfalls sogar kontraproduktiv. Während Extrovertierte beim Netzwerken zur Hochform auflaufen und auf Knopfdruck zu glänzen wissen, empfinden introvertierte Menschen soziale Interaktionen dieser Art als anstrengend. Ihr oft vorhandener Hang zur Perfektion hemmt sie, und ihre aus Schüchternheit resultierende reservierte Art wird von anderen schnell fälschlicherweise als Arroganz oder Überheblichkeit ausgelegt.

Introvertierte Menschen sind nicht unbedingt schlechtere Netzwerker als extrovertierte, denn häufig investieren sie mehr Mühen und stellen tiefere Bindungen her. Andere wissen ihre Ernsthaftigkeit und ihr Engagement zu schätzen. Introvertierte sind mit gründlicher Vorbereitung auf Veranstaltungen besonders gut beraten. Auch empfiehlt sich für sie der Grundsatz »Qualität vor Quantität«, denn für sie ist »eine einzige echte neue Beziehung wichtiger als zehn Hände voller Visitenkarten«.[416] Die US-Wirtschaftsjournalistin Suzy Welch hat einen »Netzwerktrick«, der einem Small Talk erspart. Sie schreibt »altmodische Dankes-›Karten‹ […] per E-Mail, SMS, WhatsApp oder auf den sozialen Medien«.[417]

So bewältigen sie »herausfordernde« Begegnungen

Netzwerken mit Menschen, die uns ähnlich und sympathisch sind, fällt uns in der Regel leicht. Mit Zeitgenossen, die wir als weniger »umgänglich« empfinden, die uns unsympathisch sind oder die uns nicht mögen, gestaltet sich das etwas schwieriger. Manchmal fangen Beziehungen schlichtweg unter einem schlechten Stern an und ziehen im weiteren Verlauf »atmosphärische Störungen« nach sich. Ein Grund dafür kann einfach sein, dass die »Chemie« nicht stimmt, oder auch ein anfänglicher, völlig unbeabsichtigter und unbemerkter Tritt ins Fettnäpfchen. Vielleicht hat man jemanden beim Betreten eines Raumes einmal versehentlich nicht gegrüßt, jemandem gegenüber eine Äußerung gemacht, die dieser als unhöflich empfunden hat, oder man hat bei einem Event eine Person ausgegrenzt, ohne es zu merken.

Wie sich andere verhalten, können Sie nicht beeinflussen; wohl aber, wie Sie darauf reagieren. Das ist wichtig zu realisieren, denn Ihr Verhalten wirkt sich in einer Feedbackschleife nachweislich maßgeblich auf die Reaktion anderer aus. Sind wir misstrauisch, skeptisch oder reserviert, spürt unser Gegenüber die negative Energie und wird sie gegebenenfalls spiegeln – und beispielsweise ebenfalls Argwohn hegen.

Managen Sie Ihre »Erwartungshaltung, denn sie prägt Ihre Wahrnehmung. Nehmen Sie sich vor, bewusst auf positive und interessante Merkmale Ihres Gegenübers zu achten.«[418] Wenn mir das Verhalten eines anderen merkwürdig vorkommt, dann gebe ich im Zweifel einen Vertrauensvorschuss und gehe zunächst einmal davon aus, dass er vielleicht einen schlechten Tag hat oder gerade schwierige persönliche Umstände durchmacht. Seien Sie gütig, springen Sie über Ihren Schatten und kommen Sie der Person mit netten Worten oder einer freundlichen Geste entgegen.

Manchmal trügt uns unser Instinkt aber nicht und unser Bauchgefühl gibt uns in zutreffender Weise zu verstehen, dass unser Gesprächspartner ein Mensch ist, der einfach nicht zu uns passt und den wir, aus welchen Gründen auch immer, meiden sollten. Dann sollten wir auf unser Gefühl hören und uns mit Anstand zurückziehen.

Machtbeziehungen

Je hochkarätiger und einflussreicher eine Person ist, desto größer ist das Interesse anderer, sich mit ihr zu vernetzen. Und dafür versuchen manche, Berge zu versetzen. Dies habe ich selbst miterleben dürfen durch meine Zusammenarbeit mit unter anderem Milliardär George Soros oder Star-Ökonom Nouriel Roubini. Solche Persönlichkeiten benötigen Personal, das sie allein schon physisch abschottet, da sie auf Schritt und Tritt belagert und mit Anliegen überrannt werden.

Kontakte zu einflussreichen Persönlichkeiten sind erstrebenswert, weil sie für gewöhnlich einen »Statustransfer« mit sich bringen. Ihr »magischer Glanz« färbt auf Menschen in ihrem Umfeld ab, was deren Status erhöht. Eine solche »Aufwertung« ist nützlich, weil sie Türen öffnen und Chancen bieten kann. Die begehrten Persönlichkeiten sind sich dieser Dynamik natürlich bewusst und reagieren typischerweise allergisch auf Menschen, die versuchen, sie opportunistisch für ihre Zwecke einzuspannen, zu manipulieren oder auszunutzen. Deshalb sollte man darauf achten, ihnen nie zu nahe zu treten und die Beziehung zu ihnen mit Bedacht zu handhaben.

Nirgendwo wird deutlicher, was einflussreiche Allianzen bewirken können, als im Silicon Valley. Obwohl dort die Technologie den Ton angibt, sind zwischenmenschliche Beziehungen immer noch ausschlaggebend, weil sie notwendig sind, um Kapital einzuwerben, die fähigsten Leute anzuheuern und vielversprechende Kooperationen einzugehen. Kaum jemand hat die Beziehungen zu hochkarätigen Persönlichkeiten erfolgreicher instrumentalisiert als die Silicon-Valley-Start-up-Gründerin Elizabeth Holmes.

Holmes, schlank, blond, mit stechend blauen Augen und einprägsamem Signature-Look – locker gebundener Pferdeschwanz, knallroter Lippenstift und schwarzer Rollkragenpullover – brach ihr Studium an der Stanford University mit 19 Jahren ab, um das Medizin-Start-up Theranos zu gründen. Ihre Angst vor Spritzen, so behauptete sie jedenfalls, habe sie auf die Idee gebracht, ein innovatives Gerät mit dem ehrgeizigen Namen »Edison« zu erfinden, das mit einer winzigen Menge Blut in der Lage sei, ein breites Spektrum von Erkrankungen zu diagnostizieren, von Krebs bis zu einem hohen Cholesterinspiegel. Holmes, die über ein ausgeprägtes Talent für Branding, Marketing und Vertrieb verfügte, kultivierte Eigenheiten, die sie sich zum Teil von Steve Jobs abgeschaut hatte, darunter nicht nur dessen schwarzen Rollkragenpullover und die Büroeinrichtung mit Le-Corbusier-Ledersesseln, sondern auch eine eigenwillige Diät, die aus grünen Säften bestand. Ihr Superstar-Image vervollkommnete sie mit chauffierter schwarzer Limousine und respekteinflößenden Leibwächtern. Außerdem hatte sie es sich angewöhnt, in einem tiefen Bariton zu sprechen – vermutlich, um ernster genommen zu werden –, und verfiel nur gelegentlich in unachtsamen Momenten in ihre normale, deutlich höhere Stimmlage, wie Menschen aus ihrem direkten Umfeld bezeugten.

Ihre erstaunlichste Leistung war die illustre Zusammensetzung des Verwaltungsrats von Theranos, die ihresgleichen sucht. Holmes gelang es, dafür die ehemaligen US-Außenminister Henry Kissinger und George Shultz, den Ex-CEO von Wells Fargo, Richard Kovacevich, und den pensionierten General Mattis zu gewinnen, der später unter Donald Trump Verteidigungsminister wurde, um nur einige zu nennen. Die Phalanx der Theranos-Investoren war nicht minder eindrucksvoll – darunter Rupert Murdoch, die Familie Walton (Walmart) sowie der mexikanische Magnat Carlos Slim Helú.

Holmes wurde von Politikern und Prominenten hofiert, die sie ebenso zu beeindrucken wusste wie die Medien. Zu ihren zahlreichen Auszeichnungen zählten die Berufung ins Board of Fellows der Harvard Medical School und ein Platz auf der Liste der einflussreichsreichsten Menschen der Welt in der *TIME*.

Erstaunlicherweise bezeichnete Henry Kissinger Holmes als »Lichtgestalt« und General Mattis beschrieb sie als »Inbegriff einer Revolutionärin«. Derartiger Zuspruch verlieh Holmes einen Level an Glaubwürdigkeit, den sie ihrerseits zu instrumentalisieren wusste. Sie warb Hunderte Millionen Dollar an Investments für ihr Unternehmen ein, steigerte dessen Wert auf 9 Milliarden US-Dollar und erwirtschaftete ein Privatvermögen von 4,5 Milliarden US-Dollar. Offensichtlich hatten die hoch angesehenen Verwaltungsratsmitglieder sich von Holmes' Charme und Überzeugungskraft ablenken lassen und es mit ihren Sorgfaltspflichten nicht so genau genommen. Denn sonst hätten sie eigentlich merken müssen, dass es sich bei ihrer angeblich revolutionären medizinischen Erfindung um nichts weiter als einen Betrug handelte.

Doch die angesehenen Würdenträger blieben nicht die Einzigen, die auf Holmes hereinfielen. Ihr gelang es nämlich darüber hinaus auch noch, gleich mehrere Partnerschaften mit namhaften Unternehmen unter Dach und Fach zu bringen – darunter die prestigeträchtige Cleveland-Klinik ebenso wie Walgreens, Safeway und Capital Blue Cross. Skeptiker, denen Holmes' Konzept nicht schlüssig erschien, wurden kritisiert, nicht ernst genommen oder ignoriert. Holmes Unredlichkeit nachzuweisen, stellte sich zunächst tatsächlich als schwierig heraus, da sie »zum Schutz ihres geistigen Eigentums« höchsten Wert auf Geheimhaltung und Vertraulichkeit legte. Doch dann gaben Whistleblower erste Informationen weiter. John Carreyrou, Reporter des *Wall Street Journal*, war einer der ersten Journalisten, der in einem investigativen Artikel Holmes' betrügerische Machenschaften aufdeckte und der später mit seinem gefeierten Bestseller *Bad Blood* nachlegte. Dieser und andere Berichte wurden zunächst als lächerlich abgetan. Als sich die Anzeichen für einen Betrug jedoch mehrten, leiteten die US-Behörden für Wertpapier- und Börsenaufsicht, SEC, für Lebens- und Arzneimittel, FDA, und für die Gesundheitsversorgung älterer und bedürftiger Menschen, CMS, Untersuchungen über Theranos ein.

2018 wurde das Unternehmen geschlossen. Im selben Jahr schloss Holmes in einem Prozess mit der Wertpapieraufsichtsbehörde SEC einen Vergleich ab und wurde darüber hinaus vor einem US-Bundesgericht unter anderem wegen Betrugs angeklagt. Sie plädierte auf nicht schuldig.[419] Derweil mussten ihre Investoren Hunderte Millionen Dollar an Verlusten abschreiben. Elizabeth Holmes hat eindrucksvoll unter Beweis gestellt, dass die Assoziation mit angesehenen Persönlichkeiten die eigene gesellschaftliche Stellung und den eigenen Einfluss signifikant erhöhen und das Unmögliche möglich machen kann.

Aber auch Allianzen unter Gleichgestellten können ausgesprochen effektiv sein. Oft gehen sie auf eine Zeit zurück, in der die Beteiligten noch nicht so erfolgreich waren. In einem Artikel nennt Start-up-Gründer Dave Lu die »Silicon-Valley-Mafia« als Beispiel. Schaut man sich die Gründer und wichtigsten Unternehmensmitglieder der heutigen Techgiganten an, sieht man, dass sich viele Querverbindungen überschneiden. Es sind häufig dieselben Leute, die sich zusammen durchgekämpft, Krisen durchlebt und gute Zeiten gefeiert haben. »Zwar brachte jeder das Talent und Potenzial mit, Erfolg zu haben, aber gemeinsam haben sie ihre Erfolgschancen deutlich gesteigert.«[420]

Ein Beispiel hierfür sind das berufliche »Power-Team«, der Megainvestor Peter Thiel und der LinkedIn-Gründer Reid Hoffman. Sie lernten sich an der Stanford University kennen und verstanden sich auf Anhieb. Auch intellektuell harmonierten sie wunderbar, obwohl sie politisch völlig gegensätzliche Meinungen vertraten. Nach nunmehr einem Vierteljahrhundert können sie auf eine geschäftliche Partnerschaft zurückblicken, die sich für die beiden Milliardäre als außergewöhnlich erfolgreich und lukrativ erwiesen hat.[421] Deshalb sprach Reid Hoffman aus Erfahrung, als er sagte: »Ganz gleich wie brillant Sie oder Ihre Strategie sind – wer allein antritt, der zieht gegenüber einem Team immer den Kürzeren.«[422]

Mentoren

Regelmäßig erhalte ich Anfragen von Menschen, die mich bitten, als ihre Mentorin zu fungieren. Mentoren sind Menschen, die bereits dort sind, wo Sie einmal hinmöchten, und die Sie als ihren Schützling unter ihre Fittiche nehmen, Sie fördern, Ihnen Zugang zu ihrem Netzwerk ebnen und Chancen eröffnen. Oft erhalten junge Menschen den Rat, sich einen Mentor zu suchen, aber die sind leider rar gesät und man kann sie sich nicht einfach aussuchen, sondern muss von ihnen »entdeckt« werden. Trotzdem können Sie natürlich versuchen, positiv auf sich aufmerksam zu machen. Sollte es Ihnen gelingen, einen Mentor für sich zu gewinnen, kann das Ihrer Karriere einen deutlichen Schub verleihen.

Allerdings stehen die Chancen darauf heutzutage nicht besonders gut. Aufgrund zunehmender Fluktuation im Topmanagement, geringerer Loyalität gegenüber dem Unternehmen und höherer Arbeitsbelastung hat das Mentoring über die letzten Jahrzehnte immer mehr abgenommen.[423] Hinzu kommt, dass Mentoren zwei ihrer wertvollsten Ressourcen für Sie aufwenden müssen: ihre Zeit und ihr politisches Kapital. Außerdem stehen sie für Protegés auch mit ihrem Ruf ein. Daher muss für sie ein Anreiz bestehen, sich für Sie einzusetzen. Ihre Chance, einen Mentor aufzutun, können Sie durch besondere Leistungen und Loyalität steigern. Gelingt es Ihnen, einen Mentor für sich zu gewinnen, sollten Sie alles daransetzen, um diesen ausdrücklich zu würdigen und stets ins beste Licht zu rücken.

Realistisch wäre, sich schon einmal darauf einzustellen, aller Wahrscheinlichkeit nach ohne Mentor auskommen zu müssen. Dieses Defizit können Sie durch ein tiefes und breites Netzwerk auszugleichen versuchen. Statt auf den einen allmächtigen Retter zu warten, sollten Sie Beziehungen zu vielen verschiedenen Menschen pflegen, die Ihnen als Vorbild dienen können, Ihnen Orientierung geben und Sie auf Chancen aufmerksam machen. Das verbessert dann auch wiederum Ihre Aussichten, vielleicht doch noch einen Mentor zu finden.

Ich hatte in meiner Laufbahn nicht das Privileg, einen Mentor zu haben. Natürlich gab es Menschen, die mich unterstützt und die mir weitergeholfen haben, aber es gab nie die eine einflussreiche Person, die mich »an die Hand genommen« und hinter den Kulissen die Strippen gezogen hätte, um meine Karriere voranzutreiben. Meine Mentoren waren vor allem die Vorbilder, die ich mir ausgewählt habe. Ihre Verhaltensweisen und Strategien, die mich beeindruckt haben, habe ich verinnerlicht, bis ich meinen eigenen Weg gefunden hatte. Während ich an meinen Zielen gearbeitet habe, habe ich mein Netzwerk ausgebaut, das mir Unterstützung gegeben und Stabilität verliehen hat.

Wer erfolgreiche Menschen beobachtet, kann viel Wertvolles von ihnen lernen. Achten Sie jedoch darauf, sich Ihre Vorbilder sorgfältig auszusuchen, denn sie werden Sie nachhaltig prägen. Sie können auch proaktiv auf Menschen zugehen, die Sie bewundern, und diese um Rat bitten, oder Sie suchen sich einen professionellen Coach.

Online-Networking

Wie wichtig Beziehungen sind, wurde mir nicht zuletzt beim Verfassen dieses Buches wieder bewusst. Nachdem ich bereits einiges über Disruption und die Zukunft der Arbeit geschrieben hatte, wurde auch ich von der durch die Corona-Pandemie ausgelösten Disruption erwischt. Trotz Lockdowns, Quarantäne und Abstandsregeln gelang es mir aber aufgrund meiner guten internationalen privaten wie beruflichen Kontakte, mich frühzeitig zu informieren, rechtzeitig zu schützen und vor allem auch nahtlos weiterarbeiten zu können. Allerdings fand die Kontaktpflege und Zusammenarbeit fast ausschließlich nur noch in der virtuellen Welt statt.

Tiefe, vertrauensvolle Beziehungen sind ein Privileg, das verdient werden, sich in Krisen bewähren und durch gemeinsame Erlebnisse vertieft werden muss. Derartig prägende Erfahrungen sind in der virtuellen Welt natürlich nicht möglich. Sherry Turkle, Professorin am Massachusetts Institute of Technology (MIT), erläutert denn auch, dass wir durch Onlineinteraktionen zwar »eine größere Anzahl von Verbindungen haben, doch die Beziehungen in aller Regel oberflächlicher sind«.[424] Und »je mehr Zeit wir online verbringen, desto mehr verkümmern unsere zwischenmenschlichen Fähigkeiten. Darunter leidet letztendlich unser persönlicher Umgang, was sich dann auch negativ auf unsere Karriere auswirkt.«[425]

Virtuelle Begegnungen können persönliche nicht ersetzen, weil »persönliche Begegnungen Menschen ein besseres Gespür füreinander vermitteln. Auch berufliche Kompetenzen lassen sich im direkten Miteinander besser beurteilen. Sind Sie persönlich präsent, können sich andere ein besseres Bild davon machen, was für ein Typ Sie sind, wie Sie arbeiten« und über welches Potenzial Sie verfügen.[426]

Da Onlinenetworking allerdings zukünftig einen immer größeren Anteil an unseren Netzwerkaktivitäten einnehmen wird, sollten wir versuchen, uns auch in dieser Hinsicht weiterzubilden, um es möglichst gut zu beherrschen. Hierzu gibt es viele hilfreiche Quellen wie Bücher, Podcasts oder YouTube-Videos, die technische Details, Etikette und andere relevante Aspekte anschaulich erläutern.

Wie Sie Communitys und Plattformen aufbauen

Ein neues Jahr hat begonnen, die Feiertage sind gerade vorüber und die Welt befindet sich noch in einer Art Winterschlaf. Ein Ort jedoch pulsiert vor Leben: der malerische Skiort Davos, gelegen inmitten der Schweizer Alpen. Zu Beginn eines jeden Jahres rückt er angesichts der dorthin pilgernden globalen Elite ins Zentrum des Weltgeschehens. Die Menschen, die sich in Davos zum Jahrestreffen des Weltwirtschaftsforums (WEF) versammeln, verändern unsere Welt und schreiben Geschichte. Sie sind die Super-hubs der Netzwerke, die die Welt regieren.

Seit 2007 habe ich regelmäßig am WEF-Jahrestreffen teilgenommen, habe seinem »Systemic Financial Risk Council« angehört und bin im Anschluss über die Menschen und Unternehmen, für die und mit denen ich über die Jahre gearbeitet habe, dem WEF-Netzwerk verbunden geblieben. Daher habe ich einen direkten Einblick hinter die Kulissen erhalten und beobachten können, wie diese Plattform funktioniert und wie sie von ihren Organisatoren und den Teilnehmern optimal genutzt wird.

Eine der effektivsten Methoden, sich als menschlicher Super-hub zu etablieren – als am besten vernetzter, zentraler Knotenpunkt in einem Netzwerk –, ist, selbst ein Netzwerk aufzubauen. Netzwerke benötigen Plattformen, auf denen sie sich entwickeln und wachsen können. Es gibt zahllose Möglichkeiten, solche Netzwerke zu errichten. Sie reichen von zwanglosen Zusammenkünften über regelmäßige Treffen bis hin zu Konferenzen und anderen Arten von Veranstaltungen. Das Weltwirtschaftsforum ist der Inbegriff eines erfolgreichen Netzwerk- und Plattformaufbaus, und das macht es zu einer interessanten Fallstudie. Aber schauen wir uns zunächst einmal an, welche Elemente notwendig sind, um eine erfolgreiche Netzwerkplattform zu etablieren.

Im Laufe meiner Karriere war ich unter anderem auch für den Aufbau einer globalen gemeinnützigen Plattform für Family Offices zuständig – den Vermögensverwaltungsgesellschaften ultrawohlhabender Familien. In meiner Eigenschaft als »Super-Connector« wurde ich damit beauftragt, ein Konzept für die Plattform zu entwickeln und eine Gemeinschaft aufzubauen, bestehend aus den Familienmitgliedern selbst oder den CEOs ihrer Family Offices. Eine Mitgliedschaft war nur auf Einladung möglich und um Kompatibilität und gleiche Interessen sicherzustellen, waren nur Family Offices zugelassen, deren verwaltetes Vermögen bei mindestens 500 Millionen US-Dollar lag. Zweck der Plattform war in erster Linie der Erfahrungs- und Meinungsaustausch sowie die Zusammenarbeit, etwa durch gemeinsame Investitionen. Ein besonderes Merkmal der Organisation war, dass keine Dienstleister zugelassen waren, also niemand, der etwas zu verkaufen hatte, wie Banker, Rechtsanwälte oder Steuerberater, sodass die Familienoberhäupter und ihre CEOs ganz unter sich sein und sich ungestört austauschen konnten. Insofern glich die Plattform einem privaten Klub. Sie zeichnete sich insbesondere durch das Prinzip der Homophilie aus, da die Teilnehmer einen ähnlichen Hintergrund und gleichgelagerte Interessen hatten. Von besonderem Wert war für sie die Möglichkeit, Family-Office-Mitglieder aus anderen Ländern und Branchen kennenzulernen, die über eine andere Expertise, Einblicke und Erfahrungen verfügten und mit denen sie sich dadurch hervorragend ergänzten.[427] Der Aufbau dieser Plattform war ausgesprochen interessant und hat viel Spaß gemacht, nicht zuletzt, weil ich im Rahmen meiner Tätigkeit die ganze Welt bereisen und faszinierenden Menschen begegnen durfte.

Gemeinsame Ziele und Werte

Communitys sind Netzwerke von Menschen, die sich auf Plattformen zusammenfinden. Diese Plattformen sind wie »Ökosysteme«, die auf gemeinsamen Zielen und Werten beruhen und auf denen sich Menschen mit ähnlichen Überzeugungen zusammentun, um ihre Interessen zu fördern. Idealerweise sollten Initiatoren von Plattformen über »Versammlungsmacht« verfügen, das heißt, in ihrem Umfeld so einflussreich sein, dass Menschen ihrem Aufruf folgen, sich zusammenzufinden. Die »Versammlungsmacht« ergibt sich aus der »Netzwerkmacht« einer Person, also aus dem Einfluss, den sie aufgrund ihrer Beziehungen innerhalb ihrer Gemeinschaft hat.

Nachhaltige Communitys vermitteln ihren Mitgliedern ein Zugehörigkeitsgefühl und das gemeinsame Streben nach einem Ziel. Plattformen sollten daher so konzipiert und konfiguriert sein, dass sie die passenden Teilnehmer anziehen und ihnen leicht und angenehm den gegenseitigen Austausch ermöglichen. Wirksame Plattformen geben Teilnehmern Anreize, Beiträge zur Erreichung der gemeinsamen Zielsetzung zu leisten und damit den Wert der Plattform insgesamt zu steigern.[428] Die Gelegenheit, gemeinsame Erfahrungen teilen zu können, anstatt lediglich passiv im Publikum zu sitzen und nachher zu kaum mehr als oberflächlicher Plauderei Gelegenheit zu haben, baut Vertrauen auf und schafft Bindungen. Das wiederum macht Menschen aufgeschlossener dafür, anderen entgegenzukommen, Informationen auszutauschen und miteinander ins Geschäft zu kommen.[429]

Das Weltwirtschaftsforum basiert beispielsweise auf dem »Stakeholder-Prinzip«, das WEF-Gründer Klaus Schwab vor über 50 Jahren konzipiert hat. Gemäß diesem Prinzip ist das Management eines Unternehmens nicht nur seinen Aktionären, sondern den Interessen aller verpflichtet, die von seinen Aktivitäten betroffen sind, beispielsweise Arbeitnehmer, Kunden und vor allen Dingen auch die Gemeinde, in der das Unternehmen beheimatet ist. Schwab hat dieses Konzept später auf »Global Corporate Citizenship« erweitert, nach dem Unternehmen dazu angehalten werden, sich sozial verantwortlich zu verhalten und der Gesellschaft etwas zurückzugeben. Im Zuge der COVID-19-Pandemie lancierte das WEF die Initiative »The Great Reset«, also den »großen Neustart«, um den Herausforderungen der Pandemie durch globale Zusammenarbeit gemeinsam zu begegnen.[430] Zu den dem WEF zugrunde liegenden Werten gehören die

Grundsätze der Unabhängigkeit, der Unparteilichkeit sowie der moralischen und intellektuellen Integrität.[431]

Diese Ziele mögen recht allgemein und abgehoben erscheinen, aber sie stellen wirksame Leitplanken dar und die Bandbreite ermöglicht es, ein vielfältiges Spektrum an Themen abzudecken und Initiativen flexibel zu integrieren. Sie können den Zweck einer Plattform so allgemein oder konkret gestalten, wie Sie es wünschen, solange er legitim und glaubwürdig ist.

Eintrittsbarrieren

Ein Netzwerk ist umso wertvoller, je höher der Status der Menschen ist, aus denen es besteht, und je stärker ihre Beziehungen untereinander sind. Wer eine Plattform aufbaut, sollte sich darüber im Klaren sein, welche Zielgruppe angesprochen werden und wer Zugang erhalten soll. Diese Erwägungen hängen natürlich ganz entscheidend auch vom Zweck der Plattform ab – zum Beispiel unterscheidet sich eine kommerzielle wesentlich von einer gemeinnützigen. Grundsätzlich aber gilt: Je höher die Einstiegsbarriere ist, desto größer ist in der Regel das Prestige der Teilnehmer und ihre Loyalität gegenüber der Plattform sowie auch der kommerzielle Mehrwert, den sie verkörpern. Das Merkmal der Exklusivität manifestiert sich dadurch, dass die Nachfrage nach einer Zugehörigkeit die Teilnahmemöglichkeiten überschreitet. Deshalb sollten, soweit möglich und angezeigt, die Zugangskriterien hoch gesteckt sein.

Nehmen Sie als Beispiel noch einmal das Weltwirtschaftsforum in Davos: Jedes Jahr versuchen Tausende bedeutende Persönlichkeiten aus der ganzen Welt mit allen Mitteln, eine Einladung zu ergattern. Letztendlich erhalten nur 2500 Teilnehmer dieses Privileg. Alle anderen müssen sich mit einer Absage zufriedengeben. Diese Exklusivität erhöht das Prestige der Plattform selbst sowie den Status der Teilnehmer. Als Zugangsbarrieren können tatsächliche oder selbst gewählte Kapazitätsbeschränkungen, Gebühren oder eng gefasste Zulassungskriterien (Qualifikationen, das Innehaben von Exekutivpositionen oder erhaltene Auszeichnungen) gelten. Der Rotary Club beschränkte die Einladungen zu Abendessen anfänglich zum Beispiel auf nur zwölf Mitglieder.[432]

Die Mitgliederbasis: Homogene oder diverse Teilnehmer?

Das Weltwirtschaftsforum (WEF) strebt unter seinen 2500 Teilnehmern nach größtmöglicher Vielfalt. Die Teilnehmer wie Topmanager und hochrangige Vertreter von Regierungen und gemeinnützigen Organisationen, Wissenschaftler aus verschiedenen Disziplinen und führende Nachwuchstalente, kommen aus verschiedenen Branchen und Ländern. Bereitwillig tragen sie zu den auf der Plattform ausgetauschten Inhalten bei, indem sie Vorträge halten, an Gesprächsrunden teilnehmen und Studien sowie wissenschaftliche Arbeiten erstellen. Durch den branchen- und länderübergreifenden Diskurs werden Disziplinen miteinander vernetzt, was zu »Querbefruchtung«, Kreativitätszuwachs und effektiveren Problemlösungen verhilft.[433]

Wenn Sie Ihre eigene Plattform etablieren wollen, sollten Sie sich überlegen, ob Sie mehr auf Homogenität oder auf Diversität der Teilnehmer setzen wollen. Zwar sind Menschen tendenziell eher dazu geneigt, sich mit Gleichgesinnten zusammenzutun, aber das Zusammenführen verschiedenartiger Teilnehmer kann ebenfalls ein attraktives Angebot darstellen, weil es das sogenannte Network-Brokering ermöglicht, also die Herstellung von Kontakten zwischen vormals unverbundenen Gruppen. Wenn Sie beispielsweise Menschen zusammenbringen, die sich ansonsten nie begegnet wären und die dadurch neue Geschäftsmöglichkeiten auftun können, dann produzieren Sie einen Mehrwert, der Menschen anzieht und für den sie bereit sind zu zahlen.[434]

Klaus Schwab hat auf der WEF-Plattform eine einzigartig geniale Mischung aus Diversität und Homophilie geschaffen, die sich sozusagen mehrdimensional quer vernetzt. Unter den verschiedenen Teilnehmern sind Homophilie-Cluster, also Gruppen, in denen Gleichgesinnte zusammenfinden, wie das der Finanzmagnaten, der Techtitanen oder der Konzern-CEOs. Solche multidimensionalen Netzwerke zusammenzubringen, ist eine Kunst für Fortgeschrittene. Schafft man es aber, sie miteinander zu verbinden, dann resultiert das in besonders robusten Strukturen, wie der langjährige Erfolg des WEF belegt.

Führung

Jede Gemeinschaft braucht eine starke Führung, die das Gesicht und das Rückgrat der Community ist. WEF-Gründer Klaus Schwab ist eine Ausnahmepersönlichkeit. Er erfindet das Forum fortwährend neu und treibt damit seine Evolution proaktiv voran. Solche »Führungspersönlichkeiten denken in großen Dimensionen und sind unter fast allen Umständen in der Lage, neue Initiativen anzuschieben. Sie geben Menschen Motivation und leisten der Entwicklung zielführender Prozesse Vorschub. Damit haben sie einen ›Multiplikatoreffekt‹ auf das Ergebnis.«[435]

Netzwerkstruktur und -dynamik

Wie bereits angesprochen, sind Netzwerke immer nur so effektiv wie ihre Konfiguration. Zur Steigerung ihrer Effektivität ist geografische Dichte oft hilfreich. Zusammenarbeit gedeiht, wenn Teilnehmer sich leicht finden, zusammentun und kooperieren können. Das ist naturgemäß am einfachsten, wenn man sich am gleichen Ort befindet. Zum genialen Konzept des Weltwirtschaftsforums gehört, dass die einflussreichsten Menschen der Welt eine aufwendige Reise in Kauf nehmen, um sich in einem abgelegenen Bergort zu treffen. Dort gibt es keine Ablenkungen und Ausweichmöglichkeiten. Bei anderen Konferenzen, die beispielsweise in Großstädten stattfinden, schwirren die Teilnehmer häufig zu anderen Terminen aus und Kontakte verlaufen sich.

Zu den weiteren konzeptionellen Ansätzen gehört die Möglichkeit, Menschen innovativ in einer außergewöhnlichen Umgebung zu versammeln, um sie durch ein gewisses Überraschungsmoment dazu anzuregen, sich zu öffnen, auf andere zuzugehen und sich aufgeschlossener auf andere einzulassen. Beispielsweise können Sie relativ unstrukturierte Veranstaltungen planen, die sich »natürlich« anfühlen und Menschen auf organischem Wege einander näherbringen. Alternativ können Sie aber auch auf stark strukturierte Versammlungskonzepte setzen, die den Teilnehmern Orientierung und damit ein gewisses Sicherheitsgefühl geben.

Ein Bekannter von mir hält in New York regelmäßig Dinners in seinem Apartment ab, zu denen er Menschen einlädt, von denen er ausgeht, dass sie sich nicht kennen und die er auch nicht ankündigt. Sein Konzept ist sehr erfolgreich und seine Einladungen äußerst begehrt. Ein anderer Freund von mir gibt regelmäßig CEO-Dinners. Er hat üblicherweise ein paar interessante »Ankergäste«, die für andere potenzielle Gäste attraktive Netzwerkgelegenheiten darstellen und somit eine gewisse »Sogwirkung« entfalten. Auch das ist ein sehr beliebtes Format, das bereichernde Gespräche und wertvolle Netzwerkgelegenheiten ermöglicht. Sünden, die es zu vermeiden gilt, sind insbesondere das Entstehenlassen von Langeweile und eine »ungemütliche« Atmosphäre.

Globalisierung: Vernetzung über kulturelle Grenzen hinweg

Das Ziel besteht nicht darin, an einen Ort zu gelangen, sondern die Welt aus einer neuen Perspektive zu betrachten.

Henry Miller

Der russische »Spionagethriller«, der sich um Donald Trumps Kabinett zu Anfang seiner Präsidentschaft rankte, erregte internationales Aufsehen. Im Zuge dessen geriet eine bis dahin unscheinbare Figur in den Mittelpunkt des Geschehens: der nunmehr ehemalige russische Botschafter in den Vereinigten Staaten und angebliche Meisterspion Sergej Kisljak, der im Zentrum eines komplexen Beziehungsnetzes stand und über persönliche Verbindungen zu Präsident Trump und zahlreiche seiner Berater verfügte. Die Vernetzung ausländischer Diplomaten mit dem politischen Establishment ist gängig und gewollt. Äußerst ungewöhnlich war in diesem Fall allerdings die Tatsache, dass viele der betroffenen Trump-Berater diese Kontakte entweder fälschlicherweise abstritten oder sich in widersprüchliche Aussagen verwickelten, was verdächtig wirkte. Der genaue Grund für die Geheimniskrämerei ist bis zum heutigen Tage noch nicht geklärt.

Wer also ist der geheimnisumwobene Botschafter Kisljak? Aufgrund seiner allumfassenden Kontakte und seiner Allgegenwärtigkeit gab die Presse dem Botschafter den Spitznamen »Kevin Bacon der Trump-Regierung«, in Anlehnung an das »Six Degrees of Separation« genannte Experiment, wonach jeder Mensch mit jedem anderen in der Welt über durchschnittlich sechs Ecken verbunden ist und das der Hollywoodstar Kevin Bacon einmal medienwirksam unter Schauspielern demonstriert hat.[436] Anders als bei diesem Experiment schien Kisljak aber ganz direkt mit fast allen einflussreichen Schlüsselfiguren der Trump-Administration vernetzt gewesen zu sein. Er war einfach ein begnadeter Netzwerker, der allseits für sein Geschick bewundert wurde, ein breites und tiefes Netz von Beziehungen zu kultivieren. Im Zuge des Skandals und der damit verbundenen reißerischen Schlagzeilen wurde Kisljak aber letztlich Persona non grata. In einem Interview mit der *New York Times* deutete er an, dass ihn andere angesichts des schwelenden Skandals zu meiden begannen. Sie waren offenbar zu der Ansicht gelangt, dass jede Verbindung zu ihm ein »Kisljak of Death« war, wie *Lawfare* einen Artikel über ihn betitelte, in einer findigen Abwandlung des Ausdrucks »Kiss of Death« – Kuss des Todes. [437]

Kisljaks »Infiltration« der politischen und gesellschaftlichen Sphären an sich überrascht wenig, denn der Aufbau von Beziehungen gehört zu den Kernaufgaben der Diplomatie. Deshalb verfügen Diplomaten für gewöhnlich über eine hoch entwickelte soziale Kompetenz. Im Laufe ihrer Karriere sind sie in den unterschiedlichsten Ländern stationiert und lernen, Nuancen kultureller Feinheiten und Befindlichkeiten wahrzunehmen und damit umzugehen. Häufig müssen sie sensible, gegensätzliche Interessen vereinen, was unter Umständen riskant sein kann und die Gefahr birgt, zu politischer Eskalation beizutragen.

Deshalb kann man von Diplomaten viel über Networking lernen – ganz besonders angesichts unserer zunehmend vernetzten und globalisierten Welt. Hochrangige Diplomaten, die im Laufe ihrer Karriere an vielen Orten weltweit eingesetzt werden, bewegen sich in höchsten gesellschaftlichen, politischen und wirtschaftlichen Kreisen und sind damit Teil der transnationalen Elite. Sie denken global und verstehen, wie unsere komplexe Welt funktioniert. Internationales Netzwerken wird wichtig bleiben, denn selbst wenn die Globalisierung infolge von Populismus und Protektionismus stagniert oder sogar rückläufig werden sollte, werden persönliche Beziehungen sogar noch wichtiger werden.

Wenn man sich im Hinblick auf das Netzwerken von Diplomaten etwas abschauen möchte, muss man allerdings nicht so weit gehen wie der Autor Philip Sopher, der in *The Atlantic* schilderte, wie er sich auf Einladung der »Diplomatic Sauna Society« in der finnischen Botschaft in Washington, D.C. zusammen mit 20 Fremden seiner Kleidung entledigte. Bei dieser Vereinigung handelte es sich um einen von einem Botschaftsmitglied gegründeten Networking-Club mit der

Zielsetzung, finnischen Diplomaten das Netzwerken mit einflussreichen Menschen in Washington zu erleichtern. Das Netzwerken, so Sopher, war in diesem »entspannten« Ambiente ganz besonders effizient, weil die Umgebung den Vertrauensaufbau erleichterte.[438] Das ist sicherlich Geschmackssache, aber im Zweifel lässt sich natürlich auch in vollständig bekleidetem Zustand und förmlicherer Umgebung durchaus effektiv netzwerken.

Natürlich haben Diplomaten allein schon aufgrund ihres offiziellen Amtes einen Startvorteil. Doch selbst unter ihnen gibt es noch einmal Netzwerker der Extraklasse, wie Kisljak unter Beweis gestellt hat. Sie wachsen geradezu über ihr Amt hinaus, weil sie das Talent und die Erfahrung besitzen, die Feinheiten fremder Kulturen zu entschlüsseln und geradezu in diesen aufzugehen. Lassen wir uns also vom Geschick der Diplomaten inspirieren, denn wie das Beispiel von Botschafter Kisljak zeigt, kann der Aufbau vertraulicher Beziehungen Zugang selbst zu den allerhöchsten Ebenen des politischen Gegners eröffnen.

Unsere globalisierte Welt kann gelegentlich im Hinblick auf kulturelle Unterschiede einen verfälschten Eindruck vermitteln. Wir alle sprechen Englisch, werden mit politischen und anderen Meldungen aus der ganzen Welt überflutet und teilen viele Gemeinsamkeiten, insbesondere was Popkultur betrifft. Wo auch immer man hinreist, überall gibt es dieselben Einzelhandels-, Möbelhaus- oder Restaurantketten, selbst in den entlegensten Winkeln der Welt. Wir alle haben *Game of Thrones* gesehen, *Harry Potter* gelesen, bei McDonald's gegessen, bei Zara eingekauft, bei Starbucks Kaffee getrunken und so weiter. Aber all diese augenscheinlichen Gemeinsamkeiten können nicht über subtile kulturelle Unterschiede hinwegtäuschen – und die sind keinesfalls zu unterschätzen.

Verschiedene Kulturen zu verstehen und sie beim Netzwerken entsprechend kompetent zu berücksichtigen, wird immer wichtiger – ob in Videokonferenzen, im internationalen Schriftverkehr, auf Geschäftsreisen, auf globalen Tagungen, in der Zusammenarbeit mit Kollegen oder im Umgang mit Kunden aus aller Welt.[439] Kulturelle Empfindsamkeiten können ein Minenfeld sein. Ich habe dies selbst erlebt, weil ich zwischen zwei Kulturen aufgewachsen bin, später in verschiedenen Kulturen gelebt und beruflich stets mit diversen Kulturen zu tun hatte. Dabei habe ich viele wichtige Unterschiede wahrnehmen können, zum Beispiel zwischen hierarchischen und egalitären Kulturen und ihrem jeweiligen Verständnis von Autorität. In vielen Schwellenländern sind beispielsweise »hierarchisches- und Obrigkeitsdenken tief in der Kultur verankert«.[440] »In Nigeria lernt man schon als Kind, sich hinzuknien oder gar auf den Boden zu legen, wenn eine Respektsperson den Raum betritt. In Schweden nennen Schüler ihre Lehrer dagegen beim Vornamen und widersprechen ihnen öffentlich, ohne dass dies als respektlos empfunden wird. Es verwundert also wenig, dass ein Managementansatz, der in Lagos ganz wunderbar funktioniert, in Stockholm weniger erfolgreich ist.«[441]

Ein weiterer potenzieller Unterschied ist der Entscheidungsfindungsprozess. Wie werden Entscheidungen getroffen – allein von ganz oben oder einvernehmlich im Team? Japaner etwa verfügen über ein ausgeprägteres Hierarchiebewusstsein als Amerikaner. Aber trotz der Tatsache, dass amerikanische Führungskräfte sich für ausgesprochen »demokratisch« halten, wirken sie häufig auf die hierarchiegeprägten Japaner »diktatorisch«.[442]

Sogar bei der Tonlage ist Achtsamkeit angezeigt. Welcher Ton ist in welcher Situation angemessen? Und wie bringt man adäquat und ohne anzuecken zum Ausdruck, dass man anderer Ansicht ist? Ist die Kultur des anderen Landes offener und direkter, wie zum Beispiel die in Deutschland, oder eher diplomatischer, wie die in Großbritannien? Gilt es, kulturelle Empfindsamkeiten in Bezug auf Geschlecht, sozialen Hintergrund oder bestimmte Themen, wie Gespräche über finanzielle Angelegenheiten, zu berücksichtigen? Mittels Humor kann man im Zweifel über kulturelle, statusbedingte und interessenbezogene Unterschiede Brücken schlagen, die Stimmung auflockern und bleibende Verbindungen schaffen. Doch auch der Humor selbst kann ein sensibles Thema darstellen und man sollte vorsichtig agieren, um nicht ins Fettnäpfchen zu treten.

Und wie funktioniert das Netzwerken in anderen Kulturen? Gehen die Menschen eher unumwunden und gezielt geschäftsbezogen vor wie in den USA, oder agieren sie subtiler, indirekter und langfristiger, wie es in China mit dem Guanxi-Konzept der Fall ist?

Soziale Kompetenzen sind eine Grundvoraussetzung, um im kulturübergreifenden Dialog zu brillieren. Um Missverständnisse und peinliche Zwischenfälle zu vermeiden, ist es unabdingbar, interkulturelle Unterschiede am Arbeitsplatz und im Geschäftsleben zu meistern. Wie aber können Sie sich am besten über die in anderen Kulturen herrschenden Gegebenheiten informieren und sich optimal vorbereiten? Sie sollten nicht davon ausgehen, dass Ihnen Urlaubserlebnisse oder Erfahrungen mit Freunden mit anderem ethnischen oder kulturellen Hintergrund entscheidend weiterhelfen werden. Hüten sollte man sich auch vor Stereotypen und unbewussten Vorurteilen, die wir alle hegen. Hilfreich ist auch, die der anderen Kultur zugrunde liegenden Werte, Ethikvorstellungen und Glaubenssysteme zu verstehen. Am besten geht man anfangs davon aus, dass man »nichts« weiß. Aus Büchern lässt sich zu all diesen Fragen schon einmal sehr viel entnehmen.

Bevor ich geschäftlich erstmals mit einer mir bis dahin unbekannten Kultur zu tun habe, versuche ich mich, so gut es geht, darauf vorzubereiten. Beispielsweise habe ich vor meiner ersten Chinareise einige Bücher über Geschäftsetikette und das Geschäftsgebaren in China gelesen, die interessante Einblicke vermittelt haben. Um nur einen Unterschied zu nennen: In Deutschland gilt Bescheidenheit als eine Tugend, und erhält man Komplimente, so wird erwartet, dass man entsprechend verlegen darauf reagiert. Amerikaner nehmen eine solche Reaktion als unaufrichtig wahr, denn sie gehen – vermutlich zu Recht – davon aus, dass sich jeder über ein Kompliment freut, und sie empfinden es als heuchlerisch und unhöflich, so zu tun, als sei dies nicht der Fall. Unzählige Male bin ich in den USA sanft darauf hingewiesen worden, dass ich lernen müsse, Komplimente galant anzunehmen. In China finden Sie wiederum das genaue Gegenteil: »Die Art, wie Chinesen mit Komplimenten umgehen, wird Ihnen vermutlich äußerst merkwürdig vorkommen. Ein Lob dankbar entgegenzunehmen, wird als unerhörter Verstoß gegen den guten Ton empfunden. Von Chinesen wird erwartet, dass sie Komplimente in fast schon übertriebener Gegenwehr als völlig unverdient abtun. Macht man einem Chinesen zum Beispiel ein Kompliment zu seinem guten Englisch, dann erwidert er typischerweise ›ist doch gar nicht der Rede wert‹ oder ›überhaupt nicht‹.«[443]

Wenn Sie mit Menschen aus einer fremden Kultur zusammenkommen, sollten Sie sich die Zeit nehmen, sie aufmerksam zu beobachten, Unterschiede zu verinnerlichen, sich darauf einzustellen und Ihr Verhalten im Laufe Ihrer Erfahrungen fortwährend nachzujustieren.

Allein schon das Wohlwollen der anderen kann Sie ein gutes Stück weiterbringen, selbst wenn Sie nicht ganz den richtigen Ton getroffen haben. Denn Ihr Gegenüber wird Ihr Bemühen aller Voraussicht nach zu schätzen wissen und Ihnen vielleicht den einen oder anderen hilfreichen Wink geben. Und im Zweifel kann man nachfragen und zum Beispiel sagen: »Bitte entschuldigen Sie, aber ich bin mir nicht ganz sicher, ob es sich gehört, dies oder jenes zu tun. Meinen Sie, das wäre in Ordnung?«

Begegnungen mit fremden Kulturen sind eine faszinierende und bereichernde Erfahrung. Einer Studie zufolge konnten Studierende nach einem längeren Auslandsaufenthalt eine Aufgabe am Computer mit 20 Prozent größerer Wahrscheinlichkeit lösen als andere, die noch nie im Ausland gelebt hatten. Das liegt daran, dass jemand, der über längere Zeit mit einer fremden Kultur konfrontiert ist, die Welt in ihren Facetten aufgeschlossener wahrnimmt und realisiert, dass verschiedene Sachverhalte durchaus unterschiedlich wahrgenommen und interpretiert werden können. Laut einer weiteren Studie dieses Themenbereichs verfügten US-Amerikaner, die schon einmal im Ausland gearbeitet hatten, über größeren Einfallsreichtum und größere Inspiration als ihre Landsleute. Warum? Weil sie die Gelegenheit hatten, ganz in eine andere Kultur einzutauchen. »Menschen, die Erfahrungen in einer anderen Kultur sammeln, sind langfristig kreativer«[444], erklärt Studienleiter Dr. William Maddux.

Die Möglichkeit, Erfahrungen in einer fremden Kultur zu sammeln, führt zu »kognitiver Flexibilität«: Sie sind mental agiler, kreativer und anpassungsfähiger – Eigenschaften, die Ihnen in Zeiten des Umbruchs grundsätzlich zum Vorteil gereichen werden.

SECHSTES KAPITEL

Die Auswirkung der Disruption auf die Karriere von Frauen: Bedrohung und Gegenmaßnahmen

Frauen verdienen ihr eigenes Buchkapitel. Schade ist allerdings, dass ein gesondertes Kapitel für sie überhaupt notwendig ist. Die Gleichberechtigung hat in den letzten Jahrzehnten trotz der großen Medienaufmerksamkeit und vielfältigen Unternehmensinitiativen nicht nur keine spürbaren Fortschritte gemacht, sondern sich sogar rückläufig entwickelt, zum Beispiel in der Finanzbranche und auf dem Technologiesektor.[445] Und die Aussichten könnten kaum düsterer sein. Nach Angaben des Weltwirtschaftsforums wird es noch fast 100 weitere Jahre dauern, bis Frauen und Männer annähernd gleich behandelt werden.[446] Das ist ein bedenklicher Trend, der sich durch die Digitalisierung und die Pandemie nur noch weiter verschlimmern wird.

Ausgangspunkt: Allumfassende Ungleichbehandlung

Leistungsbeurteilung: Für Frauen gilt ein anderer Maßstab

Bevor ich vor zwei Jahrzehnten nach New York gezogen bin, habe ich bei Deloitte gearbeitet. Damals gab es unter den 30 Partnern des Unternehmens in Deutschland nur eine einzige Frau. Bemerkungen über sie fielen häufig wenig schmeichelhaft aus. Sie habe »Haare auf den Zähnen«, hieß es, was vermutlich eine Umschreibung ihres Durchsetzungsvermögens sein sollte.

Bei meiner Umsiedlung hatte ich erwartet, dass die Vereinigten Staaten im Hinblick auf Gleichberechtigung etwas fortschrittlicher sein würden, aber auch dort war ich bei vielen Meetings oft die einzige Frau im Raum. Auf dem Level der Berufseinsteiger hat sich die Situation mittlerweile gebessert, aber je höher die Hierarchiestufe, desto weniger Frauen sind anzutreffen; ein Missstand, der in den meisten Ländern der Welt vorzufinden ist. Wohin auch immer ich geschäftlich reise, für gewöhnlich bin ich überwiegend von männlichen Kollegen umgeben. Selbst beim Weltwirtschaftsforum, das sich in den letzten Jahren systematisch um die Integration von Frauen bemüht hat, sind Frauen nach wie vor in der Minderheit.

Dabei würde eine Gleichbehandlung der Geschlechter unsere Gesellschaft nicht nur gerechter machen, sondern auch eine florierendere und widerstandsfähigere Wirtschaft zur Folge haben.[447] Werden Frauen mit den verschiedensten

Werdegängen, Erfahrungen, Ansichten, Qualifikationen und Kompetenzen[448] in Unternehmen mit einbezogen, so hat das in der Regel höhere Gewinne und ein insgesamt größeres Wirtschaftswachstum zur Folge.[449]

Ungeachtet dessen sind Frauen in der Unternehmenswelt deutlich seltener anzutreffen als Männer, was das »Ergebnis der Diskriminierung auf allen Hierarchiestufen ist«. An der Spitze stellen Frauen nach wie vor die Minderheit dar. Während die einflussreichsten und lukrativsten Positionen immer noch von Männern bekleidet werden, ging »die Zahl der weiblichen CEOs« 2018 sogar um 25 Prozent »zurück«,[450] was von manchen als nationaler Notstand bezeichnet wird.[451] Laut *Fortune* gab es 2019 unter 500 Unternehmen nur 33 weibliche CEOs, mithin weniger als 7 Prozent.[452] S&P stellte fest, dass in den USA nur jeweils 1 Frau auf 19 männliche CEOs und auf 6,5 männliche CFOs (Finanzchefs) kam.[453]

Die Schieflage zwischen Frauen und Männern wird bereits bei der Ausbildung deutlich. Weltweit entfallen 53 Prozent der Bachelor- und Masterabschlüsse auf Frauen.[454] In den USA haben Frauen schon seit Anfang der 1980er-Jahre mehr Bachelorabschlüsse und höhere akademische Grade als Männer erlangt.[455] Allerdings lag die Wahrscheinlichkeit, dass Akademikerinnen nach ihrem Abschluss ins Arbeitsleben eintreten, um 36 Prozent niedriger als im Fall der Männer.[456] Lediglich 2019 lag die Anzahl der Frauen mit einem Bachelorabschluss im amerikanischen Arbeitsmarkt knapp vor jener der Männer (29,5 Millionen Frauen gegenüber 29,3 Millionen Männern, erstes Quartal 2019).[457]

Angesichts der Tatsache, dass Frauen nachweislich höhere Gewinne und größere Unternehmenswertsteigerungen bei geringerem Risiko erzielen, ist ihre Ausgrenzung kaum zu erklären.[458] Und auch »bei Führungsqualitäten, also zwischenmenschlichen, analytischen und allgemeinen Kernkompetenzen, haben sich keine geschlechtsspezifischen Unterschiede gezeigt«.[459] Was allerdings deutlich geworden ist, ist der Fakt, dass »die Frauen, die es bis an die Spitze schaffen, fast alle ausnahmslos über herausragende Qualifikationen verfügen, während dies nur für manche Männer gilt«.[460] Diese Tatsache wird von einer Fülle wissenschaftlicher Studien untermauert.

Als die Credit Suisse Daten von 3000 Unternehmen weltweit auswertete, kamen ihre Analysten zu dem Schluss, dass Unternehmen mit einem höheren Frauenanteil im Management nicht nur höhere Gewinne erzielten, sondern auch an der Börse besser performten.[461] So schnitt der Aktienkurs der von weiblichen CEOs geführten Unternehmen um 20 Prozent besser ab als der Aktienkurs der von Männern geleiteten Firmen. Der Bericht bestätigte somit, dass es sich für Investoren lohnt, wenn in der Chefetage auch Frauen vertreten sind.[462]

Eine 2019 von S&P veröffentlichte Studie, die 6000 Unternehmen aus dem Russell-3000-Index über einen Zeitraum von 17 Jahren untersuchte, gelangte zu ähnlichen Ergebnissen. Ihr zufolge steigerte sich mit einem weiblichen CFO der Gewinn im Schnitt um 6 Prozent und die Aktienrendite um 8 Prozent.[463]

In der Wirtschaft sollte Leistung ausschlaggebend sein, und die lässt sich aufgrund von Zahlen meist auch gut quantifizieren. Wenn Frauen oft besser ausgebildet sind und bessere Ergebnisse erzielen, warum schaffen es dann so wenige bis in die Chefetage, während es dort von – sogar lediglich mittelmäßig qualifizierten – Männern nur so wimmelt?[464]

Ein großer Teil der Ungleichbehandlung findet seinen Ursprung in unbewussten Vorurteilen, die in der Gesellschaft immer noch vorherrschen. Studien belegen, dass weibliche CEOs im Vergleich zu ihren männlichen Kollegen gemeinhin als weniger kompetent wahrgenommen werden, und dass das Investoreninteresse an Börsengängen von weiblich geführten Unternehmen geringer ist.[465] Eine Untersuchung von McKinsey hat ergeben, dass Männer bereits allein auf der Grundlage ihres Potenzials beurteilt werden, während dies bei Frauen nur aufgrund ihrer konkreten Leistung geschieht.[466] Bei Frauen werden folglich höhere Maßstäbe angesetzt. Männern wird ein Vertrauensvorschuss gewährt und »Unternehmen sind eher bereit, mit ihnen ein Risiko einzugehen. Frauen müssen sich demgegenüber erst einmal bewähren.«[467]

Häufig ist auch die Kultur in Unternehmen dem Aufstieg von Frauen wenig zuträglich. Denn Männer sind besser vernetzt und arbeiten lieber mit anderen Männern zusammen, die ihnen ähnlich sind, sodass sich die bereits bestehende Homogenität weiter perpetuiert. In vielen Branchen und Gegenden sind Arroganz und Mobbing gegenüber Frauen die Regel und nicht die Ausnahme. Ein System, in dem »überwiegend Männer in Newslettern des Unternehmens oder bei Offsite-Meetings dafür glorifiziert werden, dass sie Nächte durchgearbeitet oder auf dem Golfplatz wieder einmal einen Großkunden akquiriert haben«,[468] führt dazu, dass Frauen sich dort nicht wiederfinden, desillusioniert werden und ihre Motivation verlieren. Nachweislich dauert es durchschnittlich zwei Jahre, bis Unternehmen »Frauen ihrer Ambitionen berauben«.[469]

Selbst wenn sich die Karriere einer Frau zunächst vielversprechend entwickelt, kommt sie gewöhnlich irgendwann ins Stocken. Frauen, die es tatsächlich in den Vorstand oder Aufsichtsrat schaffen, werden häufig als »Vorzeigefrauen«[470] instrumentalisiert, die nach außen hin Diversität demonstrieren sollen. Aus den Macht- und Informationskanälen der Männer sind sie aber auch dort weitgehend ausgeschlossen. Diejenigen, die die höchsten Stufen der Karriereleiter erklimmen, haben auf dem Weg dorthin in aller Regel außergewöhnlich viel Ehrgeiz und Widerstandsfähigkeit beweisen müssen. Die überwiegende Mehrzahl der Frauen findet sich in weniger einflussreichen Positionen wieder – und gelangt früher oder später in eine Sackgasse.

Allerdings tragen Frauen oft unbewusst zu ihrer geringen Wertschätzung bei, unter anderem auch, weil sie dazu neigen, im Hintergrund fleißig wenig sichtbare und zeitraubende »Verwaltungsaufgaben« zu übernehmen, die zwar erledigt werden müssen, aber kein Prestige besitzen, weil sie gemeinhin nicht als gewinnbringend angesehen werden. Männer hingegen tendieren dazu, sich am Arbeitsplatz eher dort zu engagieren, wo ihr Wertbeitrag wahrgenommen und gewürdigt wird.[471]

Weitgehend unbeachtet bleibt auch, dass Frauen durchschnittlich 60 Prozent mehr unbezahlte Arbeit leisten als Männer, wozu überwiegend familiäre Verpflichtungen wie Hausarbeit, Kindererziehung und die Pflege älterer Angehöriger zählen. Diese Verpflichtungen und die gesellschaftlichen Normen, die sie zementieren, haben zur Folge, dass Frauen tendenziell weniger flexibel und mobil sind als Männer.[472] Diese grundsätzlich zutreffende Tatsache vertieft dann wiederum die Wahrnehmung, dass Frauen sich am Arbeitsplatz nicht so engagiert einbringen können wie ihre männlichen Kollegen.[473]

Weil ihre Karriereaussichten begrenzt sind, stellen viele Frauen irgendwann eine Kosten-Nutzen-Analyse an und gelangen zu dem Ergebnis, dass es sich einfach nicht lohnt, sich zu zermürben und Opfer zu bringen, die lediglich begrenzten Erfolg versprechen. Dann suchen sie häufig Zuflucht zu kleineren Unternehmen oder wechseln gleich ganz die Branche – oder sie machen sich selbstständig und stellen sich lieber der Nachfrage des Marktes als dem Urteil ihrer männlichen Vorgesetzten.[474]

Eine Frau, die sich selbstständig gemacht hat und sich vor Nachfrage kaum retten kann, ist Cathie Wood. Die geschiedene Mutter dreier Kinder gründete ihre Vermögensverwaltungsgesellschaft Ark Invest 2014 im Alter von 58 Jahren. Ihr Spezialgebiet ist die Disruption durch Unternehmen, die mit ihrer Technik in Bereichen wie autonome Automobile, Robotik, Genomik und Fintech die

Zukunft gestalten.[475] Ark Invest ist eine der erfolgreichsten und am schnellsten wachsenden Vermögensverwaltungsfirmen.[476] Wood investiert heute Investorengelder in Höhe von 7,4 Milliarden US-Dollar.[477] In Interviews hat sie geschildert, wie sie am Anfang ihrer Karriere während Meetings lediglich als Protokollführerin angesehen wurde und allein schon durch intelligente Fragen Aufmerksamkeit erregte.[478] In der männlich dominierten Investmentwelt an den Rand gedrängt, schuf sie sich eine Nische, indem sie sich auf Bereiche konzentrierte, an denen ihre Kollegen kein Interesse zeigten: Firmen, die sich als frühe internetbasierte Unternehmen herausstellen sollten. So hat Wood sich von Anbeginn ihrer Karriere auf Innovation und deren Potenzial für exponentielles Wachstum spezialisiert.[479] Als ihr zum Teil konträrer und risikoreicher Investmentansatz bei AllianceBernstein, wo sie zwölf Jahre lang gearbeitet und über 5 Milliarden Dollar verwaltet hatte, auf Ablehnung stieß, verließ sie das Unternehmen und gründete Ark mit ihrem eigenen Kapital. Trotz schwieriger Anfangsjahre kämpfte sie sich durch. Heute ist Wood mit ihrem Anlagestil selbst Innovatorin.[480]

Wood sagt, dass die Selbstständigkeit eine gute Option für Menschen sein kann, die mit Altersdiskriminierung konfrontiert sind. »Viele Unternehmen bauen zunehmend Kosten ab und ältere Arbeitnehmer sind der größte Kostenfaktor. Wenn Sie eine gute Idee haben, Erfahrung besitzen und das Verlangen spüren, etwas zu verändern, dann würde ich sagen, machen Sie es. Aber stellen Sie sicher, dass Ihre Idee einen noch nicht gedeckten Bedarf stillt. […] Das ist das Wichtigste: Eine Angebotslücke aufzutun.«[481]

Ausverkauft: Geringere Bezahlung für gleiche Arbeit

»Frauen, die nicht nach Gehaltserhöhungen fragen, schaffen ›gutes Karma‹. Das sind Frauen, denen ich vertrauen und mehr Verantwortung übertragen würde.«[482] Diese Worte stammen nicht etwa aus den 1950er-Jahren. Sie sind auch nicht von einem Tante-Emma-Ladenbesitzer aus der Walachei zitiert. Es sind die Worte von Satya Nadella, dem CEO von Microsoft, die er 2014, ausgerechnet bei der »Grace Hopper Celebration of Women in Computing«-Konferenz in Phoenix auf dem Podium vor über 7500 weiblichen Techangestellten und Medienvertretern aus aller Welt zum Besten gab.[483]

Während seine Ansicht extremer sein mag als die der meisten CEOs, so manifestieren sich darin doch die tief verwurzelten Vorurteile, die viele Männer in Machtpositionen auch heute noch hegen, aber klugerweise nicht öffentlich äußern. Auch aus solchen Vorurteilen resultiert die hartnäckig fortbestehende geringere Entlohnung. Nach wie vor verdienen Frauen deutlich weniger als ihre männlichen Kollegen, nämlich durchschnittlich 20 Prozent[484] – und das für die gleiche Arbeit.[485] Teil des Problems ist, dass Frauen häufiger Berufe mit geringeren Verdienstmöglichkeiten ergreifen, wie etwa in der Krankenpflege, in Kindergärten, in Schulen und in der Verwaltung.[486] Stark unterrepräsentiert sind sie jedoch in Branchen mit hohem Einkommenspotenzial, insbesondere in den MINT-geprägten Branchen – Mathematik, Informatik, Naturwissenschaft und Technik.[487] Aber selbst im progressiven Technologiesektor fallen ihre Gehaltserhöhungen einer Studie zufolge um 41 Prozent geringer aus als die, die Männern gewährt werden.[488]

Darüber hinaus verdienen Männer mit Bachelorabschluss pro Jahr durchschnittlich 26.000 US-Dollar mehr als Frauen mit gleicher Qualifikation, so ein von der Georgetown University 2018 veröffentlichter Bericht.[489] Anders formuliert: »Weiße Frauen müssen 16 Monate arbeiten, um so viel zu verdienen wie ihre weißen männlichen Kollegen in 12 Monaten – und Frauen anderer Hautfarbe sogar noch länger.«[490] Wenig ermutigend prognostiziert das Weltwirtschaftsforum, dass »bis zu einer Gleichbezahlung von Frauen und Männern noch 257 Jahre vergehen werden«.[491]

Ein Grund für das Fortbestehen des Lohngefälles ist unter anderem die Tatsache, dass Männer ihre Ansprüche einfach lautstarker geltend machen. Häufig sind sie schon länger im Unternehmen und haben in ihren Netzwerken mehr Sozialkapital aufgebaut, das sie einfordern können. Hinzu kommt, dass Männer auf härteres Verhandeln konditioniert sind. Frauen fällt dies grundsätzlich schwerer, und wenn sie ihre Interessen selbstbewusst verfolgen, kommt dies häufig nicht gut an,[492] sodass sie es im Zweifel lieber lassen.

Selbst-Sabotage: Frauen-Selbstvertrauen

Über viele Aspekte im Hinblick auf ihre Karriere haben Frauen nur wenig Kontrolle. Allerdings gibt es Faktoren, die sie durchaus maßgeblich beeinflussen können, beispielsweise ihre Neigung, sich durch Selbstzweifel zu sabotieren und dadurch im Wege zu stehen. Die Tatsache, dass sie ständig mit Vorurteilen, Diskriminierung und Herablassung konfrontiert sind, hat zur Folge, dass ihr Selbstvertrauen darunter leidet. Und wenn ihnen dann Erfolge zuteilwerden, laufen sie Gefahr, diese lediglich ihrem Glück zuzuschreiben oder sich wie Hochstaplerinnen vorzukommen. Männer sind demgegenüber in der Regel von ihren außergewöhnlichen Fähigkeiten völlig überzeugt.[493] So trauen es sich denn auch doppelt so viele Männer wie Frauen im gehobenen Management zu, es bis ganz an die Spitze zu schaffen.[494] Auch wenn es darum geht, »Visionen für die Zukunft zu entwickeln«, also »neue Chancen und Trends zu erkennen und dem Unternehmen eine neue strategische Ausrichtung zu geben«, schneiden Frauen nachweislich schlechter ab.[495]

Darüber hinaus können sich Männer immer noch besser verkaufen, während Frauen aufgrund ihrer Neigung zu bescheidenerem Auftreten oft in deren Schatten stehen. »Wir leben in einer Zeit der Selbstinszenierung, in der Ruhm mit Erfolg gleichgesetzt wird und Selbstbeweihräucherung zur Norm geworden ist. Aufplustern und Alphagehabe wird oft mit Kompetenz und Effektivität verwechselt.«[496] In diesem »Rauschen« der männlichen Selbstvermarktung geht das »Signal« der kompetenten und auf Substanz fokussierten Frauen häufig unter.

Sexismus: Nicht nur Symptom, sondern Ursache

Medienberichte, die »#MeToo«-Bewegung und Gerichtsprozesse haben aufgedeckt, dass männliche Arroganz und Herablassung Frauen gegenüber sowie das »Mansplaining« in der Unternehmenswelt immer noch weit verbreitet sind. Bei dem englischen Wort »man-splaining« handelt es sich um eine Ableitung des Wortes »explaining« (»erklären«), das das Verhalten von Männern charakterisiert, wenn sie einer Frau leicht herablassend und betont geduldig etwas erklären, was die Frau aufgrund ihrer Expertise viel besser weiß. Frauen melden Diskriminierung, die oft unterschwellig stattfindet und schwer nachweisbar ist, meistens nicht, weil sie befürchten, damit ihrer Karriere zu schaden.

Diskriminierung kann verschiedene Formen annehmen. Eine Studie über Wirtschaftswissenschaftler hat eine schockierend unverhohlen frauenfeindliche Einstellung zutage befördert. Mithilfe Künstlicher Intelligenz wurden über eine

Million Beiträge aus einem anonymen Onlineforum untersucht, in dem sich männliche Ökonomen über ihre Anstellungspraktiken austauschten. Das Ergebnis: Um Frauen zu charakterisieren, verwendeten sie häufig Begriffe wie »Lesbe«, »Feminazi«, »Schlampe«, »scharf« und ähnliche Ausdrücke, die zu vulgär sind, um sie an dieser Stelle wiederzugeben. Bei der Beschreibung von Männern drückten sie sich hingegen überwiegend professionell und neutral aus.[497]

Eine weitere Manifestation des Sexismus ist die »Verunreinigungstheorie« (»Pollution Theory of Discrimination«), nach der sich die Aufnahme von Frauen in einen bisher Männern vorbehaltenen Berufsstand negativ auf dessen Prestige auswirke, weil Frauen als weniger kompetent wahrgenommen würden. Um Frauen aus ihrem Beruf fernzuhalten und dessen vermeintliches Ansehen zu wahren, schüchtern Männer dann potenzielle Kolleginnen ein.[498] Dementsprechend erhalten Wissenschaftlerinnen immer noch geringere Forschungsmittel, auch wenn die Auswahl anonym stattfindet, gerade um derartige Ungerechtigkeiten zu vermeiden. Selbst dann »überführt« Künstliche Intelligenz die Autorinnen ihres Geschlechts aufgrund ihres Kommunikationsstils sowie ihrer Wort- und Themenwahl. Letztendlich werden Forschungsmittel auf diese Weise ineffizient verteilt, was auf Kosten der Forschungsergebnisse geht.[499]

Der fortschrittliche, »junge« Technologiesektor ist nicht weniger sexistisch als jede andere männerdominierte Branche.[500] Eine frauenfeindliche Verbrüderungskultur fördert inakzeptable Verhaltensweisen, die dafür sorgen, dass Frauen scharenweise die Flucht ergreifen.[501]

Digitalisierung: Disruption der Gleichberechtigung

Frauen haben sich in der Wissenschaft historisch als Revolutionärinnen unter Beweis gestellt. Sie haben Innovationen kreativ und lösungsorientiert vorangetrieben, dafür aber verhältnismäßig wenig Anerkennung erhalten.

Zu den beeindruckendsten Pionierinnen zählte Katherine Johnson. Als erste afroamerikanische Wissenschaftlerin bei der NASA brach sie in den 1950er-Jahren gleich zwei Tabus: Als Frau *und* als Afroamerikanerin machte sie eine beispiellose Karriere. Ihre Geschichte wurde 2016 in dem vielgepriesenen Film *Hidden Figures – Unerkannte Heldinnen* porträtiert, der auf dem gleichnamigen Buch von Margot Lee Shetterly basiert. Die 1918 geborene Johnson war Mathematikerin und bekannt für ihre meisterhaften Berechnungen komplexer Flugbahnen, Startbedingungen und Notrückflüge. Später tat sie sich mit komplexen Berechnungen hervor, die sie an den damals noch in den Anfängen befindlichen Computern durchführte. Ihre Umlaufbahnberechnungen waren eine wichtige Voraussetzung für den Erfolg des Apollo-Mondlandungsprogramms und für die Lancierung des Space-Shuttle-Programms. Johnson wurde mehrfach ausgezeichnet, unter anderem mit der Freiheitsmedaille des Präsidenten, die ihr Barack Obama 2016 verlieh. 2019 erhielt sie die Goldmedaille des Kongresses.

Der mondäne Hollywoodstar Hedy Lamarr widerlegte ebenfalls gegen Frauen gehegte Vorurteile. 1914 kam sie als Tochter einer privilegierten Wiener Familie zur Welt. Bereits als Teenager begann sie ihre Schauspielkarriere und heiratete mit 18 Jahren einen der reichsten Männer Österreichs. Kurz darauf verließ sie ihren Mann und wanderte in die Vereinigten Staaten aus, wo sie sich in Hollywood einen Namen machte. Doch damit nicht genug: Weit bedeutsamer war, dass sie das Frequenzsprungverfahren konzeptionalisierte, das es der Marine erstmals ermöglichte, Torpedos fernzusteuern. Ende der 1950er-Jahre gewann dieses Konzept erneut an Bedeutung, weil es eine sichere militärische Kommunikation ermöglichte. Lamarrs Arbeit wurde später in vielen Bereichen der modernen Kommunikationsindustrie genutzt, unter anderem bei der Einführung der Bluetooth- und Wi-Fi-Technologie. Für ihren Beitrag wurde sie in hohem Alter von der Electronic Frontier Foundation 1997 mit dem Pioneer Award bedacht.

Ein weiteres eindrucksvolles Beispiel innovativer, weiblicher Kreativität ist Navy Rear Admiral Grace Hopper, Konteradmiralin der Marine und Pionierin auf dem Gebiet der Softwareprogrammierung. Hopper wurde 1906 geboren und war entscheidend an der Entwicklung der ersten englischsprachigen Programmiersprachen beteiligt – insbesondere der Common Business Oriented Language (COBOL). Später machte sie sich einen Namen als Dozentin für die Geschichte der Programmiersprachen und trat 1986 in der David-Letterman-Show auf, wo sie über ihre Zeit als Technologiepionierin berichtete.

Die Automatisierung hatte in der Vergangenheit, für sich betrachtet, überwiegend positive Auswirkungen auf die Lebensqualität, die wirtschaftliche Stellung und die Gleichberechtigung von Frauen, ob durch die Erfindung der Waschmaschinen, Autos oder Computer. Dieser Trend droht nun aber in die andere Richtung umzuschlagen, weil zunehmende Automatisierung die bereits zwischen den Geschlechtern bestehende Ungleichheit noch verschärfen wird.

Bisher hat sich die Automatisierung überwiegend standardisierter Tätigkeiten nur geringfügig auf typische Frauenberufe ausgewirkt. In der nächsten Phase der Automatisierung allerdings, in der Mensch und Maschine verstärkt zusammenarbeiten werden, geraten zunehmend mehr Arbeitsplätze mit geringeren bis mittleren Qualifikationsanforderungen in Gefahr, die überwiegend von Frauen besetzt werden.[502] Unter den Beschäftigten, deren Jobs am stärksten von Automatisierung bedroht sind, liegt der Frauenanteil bei 58 Prozent.[503] In diese Kategorie fallen vor allem »Büroangestellte sowie Verkaufspersonal«.[504]

Einer Studie des global führenden Personalberatungsunternehmens Mercer zufolge werden im Büro- und Verwaltungsbereich zehnmal mehr Jobs verloren gehen als in anderen Branchen, in denen viele neue Arbeitsplätze entstehen werden, aber in denen wesentlich weniger Frauen vertreten sind, also Sektoren wie Management, Technik, Mathematik und Informatik.[505] Denn in den zukunftsfähigeren und besser bezahlten MINT-Jobs (Mathematik, Informatik, Naturwissenschaft und Technik) wie denen von IT-Spezialisten oder von wissensintensiven Dienstleistungsberufen sind weibliche Kräfte drastisch unterrepräsentiert. In der Computerindustrie entfallen nur 26 Prozent der Jobs auf Frauen, und darunter befinden sich lediglich 3 Prozent Afroamerikanerinnen und 2 Prozent Frauen mit lateinamerikanischem Hintergrund.[506] Die auf dem Gebiet der Softwareentwicklung tätigen Frauen sind auf dem Arbeitsmarkt nach wie vor benachteiligt, wie eine 2018 veröffentlichte Studie bestätigt hat. Sie ergab unter anderem, dass Frauen bei vergleichbaren Qualifikationsnachweisen in Bewerbungsunterlagen mit 11,6 Prozent geringerer Wahrscheinlichkeit zu einem Gespräch eingeladen werden als Männer – selbst wenn die Frau besonders qualifiziert ist.[507] Daher überrascht es wenig, dass Frauen auch auf dem Gebiet der Informatikforschung voraussichtlich erst in rund 100 Jahren mit Männern gleichziehen werden – und das nur unter der Voraussetzung, dass der aktuelle Trend zumindest anhält.[508]

In wirtschaftswissenschaftlichen Berufen ist die Ungleichbehandlung ebenfalls mehr als offensichtlich. »Frauen haben eine wesentlich geringere Wahrscheinlichkeit, Wirtschaftswissenschaften zu studieren – von einer Karriere auf diesem Gebiet ganz zu schweigen.«[509] »Lediglich ein Drittel der neuen Promotionsstudenten sind Frauen – eine Zahl, die sich seit 20 Jahren kaum verändert hat.«[510] Erst zwei Frauen haben jemals den Wirtschaftsnobelpreis erhalten: 2009 Elinor Ostrom und 2019 Esther Duflo.[511] Dieser Trend bringt für Frauen Nachteile im Allgemeinen mit sich, da die Wirtschaftswissenschaften großen Einfluss auf die öffentliche Meinung und die Politik haben.

Dass sich die dritte Welle der Automatisierung, die voraussichtlich in den 2030er-Jahren einsetzen wird,[512] stärker auf Männerdomänen wie das Baugewerbe, die industrielle Produktion und den Transport auswirken soll, ist da kein wirklicher Trost.

Laut dem McKinsey Global Institute »laufen Frauen Gefahr, abgehängt zu werden, wenn ihnen im Rahmen der Herausforderungen des Technologiewandels hin zur Automatisierung nicht genügend Rechnung getragen wird«.[513] Frauen könnte »es schwerer fallen, sich auf technische Umwälzungen einzustellen« und Zugang zu denselben Aus- und Weiterbildungsmöglichkeiten zu erhalten, die Männern zur Verfügung stehen.[514]

Eine für Frauen etwas positivere Veränderung könnte sein, dass das Automatisierungsrisiko für Jobs mit höheren Qualifikationsanforderungen geringer ist. Das könnte ihnen zugutekommen, da sie »häufiger im Bildungs- und Erziehungswesen sowie dem Gesundheitssektor tätig sind, also in Jobs, die ein größeres Maß an sozialer Kompetenz erfordern und daher, zumindest noch, nicht auf Maschinen übertragbar sind«.[515] Langfristig könnte sich Technologie insofern als Vorteil für die Frauen entpuppen, die Arbeit und häusliche Pflichten unter einen Hut bringen müssen, weil sie ihnen die nötige Flexibilität ermöglicht, im Homeoffice zu arbeiten und sich auch von dort aus weiter zu qualifizieren.[516]

Die Coronavirus-Pandemie: Virulente Ungleichheit

Die meisten meiner Freundinnen sind hoch qualifiziert und erfolgreich – ganz besonders eine von ihnen, nennen wir sie Ann. Sie ist ein sportlicher Typ mit schulterlangem, blondem Haar und sympathischem Lächeln. Ann hat eine beeindruckende Karriere an der Wall Street hingelegt. Sie ist mit einem noch erfolgreicheren Mann verheiratet, den wir Pete nennen. Pete hat einen einflussreichen Führungsposten in einem der größten Finanzunternehmen der Welt. Ann und Pete haben zwei Kinder im Teenageralter und leben in einem geräumigen, sonnendurchfluteten Loft mit großzügigen Außenterrassen in Tribeca, einem trendigen Stadtviertel nahe des Finanzdistrikts. Ann sprüht normalerweise vor Energie und guter Laune. Jedenfalls war das der Fall, bis im letzten

Frühjahr die Coronavirus-Pandemie ausbrach und das öffentliche Leben zum Stillstand kam. Mit zwei Kindern, Mann und Hund zu Hause isoliert, versucht sie, ein harmonisches Familienleben aufrechtzuerhalten, die Kinder beim Homeschooling zu unterstützen und gleichzeitig ihren Vollzeitjob zu erfüllen, was auf Dauer zur Herausforderung geworden ist. Pete unterstützt sie zwar, aber da er die vielversprechendere Karriere verfolgt und deutlich mehr Geld verdient als sie, ist unausgesprochen klar, dass Ann bei der Organisation der häuslichen Infrastruktur und der Betreuung der Kinder die Hauptlast schultert. Gleichzeitig sind aber auch ihre Arbeitsbedingungen schwieriger geworden, da der Leistungsdruck durch den Wirtschaftseinbruch gestiegen ist. Ann hat berufsbedingt mit Geschäftspartnern aus unterschiedlichen Zeitzonen zu tun und fühlt sich verpflichtet, jederzeit ansprechbar sein zu müssen – viel mehr noch als vor der Pandemie, als sie von ihrem Büro nahe der Wall Street aus gearbeitet hat und ihre Arbeitszeit klarer definiert war. In letzter Zeit wirkt sie manchmal erschöpft und bedrückt. Sie denkt zwar noch nicht an Kündigung, erwägt aber, bewusst einen Gang zurückzuschalten, also nicht mehr so ehrgeizig ihre Karriere zu verfolgen, sondern es lockerer angehen zu lassen und dafür mehr Zeit ihrer Familie zu widmen. Manchmal könnte man fast den Eindruck gewinnen, als hoffe sie insgeheim, ihren Job zu verlieren. Ann ist privilegiert und genießt den Luxus, Alternativen und Entscheidungsfreiheit zu besitzen. Dennoch fühlt sie sich benachteiligt und desillusioniert. Was sollen da erst die vielen Millionen Frauen sagen, die in weniger glücklichen Umständen leben?

Die Automatisierung bedroht bereits hauptsächlich von Frauen ausgeübte Jobs, und die Pandemie verstärkt und beschleunigt diesen Trend noch. Für sie hatte COVID-19 bisher schon verheerende Folgen. Auch in Zukunft wird die Pandemie die Karrieren von Millionen von ihnen aller Voraussicht nach um Jahre zurückwerfen und auf dem Arbeitsmarkt über Jahrzehnte erzielte Fortschritte im Hinblick auf Chancengleichheit und Bezahlung zunichtemachen.

Ein Blick auf die Statistik verrät: 2019 hatten Frauen einen größeren Anteil an der US-Erwerbsbevölkerung als Männer. Die im Dezember 2020 pandemiebedingten dramatischen Jobverluste in den USA entfielen zu 100 Prozent auf Frauen. 156.000 weiblich besetzte Stellen sind verloren gegangen, während es bei den Männern einen Zuwachs von 16.000 Stellen gab. Von den zwischen Februar und Dezember 2020 verlorenen Arbeitsplätzen entfielen 55 Prozent auf Frauen.[517] Ein Gehaltsrückgang im März 2020 betraf zu 59 Prozent Arbeitnehmerinnen.[518]

Die Corona-Krise hat noch einmal vor Augen geführt, dass viele Frauen in sogenannten essenziellen Jobs arbeiten, also solchen, die gesundheitlich hoch riskant, niedrig bezahlt und systemrelevant sind. Dazu gehören beispielsweise die Jobs von Pflegekräften (von denen 77 Prozent Frauen sind), von Lehrkräften (ebenfalls 77 Prozent Frauen), in der Kinderbetreuung und -pflege (94 Prozent Frauen) und Kassiererinnen (70 Prozent Frauen).[519] Doch noch mehr Frauen arbeiten in nicht »systemrelevanten« Bereichen, und ihre Stellen gehörten zu den ersten, die im Lockdown gestrichen wurden.[520]

Bereits vor der Pandemie haben berufstätige Frauen wesentlich mehr Zeit für den Haushalt aufbringen müssen, selbst wenn sie die engagiertesten Partner hatten. Diese Schieflage hat sich durch die Pandemie noch weiter verschärft. Einer Umfrage der Boston Consulting Group zufolge arbeiteten Frauen in der Woche 15 Stunden mehr im Haushalt als Männer. Vor der Pandemie waren es bei Frauen 35 Stunden, bei Männern 25. Demgegenüber waren es während der Pandemie bei Frauen 65, bei Männern 50 Stunden.[521] Viele Frauen, die in höher qualifizierten Positionen tätig sind, sehen sich genötigt, aufgrund der zusätzlichen Belastungen und gegebenenfalls weil der Partner mehr verdient, ihre Karriere zu opfern oder ihre Arbeitszeit zu verringern.[522]

Auch die finanzielle Gesamtsituation von Frauen verschlechtert sich erheblich, weil sie im Schnitt weniger verdienen, weniger gespart und schlechter vorgesorgt haben. Des Weiteren befinden sie sich häufig in einem finanziellen Abhängigkeitsverhältnis. Die Tatsache, dass sie sich bei Finanzangelegenheiten oft nicht gut auskennen und weniger engagiert sind, kommt erschwerend hinzu.

Vorurteile: Das grundlegende Problem

Es gibt keine Hinweise auf *den einen* konkreten Grund, der Frauen vom beruflichen Fortkommen abhält. Zu dieser Dynamik tragen viele verschiedene Aspekte bei. Ein wichtiger Grund aber, der besonders großen Einfluss hat, weil er allen Handlungen zugrunde liegt, ist das Fortbestehen gesellschaftlicher Vorurteile. Immer noch existieren schwer greifbare, vorgefasste Meinungen, die sich »nahezu gleich stark auf allen Ebenen« manifestieren.[523] Diese äußern sich in unterschiedlichen Formen.

Künstliche Intelligenz: Vorprogrammierte Vorurteile

Weltweit setzen Unternehmen in ihren Einstellungsverfahren immer häufiger Künstliche Intelligenz ein, um Bewerber auszuwählen. Computeralgorithmen verarbeiten eine Unmenge an Daten in Prozessen, die mutmaßlich effizienter und objektiver sind. Allerdings hat sich herausgestellt, dass die aufgrund historischer Daten erstellten Algorithmen das Auswahlverfahren vielfach aufgrund unzutreffender Annahmen durchführen, weil die Programmierer, die diese Algorithmen entwickeln, ihnen in aller Regel unbewusst – ihre eigenen Vorurteile einprogrammieren. Der von der Künstlichen Intelligenz anschließend automatisch vorgenommene Selbstlernprozess zementiert solche Vorurteile dann für gewöhnlich weiter.[524]

Amazon ist eines der Unternehmen, das seine Einstellungsverfahren mithilfe von Algorithmen weitgehend automatisiert hat. Dabei wurde das Unternehmen allerdings im Laufe der Zeit eines Problems gewahr. Bei einer Routineüberprüfung der Prozesse fiel auf, dass die Daten, mit denen die Algorithmen programmiert wurden, »die in der Techbranche bestehenden Vorurteile gegen Frauen perpetuierten«.[525]

Die »Diskriminierung von Frauen in der Arbeitswelt ist womöglich das krasseste Beispiel dafür, wie Big Data letztendlich Ungleichheit vergrößert«, so Cathy O'Neil.[526] O'Neil kennt sich aus, denn die in Harvard promovierte Datenwissenschaftlerin mit leuchtend blauem Haar und dicken Brillengläsern leitet ein Unternehmen, das auf die Prüfung von Algorithmen spezialisiert ist. Zu diesem Thema hat sie auch ein Buch verfasst: *Weapons of Math Destruction: How Big Data Increases Inequality and Threatens Democracy.*[527] O'Neil zufolge sollten wir nicht davon ausgehen, dass Algorithmen objektive Fakten verkörpern.[528]

Sie erklärt, wie Mustererkennung und Prognosen auf der Grundlage von Stereotypisierung funktionieren.[529] Wenn Computer »Daten nach Anhaltspunkten für bestimmte Eigenschaften durchforsten, die sie entweder finden oder vermeiden sollen«, dann ziehen sie aufgrund von Korrelationen zwischen scheinbar nicht zueinander in Verbindung stehender, »irrelevanter Informationen [...] Rückschlüsse auf Geschlecht, Hautfarbe und sozioökonomischen Hintergrund«.[530] Und das führt dann häufig zur Diskriminierung im Bewerbungsverfahren.

O'Neil erläutert diesen Prozess am Beispiel einer Ausschreibung hochdotierter Jobs bei Google. Stellt man eine Suche an, dann zeigt sich, dass sich die meisten Informationen auf Männer beziehen. Maschinelles Lernen aufgrund von Algorithmen definiert Erfolg auf der Grundlage historischer Daten. Zeigen Daten, dass eine Frau eine bestimmte Position nicht länger als zwei Jahre innehatte, sie nicht befördert worden ist oder keine Gehaltserhöhung erhalten hat, dann nimmt der Algorithmus fälschlicherweise an, dass Frauen für diesen Posten grundsätzlich ungeeignet sind – und gibt männlichen Mitbewerbern mithin den Vorzug.[531] Außerdem ziehen Algorithmen aus unterschwelligen Signalen wie Wortschatz, Ausdrucksweise und Kontext Rückschlüsse auf das Geschlecht.[532]

Die dem Einstellungsverfahren bei Amazon zugrunde liegenden Parameter waren – wenn auch unbewusst – im wahrsten Sinne des Wortes darauf programmiert, Frauen auszusieben. Immerhin wurde der Missstand erkannt und zu beheben versucht. Die meisten Unternehmen, die ihre Entscheidungsprozesse zunehmend an Künstliche Intelligenz »outsourcen«, sind sich solcher »algorithmischer Vorurteile« entweder gar nicht bewusst, interessieren sich nicht dafür oder nehmen sie gar billigend in Kauf. Manchen von ihnen ist die Diskriminierung im Gewand undurchdringlicher Big-Data-Prozesse sogar willkommen, weil es ihnen ein »Alibi« für bewusst vorgenommene Diskriminierung verleiht und es ihnen dadurch ermöglicht, einer gesetzlichen Haftung potenziell zu entgehen.

Es ist kein Zufall, dass die meisten Programmierer weiße Männer sind. Ohne den Einsatz entsprechender Kontrollmechanismen, die diese sich selbst verstärkende Feedbackschleife algorithmischer Vorurteile durchbricht, wird die Erwerbsbevölkerung in höher qualifizierten Berufen immer homogener werden.

Kollektive Wahrnehmung: Gesellschaftliche Vorurteile

2018 erregten die kontroversen Äußerungen des CEO von Qatar Airways, Akbar Al Baker, Aufsehen. Auf der Jahrestagung der International Air Transport Association antwortete er auf die Frage nach seiner Nachfolge an der Spitze der Fluggesellschaft, diese müsse »natürlich von einem Mann angetreten werden, denn dies ist eine ausgesprochen anspruchsvolle Position«.[533]

Studien belegen regelmäßig, dass Menschen intuitiv Frauen und Männern verschiedene Eigenschaften zuordnen. Viele Merkmale, die bei Männern positiv wahrgenommen werden, werden demgegenüber bei Frauen als negativ empfunden. So wird von Frauen beispielsweise nach wie vor erwartet, dass sie freundlich, rücksichtsvoll und fürsorglich sind. Ehrgeiz wird ihnen als Gefühlskälte und Aggressivität ausgelegt. Bei Männern gilt Ehrgeiz hingegen als positiver Wesenszug.[534] Während Männer oft automatisch befördert werden und mehr Gehalt bekommen, müssen Frauen darum kämpfen, auf die Gefahr hin, als dominierend oder aggressiv wahrgenommen zu werden.[535] Schon eine andere Meinung zu vertreten, kann eine Frau in die Bredouille bringen.[536] Frauen, die sich durchzusetzen wissen, werden häufig als herrisch und unsympathisch empfunden, allerdings nicht als weniger kompetent.[537] Doch da sich mangelnde Sympathie ebenfalls negativ auf ihre Karriere auswirkt, stehen Frauen vor einem echten Dilemma: Sie müssen so maskulin erscheinen, dass sie als kompetent wahrgenommen werden, dabei aber so feminin bleiben, dass sie noch sympathisch wirken.[538] Ein weiterer Unterschied: Zeigt ein Mann Hilfsbereitschaft, so wird dies besonders honoriert. Bei einer Frau hingegen wird Hilfsbereitschaft stillschweigend vorausgesetzt. Auch bei der Kommunikation gibt es Unterschiede in der Wahrnehmung. Ein Mann, der gesprächig ist, wird als selbstbewusst wahrgenommen, während eine redsame Frau als weniger kompetent empfunden wird, und zwar von Männern ebenso wie von Frauen.[539] Als bei einer Verwaltungsratssitzung von Uber der weitverbreitete Sexismus im Unternehmen diskutiert wurde, wies das einzige weibliche Verwaltungsratsmitglied, Arianna Huffington, darauf hin, dass das Vorhandensein einer Frau im Verwaltungsrat erwiesenermaßen die Wahrscheinlichkeit der Berufung einer zweiten Frau in das Gremium erhöhe. Huffingtons Äußerung veranlasste ihren Verwaltungsratskollegen, David Bonderman, milliardenschwerer Mitbegründer der Private-Equity-Firma TPG Capital, zu der Äußerung, das bewirke »in Wirklichkeit nur, dass aller Wahrscheinlichkeit nach mehr geredet wird«.[540] Dies zog eine öffentliche Kontroverse nach sich – sowie eine Entschuldigung und den Rücktritt Bondermans.

Ein weiterer Drahtseilakt für Frauen ist die Selbstvermarktung. Während man es Männern nachsieht, wenn sie sich aufplustern und in den Mittelpunkt stellen, wird von Frauen traditionell Zurückhaltung und Bescheidenheit erwartet.[541]

Forschungsergebnisse zeigen, dass der Mangel an Frauen in MINT-Berufen (Mathematik, Informatik, Naturwissenschaft, Technologie) »nicht daraus resultiert, dass nicht ausreichend Frauen vorhanden wären oder in diesem Bereich nicht arbeiten wollten, sondern dass es Vorurteile sind, die Frauen davon abhalten, Berufe in der Wissenschaft zu ergreifen. Für einen Job, der mathematische Expertise erfordert, hat ein Mann eine doppelt so hohe Wahrscheinlichkeit, bevorzugt zu werden, und zwar von männlichen wie auch weiblichen Entscheidungsträgern der Personalabteilung.[542]

Darüber hinaus hat die Wissenschaft gezeigt, dass Menschen grundsätzlich eher dazu neigen »Führungsqualitäten Männern zuzuschreiben«.[543] Ein Experiment veranschaulicht dies: Bei der Aufgabe, eine Führungspersönlichkeit zu zeichnen, »malen Männer – genauso wie Frauen – fast immer einen Mann«.[544] Während die meisten unbewusst davon ausgehen, dass gute Führungskräfte männlich sind, lösen Karrierefrauen eher gemischte Gefühle aus.[545] In der Tat haben viele Menschen immer noch ein Problem damit, »eine Frau in einer höher gestellten Position zu akzeptieren«.[546] »Der typische CEO ist mindestens 1,80 Meter groß und hat eine tiefe Stimme.«[547] Haben sich die Menschen erst einmal an diese Tatsache gewöhnt, dann formt das unwillkürlich ihre Wahrnehmung und wird unbewusst zum Stereotyp und zu der von ihnen erwarteten Norm. Und so verstärken sich Vorurteile selbst, auch weil wir unbewusst dazu neigen, nach Argumenten zu suchen, die diese bestätigen.[548]

Ebenso herrscht immer noch die Überzeugung vor, dass Frauen das »schwächere Geschlecht« und weniger belastbar als Männer seien. Und sobald sich der Nachwuchs einstelle, verschöben sich die Prioritäten der Mütter vom Job auf die Familie.[549] Selbst wenn eine Frau familiär tatsächlich gar nicht mehr eingespannt ist als ein Mann, wird dies typischerweise trotzdem stillschweigend vorausgesetzt, sodass Frauen als Folge weniger Projektaufträge, Reisemöglichkeiten und Beförderungschancen erhalten.[550]

Auch Vorurteile, die auf dem äußeren Erscheinungsbild von Frauen basieren, sind immer noch verbreiteter, als man annehmen möchte. Ständig werden sie nach ihrem Aussehen beurteilt, über das sie sich folglich weit mehr Gedanken machen müssen als Männer. Eine gewisse Attraktivität ist durchaus förderlich, doch zu feminin zu wirken oder zu sehr aufzufallen, kann kontraproduktiv sein. »Für Frauen in Management- oder Führungspositionen kann Schönheit hinderlich sein, da sie in der Klischeevorstellung nicht mit Kompetenz vereinbar ist.«[551]

All diese Vorurteile haben enormen Einfluss auf die Behandlung von Frauen im Arbeitsleben.

Beitritt unerwünscht: Männliche Netzwerke und Seilschaften

Ein weiterer maßgeblicher Grund für die Benachteiligung von Frauen ist die Tatsache, dass sie weitgehend aus den »Old Boys«-Netzwerken ausgeschlossen sind. Folglich haben sie auch weniger Gelegenheit, Sozialkapital und Verhandlungsmacht aufzubauen als ihre männlichen Kollegen. Ihre Ausgrenzung aus den männlichen Seilschaften begrenzt gleichzeitig ihren Zugang zu nützlichen Informationen, Chancen und Einflussmöglichkeiten.

Die im Machtgefüge fest verankerten Männer stellen vorzugsweise andere Männer ein, und zwar solche, die über einen vergleichbaren sozioökonomischen Hintergrund, Bildungsstand und beruflichen Werdegang verfügen. Diese Gemeinsamkeiten vermitteln ihnen Sicherheit, Vertrauen und Effizienz.[552] Gleich und gleich gesellt sich gern – ein Phänomen, das in der Netzwerkwissenschaft als »Homophilie« bezeichnet wird. Menschen tun sich vorzugsweise mit Menschen zusammen, »die ihnen ähnlich sind«.[553]

Geradezu paradox mutet es an, dass Frauen zwar oft eingestellt werden, um ihre zwischenmenschlichen Kompetenzen zum Wohle des Unternehmens einzusetzen, davon aber selbst im Hinblick auf ihren persönlichen Aufstieg kaum profitieren. Das liegt unter anderem daran, dass sich Frauen in aller Regel scheuen, ihre persönlichen Beziehungen opportunistisch für ihr berufliches Fortkommen zu nutzen. Erschwerend hinzu kommt, dass sie sich oft hölzerner und weniger liebenswürdig geben als ihre männlichen Kollegen, um nicht den Verdacht aufkommen zu lassen, sie hätten ihren Erfolg aufgrund ihres weiblichen Charmes erzielt. Dieses Verhalten habe ich auch schon an mir selbst beobachtet. Außerdem gibt es für Frauen weniger Vorbilder, an denen sie sich hinsichtlich des Netzwerkens orientieren können, weniger Mentorinnen und weniger etablierte Netzwerkpraktiken.[554]

Für Männer ist Netzwerken viel unkomplizierter als für Frauen. So können Männer aus verschiedenen Hierarchiestufen nach Geschäftsschluss hinter verschlossenen Türen mit anderen Männern zusammensitzen, ohne dass sich jemand etwas dabei denken würde. Es entspricht der gesellschaftlichen Norm, gemeinsam Sportveranstaltungen zu besuchen oder abends zusammen auszugehen – auch mit (zufällig ebenfalls überwiegend männlichen) Kunden.[555] Im Umgang mit Frauen sind vor allem männliche Spitzenmanager dagegen weit vorsichtiger, insbesondere seit der »#MeToo«-Bewegung. Diese hat zwar in vielerlei Hinsicht dazu beigetragen, Diskriminierung zu bekämpfen, hat sich aber gleichzeitig negativ auf die geschlechterübergreifende Beziehungspflege ausgewirkt. Viele männliche Führungskräfte schrecken nun vor dem Mentoring von Frauen zurück, aus Angst, es könnte falsch ausgelegt werden, Gerüchte auslösen oder gar juristische Probleme verursachen.[556]

Frauenorientierte Netzwerke haben meist nur eine begrenzte laterale Reichweite, was schlicht dem Umstand geschuldet ist, dass es weniger Frauen in höhergestellten Positionen gibt.[557] In gewissem Umfang eröffnen digitale und internetgestützte Technologien Frauen neue Möglichkeiten, berufliche Netzwerke aufzubauen.[558]

Trotz der Relevanz fachlicher Kompetenzen und technologischer Expertise sollten auch Frauen nicht außer Acht lassen, wie entscheidend soziale Kompetenzen nach wie vor für den beruflichen Erfolg bleiben. Ein Beispiel dafür ist Sheridan Ash, Leiterin der Women-in-Tech-Initiative bei PwC. Die alleinerziehende Mutter nahm erst mit Ende 20 ein Universitätsstudium auf, das sie mit einem MBA abschloss, und arbeitete sich dann die Karriereleiter empor. Rückblickend sagt sie über ihren Werdegang, dass »es seltsamerweise nicht immer die fachliche Kompetenz ist, die Karriereschritte ermöglicht und Führungspositionen im Technologiesektor eröffnet – es sind vielmehr Fähigkeiten wie der Aufbau echter zwischenmenschlicher Beziehungen und die Empathie, die im Endeffekt den Unterschied machen«.[559]

Frauen auf Erfolgskurs: Ein Aktionsplan

Frauen: To-do-Liste

Angesichts ihrer schlechteren Chancen müssen Frauen proaktiv an allen Fronten kämpfen, um an der Zukunft der Arbeit teilzuhaben und von ihr zu profitieren. Daher sollten gerade sie sich auf unsere neue Zukunft vorbereiten, insbesondere auch auf Jobs, die im Laufe des wirtschaftlichen Umbruchs erst noch entstehen werden. Zu diesem Zweck ist es für Frauen besonders wichtig, sich fortwährend zu disrupten, also ihre Einstellung zu hinterfragen und anzupassen, sich optimal zu positionieren, ihre Marke aufzubauen und sich wirksam zu vermarkten. Darüber hinaus sollten sie natürlich auch Zeit und Mühen in den Aufbau ihres Netzwerkes sowie in Weiterbildung und gegebenenfalls Umschulung investieren.[560] Angesichts der Tatsache, dass die Zeit, in der wir am Arbeitsplatz mit Maschinen zusammenarbeiten werden, im nächsten Jahrzehnt um 50 Prozent zunehmen wird[561], sollten Frauen vor allem auch am Ausbau ihrer technologischen Fähigkeiten arbeiten.

Und da sie weniger Gelegenheit zum Netzwerken haben als Männer, bleibt ihnen gar nichts anderes übrig, als sich mehr anzustrengen. Mithin sollten sie sich überwinden, ihre Komfortzone zu verlassen, und ganz bewusst versuchen, aus ihren praktischen Erfahrungen zu lernen, um so mit der Zeit ihre Fähigkeit, Beziehungen zu kultivieren, auszubauen. Darüber hinaus sollten sie sich mit dem Gedanken anfreunden, dass es absolut legitim ist, Beziehungen beruflich zu nutzen. Weil es für Frauen weniger etablierte Netzwerkpraktiken, Vorbilder und Mentoren gibt, sind sie darauf angewiesen, besonders aufmerksam die spezifischen Umstände an ihrem Arbeitsplatz zu beobachten und ihr Netzwerkvorgehen darauf einzustellen: Sind Sie weiter unten oder eher im oberen Bereich einer Hierarchie angesiedelt? Sind Ihre Vorgesetzten männlich, weiblich oder haben Sie Vorgesetzte beiderlei Geschlechts? Arbeiten Sie in einem eher progressiven oder eher konservativen Umfeld? Welche Dynamiken herrschen in Ihrem Unternehmen vor? Ist die Kultur eher inklusiv oder ausgrenzend?

Ferner sollten Frauen nicht den Fehler begehen, sich zu sehr anzupassen und männliche Verhaltensweisen zu übernehmen, denn sie werden aufgrund gesellschaftlicher Verhaltensnormen und Vorurteile, die sowohl Männer als auch Frauen hegen, anders wahrgenommen und behandelt.

Abschließend kann man Frauen angesichts der beharrlich weiterbestehenden Diskriminierung und des wachsenden Wettbewerbsdrucks nur anraten, größere Resilienz zu entwickeln, Ablehnung mit Fassung zu tragen und negative Erfahrungen an sich abprallen zu lassen.

Bekämpfung unbewusster Vorurteile

Weil die Ungleichbehandlung von Männern und Frauen vor allem auch auf unbewussten Vorurteilen beruht, müssen wir uns als Gesellschaft unserer vorgefassten Denkmuster bewusst werden, unsere Wahrnehmung der Geschlechterrollen hinterfragen und unsere Kultur gezielt in eine fortschrittlichere Richtung weiterentwickeln. Interessanterweise hat sich gezeigt, dass ausgerechnet Menschen in einflussreichen Positionen besonders anfällig für das Hegen von Vorurteilen sind, weil ihre hohe kognitive Intelligenz ihnen das Erkennen von Mustern erleichtert. Allerdings gibt es in dieser Hinsicht auch eine gute Nachricht: »Werden sie mit neuen Mustern, also Tatsachen konfrontiert, die ihre stereotypen Assoziationen infrage stellen, sind sie auch besser in der Lage, sich von ihren Klischeevorstellungen zu lösen.«[562]

Der Kampf gegen Vorurteile ist nicht nur unverzichtbar, sondern er stellt auch die größte Herausforderung dar, weil Vorurteile und Kultur amorph, also schwer definier- und greifbar sind. Aber man sollte auch nicht vergessen, wie viel soziale Initiativen, beispielsweise die »#MeToo«-Bewegung, in kurzer Zeit erreicht haben: Sie haben den Zeitgeist revolutioniert und dafür gesorgt, dass Verhaltensweisen, die in den vergangenen Jahrzehnten als »normal« angesehen wurden, nunmehr als absolut inakzeptabel gelten. Natürlich sollte man davon ausgehen, dass es einen erheblichen Zeit- und Kraftaufwand bedeutet, Normen, die wir im Zuge unserer Sozialisierung verinnerlicht haben, zu verändern. Doch sich der eigenen Voreingenommenheiten bewusst zu werden und diese gezielt zu berücksichtigen, ist der erste Schritt, um unser kollektives Denken »umzuprogrammieren«.

Politik-Maßnahmen

Politisches Eingreifen ist unabdingbar, um geschlechterbedingte Dynamiken am Arbeitsplatz zu regulieren und Faktoren zu kompensieren, die für die Ungleichbehandlung verantwortlich sind, beispielsweise männliche Machterhaltungsmechanismen, die Automatisierung, digitale Diskriminierung und Pandemien.[563]

Wie die Erfahrung gezeigt hat, kann sich die Gesellschaft nicht auf die von den Unternehmen vielbeschworene »Selbstregulierung« verlassen, denn trotz des anhaltenden öffentlichen Drucks in den letzten Jahren sind sie dieser auch nicht annähernd gerecht geworden. Aus diesem Grund muss der Staat eingreifen, um die Tendenz der aktuellen Entwicklungen zu korrigieren, Leitplanken zu setzen und für gleiche Spielregeln zu sorgen – beispielsweise durch Quoten, Anreize, Maßnahmen gegen Diskriminierung und Vorschriften zur Lohngleichheit. Unternehmen sollten durch regulatorische, steuerliche und andere Anreize dazu animiert werden, Beschäftigte geschlechterübergreifend aus einem breiteren sozioökonomischen, bildungsmäßigen, kulturellen und ethnischen Spektrum einzustellen.

Auch die Teilhabe von Frauen in Entscheidungsfindungsprozessen muss gewährleistet werden. Sind Frauen an der Spitze – also dort, wo Entscheidungen getroffen werden – nicht repräsentiert, werden auch ihre Interessen nicht angemessen vertreten. Das verfälscht Gegebenheiten und verfestigt die Ungleichheit. Haben Frauen Gelegenheit, sich für ihre Interessen einzusetzen, so kann dies gleichzeitig für zahllose Geschlechtsgenossinnen viel bewirken und dadurch zum Fortkommen von Frauen insgesamt beitragen.

Vor allem im Technologiesektor sollten Frauen dringend vermehrt einbezogen werden, denn Künstliche Intelligenz stellt bei der Aufrechterhaltung von Vorurteilen und der daraus resultierenden Ungleichbehandlung zum Nachteil der Frauen eines der größten Risiken dar,[564] da »sie in populären, durch Algorithmen gestützte Produkte nicht [angemessen] repräsentiert sind«.[565]

Familienfreundliche Maßnahmen wie ein größeres Angebot an Kinderbetreuung und flexiblere Arbeitszeiten können ebenfalls wesentlich zur Gleichstellung beitragen. Erfahrungswerte zeigen jedoch, dass solche Maßnahmen in aller Regel nur dann Wirkung entfalten, wenn sie mit einem Kulturwandel einhergehen. Denn selbst wenn solche Angebote vorhanden sind, scheuen sich Frauen oft, sie in Anspruch zu nehmen, weil sie befürchten, dass sich dies negativ auf ihre Karriereaussichten auswirken könnte.

Der Zugang zu Aus- und Weiterbildungsmöglichkeiten sollte gefördert und erleichtert werden, weil es Frauen aufgrund von wirtschaftlichen Zwängen und familiärer Verpflichtungen erfahrungsgemäß schwerer fällt, diese zu nutzen.

Wirtschafts-Initiativen

Frauen mehr Spitzenpositionen im Unternehmensmanagement zugänglich zu machen, wäre eine der wirksamsten Methoden, die gegen Frauen fortbestehenden Vorurteile aufzubrechen. Das hätte erfahrungsgemäß Auswirkungen auf die vermehrte Einstellung von Frauen über alle Hierarchiestufen hinweg. Um dem weitverbreiteten Diskriminierungsproblem entgegenzuwirken, sollten sich Unternehmen außerdem dazu verpflichten, verbindliche »Anti-Bias«-Schulungen gegen unbewusst eingebrachte Vorurteile durchzuführen,[566] die bislang meist auf freiwilliger Basis angeboten werden. Einheitliche, objektive und transparente Einstellungsparameter sowie das Ausschließen algorithmischer Diskriminierung wären ebenfalls hilfreich.

Um Frauen effektiv in bestehende, von Männern dominierte Beziehungsstrukturen zu integrieren, sollten Unternehmen proaktiv Netzwerkförderprogramme einrichten und zu diesem Zwecke Plattformen sowie Mentorship-Programme etablieren. Hierbei handelt es sich wohlgemerkt nicht um ideale Maßnahmen, da Netzwerken und Mentorship gerade aufgrund ihres formlosen Charakters effektiv sind. Aber auch weil die »#MeToo«-Bewegung dazu geführt hat, dass viele männliche Führungskräfte Vorbehalte gegen die Einstellung von, den Umgang mit und die Beförderung von Frauen haben, sind formalisierte Verfahren unabdingbar.

Verwaltungsratsgremien und Investoren

Nach wie vor sind 85 Prozent aller Verwaltungsratsmitglieder weiße Männer.[567] Deshalb stehen Vorstands- und Verwaltungsratsgremien besonders in der Pflicht, CEOs in ihren Bestrebungen zu unterstützen, Frauen einzustellen, zu befördern und bei der Vergabe von Führungsposten zu berücksichtigen.

Institutionelle Investoren, Aktionäre und aktivistische Investoren sollten ihren Einfluss geltend machen, um Diversitätsvorschriften in ihre Anlagerichtlinien aufzunehmen und bei ihrem Bemühen, nachhaltige Investments zu fördern, zu berücksichtigen. Denn gehen sie koordiniert vor, können sie enorm viel bewirken. Solche Maßnahmen sind nicht nur moralisch angezeigt und betriebswirtschaftlich sinnvoll, sondern in Zeiten erhöhter öffentlicher Aufmerksamkeit auch im Hinblick auf das Marketing ausgesprochen wirksam.

Gesellschaft

Die Gesellschaft – also wir alle – können auf Veranstaltungsforen, Netzwerkplattformen und Initiativen zur Förderung der Gleichstellung von Frauen dazu beitragen, den Zeitgeist zu verändern. Soziale Medien ermöglichen größere Transparenz und die Mobilisierung von Bewegungen mittels Netzwerkaufbau. Verbraucher können durch Kaufentscheidungen und Onlinekommentare ihren Einfluss geltend machen.

Medien

Die Medien spielen eine maßgebliche Rolle beim Aufdecken genderspezifischer Ungleichbehandlung, indem sie solche Missstände publik machen. Auch können sie entscheidend dazu beitragen, die Vorteile der Gleichstellung in einem breiteren gesellschaftlichen Kontext zu vermitteln. Darüber hinaus können die Medien Unternehmen unter anderem durch das »naming and shaming«, also öffentliches Anprangern, zur Rechenschaft ziehen und auf diese Weise Verhalten beeinflussen.

Frauen sind es seit Jahrhunderten gewohnt, für ihr Fortkommen zu kämpfen. Mit der Unterstützung aller Segmente der Gesellschaft werden sie sich auch zukünftig im Angesicht technologischer Disruption erfolgreich behaupten.

* * *

Wie wir gesehen haben, bergen Umwälzungen und Umbruchphasen nicht nur Risiken, sondern auch enormes Zukunftspotenzial für jeden Einzelnen von uns. Es liegt in unserer Hand, die neuen Chancen und Möglichkeiten zu erkennen und zu nutzen. Mit der richtigen Einstellung und Aufstellung – kurz, dem Future-Proof-Mindset – haben Sie hierfür die besten Voraussetzungen. Für Ihre Zukunft wünsche ich Ihnen von ganzem Herzen viel Erfolg, Glück und dass sich alle ihre Träume verwirklichen mögen!

Ihre

Sandra Navidi

Anmerkungen

Vorwort: Die Entstehungsgeschichte dieses Buches

1 »Edmund Phelbs«, Columbia University, https://capitalism.columbia.edu/edmund-phelps. Zuletzt aufgerufen am 14.4.2021.

2 »Members«, Columbia University, https://capitalism.columbia.edu/view/people/member. Zuletzt aufgerufen am 14.4.2021

3 Phelps, Edmund S.: *Mass Flourishing*, Kindle Location xii. Princeton University Press. Kindle Edition.

4 Phelps, Edmund S.; Bojilov, Raicho; Hoon, Hian Teck; Zoega, Gylfi: *Dynamism*, Kindle Location 2. Harvard University Press. Kindle Edition.

Erstes Kapitel: Das Digital-Beben: Wie Automatisierung und Künstliche Intelligenz Ihr Leben verändern werden

5 »›You've got to find what you love,‹ Jobs says«, Stanford News, 14. Juni 2005, https://news.stanford.edu/2005/06/14/jobs-061505/. Zuletzt aufgerufen am 8.4.2021.

6 Navidi, Sandra: *SuperHubs: How the Financial Elite and Their Networks Rule our World*, Nicholas Brealey Publishing 2017, S. 50. (dt. *$uper-hubs: Wie die Finanzelite und ihre Netzwerke die Welt regieren*, FBV 2016, S. 79).

7 »Opinion, What Machines Can't Do«, The New York Times, 3. Februar 2014, https://www.nytimes.com/2014/02/04/opinion/brooks-what-machines-cant-do.html.

8 Foroohar, Rana: *Don't Be Evil*, Kindle Location 166, Kindle Edition. Zuletzt aufgerufen am 8.4.2021.

9 »World's largest hedge fund to replace managers with artificial intelligence«, The Guardian, 22. Dezember 2016, https://www.theguardian.com/technology/2016/dec/22/bridgewater-associates-ai-artificial-intelligence-management. Zuletzt aufgerufen am 8.4.2021.

10 »Five industries under threat from technology«, Financial Times, 25. Dezember 2016, https://www.ft.com/content/b25e0e62-c6ca-11e6-9043-7e34c07b46ef. Zuletzt aufgerufen am 8.4.2021.

11 Anthony, Scott: *Kodak's Downfall Was not About Technology*, Harvard Business Review, 15. Juli 2016, https://hbr.org/2016/07/kodaks-downfall-wasnt-about-technology. Zuletzt aufgerufen am 8.4.2021.

12 Peter H. Diamandis; Steven Kotler: *The Future Is Faster Than You Think: How Converging Technologies Are Transforming Business, Industries, and Our Lives,* 10. Februar 2021 (dt. *Überfluss: Die Zukunft ist besser, als Sie denken,* Plassen Verlag 2012).

13 »How an Energy Startup's Plan to Disrupt the Power Grid Got Disrupted«, The Wall Street Journal, 8. Dezember 2020, https://www.wsj.com/articles/bloom-energy-fuel-cell-silicon-valley-11606496855. Zuletzt aufgerufen am 8.4.2021.

14 Wolfe, Alexandra: Valley of the Gods: A Silicon Valley Story, Kindle Location 229, Kindle Edition 2017 (dt. *Das Tal der Götter: Der Silicon-Valley-Lifestyle: So lebt, arbeitet und tickt die neue US-Elite*, Plassen Verlag 2017).

15 »Stanford helped pioneer artificial intelligence. Now the university wants to put humans at its center.«, The Washington Post, 18. März 2019, https://www.washingtonpost.com/technology/2019/03/18/stanford-helped-pioneer-artificial-intelligence-now-university-wants-put-humans-its-center/. Zuletzt aufgerufen am 8.4.2021.

16 »Secrets of Silicon Valley review – are we sleepwalking towards a technological apocalypse?«, The Guardian, 7. August 2017, https://www.theguardian.com/tv-and-radio/2017/aug/07/secrets-of-silicon-valley-review-are-we-sleepwalking-towards-a-technological-apocalypse. Zuletzt aufgerufen am 8.4.2021.

17 »Google CEO Sundar Pichai says AI is more profound than electricity or fire«, Bloomberg, 22. Januar 2020, https://www.bloomberg.com/news/articles/2020-01-22/google-ceo-thinks-ai-is-more-profound-than-fire. Zuletzt aufgerufen am 8.4.2021.
»Google CEO Sundar Pichai compares impact of AI to electricity and fire«, The Verge, 19. Januar 2018, https://www.theverge.com/2018/1/19/16911354/google-ceo-sundar-pichai-ai-artificial-intelligence-fire-electricity-jobs-cancer. Zuletzt aufgerufen am 8.4.2021.

18 »Tech leaders at Davos fret over effect of AI on jobs«, Financial Times, 19. Januar 2017, https://www.ft.com/content/744ad7fa-de66-11e6-9d7c-be108f1c1dce. Zuletzt aufgerufen am 8.4.2021.
»How worried should we be about artificial intelligence? I asked 17 experts«, Vox, 22. Februar 2018, https://www.vox.com/conversations/2017/3/8/14712286/artificial-intelligence-science-technology-robots-singularity-automation. Zuletzt aufgerufen am 8.4.2021.

19 »Robocalypse Now? Central Bankers Argue Whether Automation Will Kill Jobs«, The New York Times, 28. Juli 2017, https://www.nytimes.com/2017/06/28/business/economy/ecb-automation-robotics-economy-jobs.html. Zuletzt aufgerufen am 8.4.2021.

20 »The AI Road to Serfdom?«, Project Syndicate, 21. Februar 2019, https://www.project-syndicate.org/commentary/automation-may-not-boost-worker-income-by-robert-skidelsky-2019-02. Zuletzt aufgerufen am 8.4.2021.

21 Yuval Noah Harari: 21 Lessons for the 21st Century. Kindle Edition, S. xvi) (dt. *21 Lektionen für das 21. Jahrhundert*, C.H.Beck 2019).

22 »How worried should we be about artificial intelligence? I asked 17 experts«, Vox, 22. Februar 2018, https://www.vox.com/conversations/2017/3/8/14712286/artificial-intelligence-science-technology-robots-singularity-automation. Zuletzt aufgerufen am 8.4.2021.

23 »Secrets of Silicon Valley review – are we sleepwalking towards a technological apocalypse?«, The Guardian, 7. August 2017, https://www.theguardian.com/tv-and-radio/2017/aug/07/secrets-of-silicon-valley-review-are-we-sleepwalking-towards-a-technological-apocalypse. Zuletzt aufgerufen am 8.4.2021.

24 »Universal basic income: money for nothing«, The Financial Times, 30. Mai 2018, https://www.ft.com/content/6f9909a8-7a03-11e9-81d2-f785092ab560. Zuletzt aufgerufen am 8.4.2021.
Isaacson, Walter: *Steve Jobs: The Exclusive Biography,* Kindle Edition, S. 329 (dt. *Steve Jobs: Die autorisierte Biografie des Apple-Gründers*, btb 2012, S. 387).

25 Isaacson, Walter: *Steve Jobs: The Exclusive Biography*, Kindle Edition, S. 329 (dt. *Steve Jobs: Die autorisierte Biografie des Apple-Gründers*, btb 2012, S. 387).

26 Wartzman, Rick: *The End of Loyalty: The Rise and Fall of Good Jobs in America*, Kindle Edition.

27 Die Ausführungen in diesem Absatz beruhen auf: Wartzman, Rick: *The End of Loyalty: The Rise and Fall of Good Jobs in America*, Kindle Edition.
»Then and Now: The Big Shift at Work«, The Wall Street Journal, https://www.wsj.com/graphics/american-workplace-then-and-now/. Zuletzt aufgerufen am 8.4.2021.

28 Sherwin Rosen: »The Economics of Superstars«, *The American Economic Review* (71)5 (Dezember 1981): S. 845–858.

29 »JEFFERIES: Amazon is adding 1 million square feet of warehouse space a week – and not slowing down anytime soon (AMZN)«, Markets Insider, 17. Oktober 2017, http://markets.businessinsider.com/news/stocks/amazon-warehouse-space-growing-2017-10-1004648924. Zuletzt aufgerufen am 8.4.2021.
»Who Can Challenge Walmart And Amazon«, Forbes, 17. Oktober 2017, https://www.forbes.com/sites/forbestechcouncil/2017/10/17/who-can-challenge-walmart-and-amazon/#4d37e1055907. Zuletzt aufgerufen am 8.4.2021.
»Amazon Could Probably Conquer Drugstores, Too«, Bloomberg Opinion, 10. August 2017, https://www.bloomberg.com/opinion/articles/2017-08-10/amazon-could-probably-conquer-drugstores-too. Zuletzt aufgerufen am 8.4.2021.

30 Peter H. Diamandis; Steven Kotler: *The Future Is Faster Than You Think: How Converging Technologies Are Transforming Business, Industries, and Our Lives*, 10. Februar 2021 (dt. *Überfluss: Die Zukunft ist besser, als Sie denken*, Plassen Verlag 2012).

31 »Digital Content will be half ›Earth's mass‹ by 2245 as ›information catastrophe‹ looms«, Portsmouth Research Portal, 19. September 2020, https://researchportal.port.ac.uk/portal/en/clippings/digital-content-will-be-half-earths-mass-by-2245-as-information-catastrophe-looms(86f85f53-b2fe-4ff1-b529-55fdf14275bb).html. Zuletzt aufgerufen am 8.4.2021.
»Digital data could overtake Earth's actual atoms, physicist says«, cnet. 13. August 2020. https://www.cnet.com/news/digital-data-could-overtake-earths-actual-atoms-physicist-says/. Zuletzt aufgerufen am 8.4.2021.

32 Mary L. Gray; Siddharth Suri: *Ghost Work: How to Stop Silicon Valley from Building a New Global Underclass*, Houghton Mifflin Harcourt, 2019.

33 »The Global Economy is Falling 35% of the World's Talent«, World Economic Forum, 28. Juni 2016, https://www.weforum.org/press/2016/06/the-global-economy-is-failing-35 of-the-world-s-talent/. Zuletzt aufgerufen am 8.4.2021.

34 Mary L. Gray; Siddharth Suri: *Ghost Work: How to Stop Silicon Valley from Building a New Global Underclass*, Houghton Mifflin Harcourt, 2019.

35 Konstant, Mart: *Activate Your Agile Career: How Responding to Change Will Inspire Your Life's Work*, S. 17–18. Konstant Change Publishing. Kindle Edition.

36 McGovern, Marion: *Thriving in the Gig Economy*, S. 31–32. Weiser. Kindle Edition.

37 Mary L. Gray; Siddharth Suri: *Ghost Work: How to Stop Silicon Valley from Building a New Global Underclass*, Houghton Mifflin Harcourt, 2019.

38 Mulcahy, Diane: *The Gig Economy: The Complete Guide to Getting Better Work, Taking More Time Off, and Financing the Life You Want*, S. 1. Kindle Edition.

39 Foroohar, Rana: *Don't Be Evil*, S. 156–157. Kindle Edition.

40 Foroohar, Rana: *Don't Be Evil*, S. 166. Kindle Edition.

41 Brynjolfsson, Erik; McAfee, Andrew: *Race Against The Machine: How the Digital Revolution is Accelerating Innovation, Driving Productivity, and Irreversibly Transforming Employment and the Economy*, S. 55. Kindle Edition.

42 Stand April 2020.

43 Dalio, Ray: *Principles: Life and Work*, S. 261, 262. Simon & Schuster. Kindle Edition. (dt. *Die Prinzipien des Erfolgs*, FBV 2019, S. 306).

44 »The economy as we knew it might be over, Fed Chairman says«, CNN Business, 12. November 2020, https://edition.cnn.com/2020/11/12/economy/economy-after-covid-powell/index.html. Zuletzt aufgerufen am 8.4.2021.

45 »The economy as we knew it might be over, Fed Chairman says«, CNN Business, 12. November 2020, https://edition.cnn.com/2020/11/12/economy/economy-after-covid-powell/index.html. Zuletzt aufgerufen am 8.4.2021.

46 »5 ways the future of work is changing, due to coronavirus«, Tech Republic, 25. März 2020, https://www.techrepublic.com/article/5-ways-the-future-of-work-is-changing-due-to-coronavirus/. Zuletzt aufgerufen am 8.4.2021.

47 » The Future of Work Is not What People Think It Is«, New York Times, 24. Juni 2020, https://www.nytimes.com/2020/06/24/opinion/sunday/coronavirus-health-workers-nurses.html. Zuletzt aufgerufen am 8.4.2021.

48 »What Historic Pandemics Could Teach Us About Coronavirus, with Ada Palmer (Ep. 48)«, uchicago news, https://news.uchicago.edu/big-brains-podcast-what-historic-pandemics-could-teach-us-about-coronavirus. Zuletzt aufgerufen am 13.4.2021.

49 »Will New York City Survive The Covid Pandemic And Recession?«, Forbes, 14. August 2020, https://www.forbes.com/sites/richardmcgahey/2020/08/14/will-new-york-city-survive-the-covid-pandemic-and-recession/. Zuletzt aufgerufen am 13.4.2021.

50 »Social Unrest Is the Inevitable Legacy of the Covid Pandemic«, Bloomberg Opinion, 14. November 2020, https://www.bloomberg.com/opinion/articles/2020-11-14/2020-s-covid-protests-are-a-sign-of-the-social-unrest-to-come. Zuletzt aufgerufen am 13.4.2021.

51 »The fate of conferences is not all Zoom and gloom«, Financial Times, https://www.ft.com/content/c0f10645-8b52-4c35-95d4-d76aecd91d2a. Zuletzt aufgerufen am 13.4.2021.

52 »Is the Subway Risky? It May Be Safer«, The New York Times, 2. August 2020, https://www.nytimes.com/2020/08/02/nyregion/nyc-subway-coronavirus-safety.html. Zuletzt aufgerufen am 13.4.2021
»There Is Little Evidence That Mass Transit Poses a Risk of Coronavirus Outbreaks«, E&E News, 28. Juli 2020, https://www.scientificamerican.com/article/there-is-little-evidence-that-mass-transit-poses-a-risk-of-coronavirus-outbreaks/. Zuletzt aufgerufen am 13.4.2021.

53 »New York City is dead forever«, New York Post, 17. August 2020, https://nypost.com/2020/08/17/nyc-is-dead-forever-heres-why-james-altucher/. Zuletzt aufgerufen am 13.4.2021.

54 »Comedian Jerry Seinfeld and author James Altucher are tussling over whether New York City is dying. Here's why both men are right.«, Business Insider, 27. August 2020, https://www.business
insider.com/is-new-york-city-dying-yes-and-no-seinfeld-altucher-2020-8?r=DE&IR=T. Zuletzt aufgerufen am 13.4.2021.

55 »Will There Be A Renaissance After The Coronavirus Crisis?«, Forbes, 2. Mai 2020, https://www.forbes.com/sites/mikeosullivan/2020/05/03/will-there-be-a-renaissance-after-the-coronavirus-crisis/?sh=728faf065378. Zuletzt aufgerufen am 13.4.2021.

56 »Manhattan's Office Buildings Are Empty. But for How Long?«, The New York Times, 8. September 2020, https://www.nytimes.com/2020/09/08/business/economy/new-york-office-space-coronavirus.html. Zuletzt aufgerufen am 13.4.2021.

57 »Workplace disrupted – 5 themes that will define the future of work«, World Economic Forum, 14. Januar 2021, https://www.weforum.org/agenda/2021/01/5-themes-that-will-define-the-future-of-work/. Zuletzt aufgerufen am 13.4.2021.

58 »Young and Ambitious? Move to New York, Not Austin«, Bloomberg, 3. Februar 2021, https://www.bloombergquint.com/gadfly/cheap-rent-makes-new-york-a-better-deal-than-austin. Zuletzt aufgerufen am 13.4.2021.

59 »Will New York City Survive The Covid Pandemic And Recession?«, Forbes, 14. August 2020, https://www.forbes.com/sites/richardmcgahey/2020/08/14/will-new-york-city-survive-the-covid-pandemic-and-recession/?sh=1b75c0c4266d. Zuletzt aufgerufen am 13.4.2021.

60 »Urban Flight Due To Covid-19 Is Temporary, Not Permanent«, Forbes, 21. Dezember 2020, https://www.forbes.com/sites/williamhaseltine/2020/12/21/urban-flight-due-to-covid-19-is-temporary-not-permanent/?sh=6361ea04cd58. Zuletzt aufgerufen am 13.4.2021.

61 »Young and Ambitious? Move to New York, Not Austin«, Bloomberg Opinion, 3. Februar 2021, https://www.bloombergquint.com/gadfly/cheap-rent-makes-new-york-a-better-deal-than-austin. Zuletzt aufgerufen am 13.4.2021.

62 Galloway, Scott: *Post Corona: From Crisis to Opportunity*, Penguin Publishing Group. Kindle Edition, S. 187.

63 »Innovate From Your Couch«, WSJ Opinion, 29. März 2020, https://www.wsj.com/articles/innovate-from-your-couch-11585509674. Zuletzt aufgerufen am 13.4.2021.

64 O'Neil, Cathy: Weapons of Math Destruction: How Big Data Increases Inequality and Threatens Democracy, (dt. *Angriff der Algorithmen: Wie sie Wahlen manipulieren, Berufschancen zerstören und unsere Gesundheit gefährden*. Carl Hanser Verlag München. 2017).

65 »Hedge fund billionaire Ray Dalio warns that political and wealth gaps in the US could lead to conflict – and even ›a form of civil war‹«, Business Insider, 23. Dezember 2020, https://www.businessinsider.com/ray-dalio-political-wealth-gaps-us-potential-form-of-civil-war-2020-12?r=DE&IR=T. Zuletzt aufgerufen am 8.4.2021.

66 »Bill Gates says robots should pay taxes if they take your job«, MarketWatch, 20. Februar 2017, https://www.marketwatch.com/story/bill-gates-says-robots-should-pay-taxes-if-they-take-your-job-2017-02-17. Zuletzt aufgerufen am 8.4.2021.

67 »Mark Zuckerberg – ›We should explore universal basic incomes‹«, World Economic Forum, 29. Mai 2017, https://www.weforum.org/agenda/2017/05/mark-zuckerberg-we-should-explore-universal-basic-incomes/. Zuletzt aufgerufen am 8.4.2021.

68 »The Disrupters«, City Journal, 2017, https://www.city-journal.org/html/disrupters-14950.html. Zuletzt aufgerufen am 8.4.2021.

69 »Robots are taking more factory jobs than Mexico or China«, New York Post, 2. November 2016, https://nypost.com/2016/11/02/robots-are-taking-more-factory-jobs-than-mexico-or-china/. Zuletzt aufgerufen am 8.4.2021.

70 Schwab, Klaus: *The Fourth Industrial Revolution*, Kindle Edition, S. 9, (dt. *Die Vierte Industrielle Revolution*, Pantheon 2016, S. 11, 20).

71 Die Ausführungen in diesem Absatz beruhen auf: Wartzman, Rick: *The End of Loyalty: The Rise and Fall of Good Jobs in America*, Kindle Edition.
Navidi, Sandra: *SuperHubs: How the Financial Elite and Their Networks Rule our World*, Nicholas Brealey Publishing 2017, S. 225, (dt. *$uperHubs*, FBV 2016).

72 Baldwin, Richard: *The Globotics Upheaval*, S. 21. Oxford University Press. Kindle Edition.

Zweites Kapitel: Wie Sie lernen, innovativ zu denken

73 http://web.mit.edu/mcraegroup/wwwfiles/ChuangChuang/thesis_files/Appendix%20D_Artificial%20Neural%20Network.pdf.

74 Harris, Carla.: *Strategize to Win*, S. 5. Penguin Publishing Group. Kindle Edition.

75 »The 2 Most Important Skills For the Rest Of Your Life / Yuval Noah Harari on Impact Theory«, Tom Bilyeu, YouTube, 13. November 2018, https://www.youtube.com/watch?v=x6tMLAjPVyo&t=2107s. Zuletzt aufgerufen am 8.4.2021.

76 Bathla, Som: *The Mindset Makeover: Transform Your Mindset to Attract Success, Unleash Your True Potential, Control Thoughts and Emotions, Become Unstoppable and Achieve Your Goals Faster*, S. 339, Kindle Edition.

77 Dweck, Carol S.: *Mindset: The New Psychology of Success*, S. 6 ff. Random House Publishing Group. Kindle Edition.

78 »The power of believing that you can improve«, TED, 2014, https://www.ted.com/talks/carol_dweck_the_power_of_believing_that_you_can_improve. Zuletzt aufgerufen am 8.4.2021.

79 »For LinkedIn Founder Reid Hoffman, Relationships Rule the World«, Wired, 28. März 2012, https://www.wired.com/2012/03/ff-hoffman/. Zuletzt aufgerufen am 8.4.2021.

80 »LinkedIn CEO Jeff Weiner's 3 Best Pieces of Career Advice«, Inc., 18. Oktober 2017, https://www.inc.com/michael-schneider/linkedin-ceo-jeff-weiners-3-best-pieces-of-career-advice.html. Zuletzt aufgerufen am 8.4.2021.

81 Mansharamani, Vikram: *Think for Yourself. Harvard Business Review Press*. Kindle Edition. »Harvard Lecturer: ›No specific skill will get you ahead in the future‹ – but this ›way of thinking‹ will«, make it, 15. Juni 2020, https://www.cnbc.com/2020/06/15/harvard-yale-researcher-future-success-is-not-a-specific-skill-its-a-type-of-thinking.html. Zuletzt aufgerufen am 8.4.2021.

82 Carl Benedikt Frey, Michael A. Osborne: *The Future of Employment: How Susceptible are Jobs to Computerisation?*, 17. September 2013, http://www.futuretech.ox.ac.uk/www.futuretech.ox.ac.uk/sites/futuretech.ox.ac.uk/files/The_Future_of_Employment_OMS_Working_Paper_0.pdf. Zuletzt aufgerufen am 8.4.2021.

83 Siehe Seite 78.

84 Drucker, Peter F.; Christensen, Clayton M.; Goleman, Danie: *HBR's 10 Must Reads on Managing Yourself* (with bonus article »How Will You Measure Your Life?« by Clayton M. Christensen), S. 15. Harvard Business Review Press. Kindle Edition.

85 Cain, Susan: *Quiet: The Power of Introverts in a World That Can't Stop Talking*. S. 2. Crown/Archetype. Kindle Edition (dt. *Still: Die Kraft der Introvertierten*, Goldmann, 2013, S. 13).

86 Dalio, Ray: *Principles: Life and Work*. S. 207–208. Simon & Schuster. Kindle Edition.

87 Holiday, Ryan: *Ego Is the Enemy*, S. 8. Penguin Publishing Group, Kindle Edition; (dt. *Dein Ego ist dein Feind: So besiegst du deinen größten Gegner*, FBV 2017).

88 Brzezinski, Mika: *Comeback Careers*, S. 45. Hachette Books. Kindle Edition.

89 »Diane von Fürstenberg: The Key to Success Is Trusting yourself«, The New York Times, 30. April 2015, https://www.nytimes.com/2015/05/03/business/diane-von-furstenberg-the-key-to-success-is-trusting-yourself.html. Zuletzt aufgerufen am 8.4.2021.

90 »What Self-Awareness Really Is (and How to Cultivate It)«, Harvard Business Review, 4. Januar 2018, https://hbr.org/2018/01/what-self-awareness-really-is-and-how-to-cultivate-it. Zuletzt aufgerufen am 8.4.2021.

91 Segal, Gillian Zoe: *Getting There: A Book of Mentors*, S. 17. Kindle Edition.

92 »Learning Today for Tomorrow's Jobs«, World Economic Forum, YouTube, 24. Januar 2019, https://www.youtube.com/watch?v=5-U-dwZEgtY&t=2053s. Zuletzt aufgerufen am 8.4.2021.

93 »Joel Peterson of JetBlue on Listening Without an Agenda«, The New York Times, 9. Mai 2015, https://www.nytimes.com/2015/05/10/business/joel-peterson-of-jetblue-on-listening-without-an-agenda.html. Zuletzt aufgerufen am 8.4.2021.

94 »Peter Miller of Optinose: To Work Here, Win the ›Nice‹ Vote«, The New York Times, 18. Juli 2015, https://www.nytimes.com/2015/07/19/business/peter-miller-of-optinose-to-work-here-win-the-nice-vote.html. Zuletzt aufgerufen am 8.4.2021.

95 »Wait, What's Going on With Hilaria Baldwin?«, Vulture, 30. Dezember 2020, https://www.vulture.com/2020/12/hilaria-baldwins-accent-and-amy-schumer-feud-explained.html. Zuletzt aufgerufen am 13.4.2021.

96 »The Hilaria Baldwin Story: ›I'm Living My Life‹«, The New York Times, 30. Dezember 2020, https://www.nytimes.com/2020/12/30/style/hilaria-baldwin-interview.html. Zuletzt aufgerufen am 13.4.2021
»It's not just her name, Hilaria Baldwin's entire life is a fake«, New York Post, 28. Dezember 2020, https://nypost.com/2020/12/28/its-not-just-her-name-hilaria-baldwins-entire-life-is-a-fake/. Zuletzt aufgerufen am 13.4.2021
»What still doesn't add up in Hilaria Baldwin's Spanish heritage controversy«, Page Six, 28. Dezember 2020, https://pagesix.com/2020/12/28/what-still-doesnt-add-up-about-hilaria-baldwins-spanish-heritage/. Zuletzt aufgerufen am 13.4.2021
»Hilaria Baldwin blames Spanish heritage scandal on everyone but herself«, Page Six, 30. Dezember 2020, https://pagesix.com/2020/12/30/hilaria-baldwin-blames-heritage-scandal-on-everyone-but-herself/. Zuletzt aufgerufen am 13.4.2021.

97 Katty Kay and Claire Shipman, »The Confidence Gap, Evidence Shows That Women Are Less Self-Assured than Men—and That to Succeed, Confidence Matters as Much as Competence,« The Atlantic, April 14, 2014, https://www.theatlantic.com/magazine/archive/2014/05/the-confidence-gap/359815/ Zuletzt aufgerufen am 17.04.2021.

98 https://www.nytimes.com/2015/07/19/business/peter-miller-of-optinose-to-work-here-win-the-nice-vote.html. Zuletzt aufgerufen am 8.4.2021.
»How to Be a Human Leader«. The Atlantic, 30. Juni 2017, https://www.theatlantic.com/business/archive/2017/06/how-to-be-a-human-leader/532332/. Zuletzt aufgerufen am 8.4.2021.

99 »Bill Gates: IQ is not everything—here's what you need to succeed«, make it, 16. Februar 2018, https://www.cnbc.com/2018/02/16/bill-gates-iq-isnt-everything-heres-what-you-need-to-succeed.html. Zuletzt aufgerufen am 8.4.2021.

100 »How Does Intuition Work?«, Big Think, 24. Juni 2016, https://bigthink.com/21st-century-spirituality/how-does-intuition-work. Zuletzt aufgerufen am 8.4.2021.

101 Frankel, Bethenny: *A Place of Yes: 10 Rules for Getting Everything You Want Out of Life*, S. 156. Kindle Edition.

102 https://twitter.com/businessinsider/status/1128791416765861890

103 »Bill Gates: IQ is not everything—here's what you need to succeed«, make it, 16. Februar 2018, https://www.cnbc.com/2018/02/16/bill-gates-iq-isnt-everything-heres-what-you-need-to-succeed.html. Zuletzt aufgerufen am 8.4.2021.

104 Segal, Gillian Zoe: *Getting There: A Book of Mentors*, S. 33 f. Kindle Edition.

105 »›My friends thought I was going to fail‹: Cathie Wood on launching Ark«, Citywire, 4. April 2019, https://citywireusa.com/professional-buyer/news/my-friends-thought-i-was-going-to-fail-cathie-wood-on-launching-ark/a1210917. Zuletzt aufgerufen am 13.4.2021.

106 »ARK Invest's Cathie Wood Reveals Her Successful Playbook«, Investor's Business Daily, 29. Oktober 2020, https://www.investors.com/news/management/leaders-and-success/cathie-wood-ark-invest-shows-you-her-winning-playbook/. Zuletzt aufgerufen am 13.4.2021.

107 »Edmund Phelbs«, Columbia University, https://capitalism.columbia.edu/edmund-phelps. Zuletzt aufgerufen am 14.4.2021.

108 Phelps, Edmund S.; Bojilov, Raicho; Hoon, Hian Teck; Zoega, Gylfi: *Dynamism: The Values That Drive Innovation, Job Satisfaction, and Economic Growth*, S. 2. Harvard University Press. Kindle Edition.

109 Phelps, Edmund S.: *Mass Flourishing*, S. vii. Princeton University Press. Kindle Edition.

110 »What's it like to start a new business or change career as a global crisis strikes?«, Financial Times, 9. August 2020, https://www.ft.com/content/92e04ea9-93ab-4935-ac04-dff2a9044822. Zuletzt aufgerufen am 14.4.2021.

111 »What's it like to start a new business or change career as a global crisis strikes?«, Financial Times, 9. August 2020, https://www.ft.com/content/92e04ea9-93ab-4935-ac04-dff2a9044822. Zuletzt aufgerufen am 14.4.2021.

112 Review, Harvard Business; Goleman, Daniel; McKee, Annie; George, Bill; Ibarra, Herminia. *HBR Emotional Intelligence Boxed Set* (6 Books) (HBR Emotional Intelligence Series. Harvard Business Review Press, S. 178. Kindle Edition.

113 »Computations of uncertainty mediate acute stress responses in humans«, nature communications, 29. März 2016, https://www.nature.com/articles/ncomms10996. Zuletzt aufgerufen am 8.4.2021
»Why Uncertainty Is More Stressful Than Certainty Of Bad Things To Come«, Forbes, 29. März 2016, https://www.forbes.com/sites/alicegwalton/2016/03/29/uncertainty-about-the-future-is-more-stressful-than-knowing-that-the-future-is-going-to-suck/?sh=7bd46500646a. Zuletzt aufgerufen am 8.4.2021.

114 »The Risks You Can't Foresee«, Harvard Business Review, Dezember 2020, https://hbr.org/2020/11/the-risks-you-cant-foresee. Zuletzt aufgerufen am 14.4.2021.

115 Phelps, Edmund S.: *Mass Flourishing*, S. xii. Princeton University Press. Kindle Edition.

116 »Learning from the Future«, Harvard Business Review, August 2020, https://hbr.org/2020/07/learning-from-the-future. Zuletzt aufgerufen am 14.4.2021.

117 »To Build Emotional Strength, Expand Your Brain«, The New York Times, 2. September 2020, https://www.nytimes.com/2020/09/02/health/resilience-learning-building-skills.html. Zuletzt aufgerufen am 8.4.2021.
»To Build Emotional Strength, Expand Your Brain«, The New York Times, 2. September 2020, https://www.nytimes.com/2020/09/02/health/resilience-learning-building-skills.html. Zuletzt aufgerufen am 14.4.42021.

118 »How to Get Better at Dealing with Change«, Harvard Business Review, 21. September 2016, https://hbr.org/2016/09/how-to-get-better-at-dealing-with-change. Zuletzt aufgerufen am 14.4.2021.

119 »How to Get Better at Dealing with Change«, Harvard Business Review, 21. September 2016, https://hbr.org/2016/09/how-to-get-better-at-dealing-with-change. Zuletzt aufgerufen am 14.4.2021.

120 »What to Do When Industry Disruption Threatens Your Career«, MIT Sloan Management Review, 14. Februar 2019, https://sloanreview.mit.edu/article/what-to-do-when-industry-disruption-threatens-your-career/. Zuletzt aufgerufen am 8.4.2021.

121 »Learning from the Future«, Harvard Business Review, August 2020, https://hbr.org/2020/07/learning-from-the-future. Zuletzt aufgerufen am 14.4.2021.

122 »Strategic Leadership: The Essential Skills«, Harvard Business Review, 2013, https://hbr.org/2013/01/strategic-leadership-the-esssential-skills. Zuletzt aufgerufen am 8.4.2021.

123 Review, Harvard Business. HBR Guide to Thinking Strategically (HBR Guide Series), S. 363. Harvard Business Review Press. Kindle Edition.

124 »How Reality Star Bethenny Frankel Achieved Brand Success«, Entrepreneur, 23. Oktober 2014, https://www.entrepreneur.com/article/238780. Zuletzt aufgerufen am 8.4.2021.

125 »LinkedIn CEO Jeff Weiner's 3 Best Pieces of Career Advice«, Inc., 18. Oktober 2017, https://www.inc.com/michael-schneider/linkedin-ceo-jeff-weiners-3-best-pieces-of-career-advice.html. Zuletzt aufgerufen am 8.4.2021.

126 Hoffman, Reid; Casnocha, Ben: *The Start-up of You: Adapt to the Future, Invest in Yourself, and Transform Your Career*, S. 4. The Crown Publishing Group. Kindle Edition; (dt. *Die Start-up-Strategie: So machen Sie Karriere – nach dem Vorbild der erfolgreichsten Unternehmen der Welt*, Börsenmedien 2012).

127 Hoffman, Reid; Casnocha, Ben: *The Start-up of You: Adapt to the Future, Invest in Yourself, and Transform Your Career*, S. 4). The Crown Publishing Group. Kindle Edition; (dt. *Die Start-up-Strategie: So machen Sie Karriere – nach dem Vorbild der erfolgreichsten Unternehmen der Welt*, Börsenmedien 2012).

128 »Hiring an Entrepreneurial Leader«, Harvard Business Review, 2017, https://hbr.org/2017/03/hiring-an-entrepreneurial-leader. Zuletzt aufgerufen am 8.4.2021.

129 »Elon Musk's Ex-Wife on Secret to Getting Rich: ›Be Obsessed‹«, CNBC, 20. April 2015, http://www.cnbc.com/2015/04/20/elon-musks-ex-wife-on-secret-to-getting-rich-be-obsessed.html. Zuletzt aufgerufen am 8.4.2021.

130 »Opinion, What Machines Can't Do«, The New York Times, 3. Februar 2014, https://www.nytimes.com/2014/02/04/opinion/brooks-what-machines-cant-do.html. Zuletzt aufgerufen am 8.4.2021.

131 Dhawan, Erica; Joni, Saj-nicole: *Get Big Things Done: The Power of Connectional Intelligence*, Kindle Edition.
»Why Being The Most Connected Is A Vanity Metric«, Forbes, 3. Dezember 2013, https://www.forbes.com/sites/michaelsimmons/2013/12/03/why-being-the-most-connected-is-a-vanity-metric/?sh=47ef193c71a9. Zuletzt aufgerufen am 8.4.2021.
Moretti, Enrico: *The New Geography of Jobs*, S. 15. HMH Books. Kindle Edition.

132 »Contextual Intelligence«, Harvard Business Review, 2014, https://hbr.org/2014/09/contextual-intelligence. Zuletzt aufgerufen am 8.4.2021.

133 »Klaus Schwab: Inside the World Economic Forum«, The Wall Street Journal 4. September 2014, https://www.wsj.com/articles/klaus-schwab-inside-the-world-economic-forum-1409843416?mg=prod/accounts-wsj. Zuletzt aufgerufen am 19.4.2021
»Hard Facts on Soft Skills: This is Why Warren Buffett is so Successful«, LinkedIn, 24. Oktober 2017, https://www.linkedin.com/pulse/hard-facts-soft-skills-why-warren-buffett-so-sandra-navidi/?trackingId=5oIobH3oL8%2B9E54eVfS9Rw%3D%3D. Zuletzt aufgerufen am 8.4.2021.

134 Navidi, Sandra: *$uperhubs: How the Financial Elite and their Networks Rule Our World*. Quercus, S. 492. Kindle Edition; (dt. *$uper-hubs: Wie die Finanzelite und ihre Netzwerke die Welt regieren*, FBV 2016, S. 27).

135 Navidi, Sandra: *$uperhubs: How the Financial Elite and their Networks Rule Our World*. Quercus, S. 512 ff.. Kindle Edition; (dt. *$uper-hubs: Wie die Finanzelite und ihre Netzwerke die Welt regieren*, FBV 2016, S. 80).

136 McKey, Zoe: *Think in Systems: The Art of Strategic Planning, Effective Problem Solving, And Lasting Results* (Cognitive Development Book 1), S. 52. Kindle Edition.

137 Wallerstein, Immanuel: *World-Systems Analysis: An Introduction*, S. 136. Kindle Edition; (dt. *Welt-System-Analyse: Eine Einführung*, Springer VS 2019, S. 2).

138 Clark, Dorie: *Stand Out: How to Find Your Breakthrough Idea and Build a Following Around It*, Kindle Edition.
»Vikram Mansharamani«, https://www.cnbc.com/vikram-mansharamani/.

139 Ross, Jeanne: *Act Like a Startup*, https://sloanreview.mit.edu/article/act-like-a-startup/, 11. Januar 2019

140 Hoffman, Reid; Casnocha, Ben: *The Start-up of You: Adapt to the Future, Invest in Yourself, and Transform Your Career*, Kindle Edition.

141 »These married former Apple execs used lessons learned from Steve Jobs to pivot their small business during Covid«, make it, 29. Dezember 2020, https://www.cnbc.com/2020/12/29/how-lessons-from-steve-jobs-helped-a-small-business-during-covid.html. Zuletzt aufgerufen am 14.4.2021.

142 »Can Complexity Thinking Fix Capitalism?«, Forbes, 27. Februar 2013, http://www.forbes.com/sites/stevedenning/2013/02/27/can-complexity-thinking-advance-management-and-fix-capitalism. Zuletzt aufgerufen am 8.4.2021.

143 Konstant, Marti. *Activate Your Agile Career: How Responding to Change Will Inspire Your Life's Work*,S. 7. Konstant Change Publishing. Kindle Edition.

144 »Disrupt Yourself«, Harvard Business Review, August 2012, https://hbr.org/2012/07/disrupt-yourself-3. Zuletzt aufgerufen am 14.4.2021.

145 »How Businesses Have Successfully Pivoted During the Pandemic«, Harvard Business Review, 7. Juli 2020, https://hbr.org/2020/07/how-businesses-have-successfully-pivoted-during-the-pandemic. Zuletzt aufgerufen am 14.4.2021.

146 »How Chinese Companies Successfully Adapted to COVID-19«, Smarter With Gartner 21. Oktober 2020, https://www.gartner.com/smarterwithgartner/how-successful-chinese-companies-adapted-to-covid-19/. Zuletzt aufgerufen am 14.4.2021.

147 »Billionaire Alibaba founder Jack Ma was rejected from every job he applied to after college, even KFC«, make it, 10. August 2017, https://www.cnbc.com/2017/08/09/lesson-alibabas-jack-ma-learned-after-being-rejected-for-a-job-at-kfc.html. Zuletzt aufgerufen am 9.4.2021
»Here Are 14 Amazing Facts About Alibaba's Co-Founder Jack Ma«, aitrends, 16. April 2018, https://www.aitrends.com/features/here-are-14-amazing-facts-about-alibabas-co-founder-jack-ma/. Zuletzt aufgerufen am 9.4.2021;

148 Ferriss, Timoth: *Tribe of Mentors: Short Life Advice from the Best in the World* (p. 9). Houghton Mifflin Harcourt. Kindle Edition. (dt. *Tools der Mentoren: Die Geheimnisse der Weltbesten für Erfolg, Glück und Sinn des Lebens*. FBV 2017).

149 »17 Renowned Writers On Overcoming Rejection«, Writing Routines, https://www.writingroutines.com/renowned-writers-on-overcoming-rejection/. Zuletzt aufgerufen am 9.4.2021.

150 »Here's how J.K. Rowling, author of the highly anticipated ›Harry Potter and the Cursed Child,‹ turned rejection into unprecedented success«, Business Insider, 30. Juli 2016, https://www.businessinsider.com/how-jk-rowling-turned-rejection-into-success-2016-7?r=DE&IR=T. Zuletzt aufgerufen am 9.4.2021
»JK Rowling says she received ›loads‹ of rejections before Harry Potter success«, The Guardian, 24. März 2015, https://www.theguardian.com/books/2015/mar/24/jk-rowling-tells-fans-twitter-loads-rejections-before-harry-potter-success. Zuletzt aufgerufen am 9.4.2021.

151 »Tina Seelig: Can We Control Our Own Luck?«, npr, 1. März 2019, https://www.npr.org/templates/transcript/transcript.php?storyId=697807735. Zuletzt aufgerufen am 9.4.2021.

152 Busch, Christian: *The Serendipity Mindset*, S. 3f. Penguin Publishing Group. Kindle Edition.

153 Mauboussin, Michael J.: *The Success Equation: Untangling Skill and Luck in Business, Sports, and Investing*, S. 1928. Harvard Business Review Press. Kindle Edition.

Drittes Kapitel: Finden Sie Ihre Nische: Ihre optimale Positionierung

154 »As LinkedIn's Video Library Grows, Company Says It Has No Plans to Compete With Colleges«, EdSurge, 5. Juni 2017, https://www.edsurge.com/news/2017-06-05-as-linkedin-s-video-library-grows-company-says-it-has-no-plans-to-compete-with-colleges. Zuletzt aufgerufen am 14.4.2021.

155 »Chapter 1: The Future of Jobs and Skills«, World Economic Forum, https://reports.weforum.org/future-of-jobs-2016/chapter-1-the-future-of-jobs-and-skills/. Zuletzt aufgerufen am 14.4.2021.

156 »How long will your skills last? Depends on your job«, World Economic Forum, 1. September 2016, https://www.weforum.org/agenda/2016/09/how-long-work-skills-last-depends-on-job/. Zuletzt aufgerufen am 9.4.2021.

157 »The Reskilling Revolution: Better Skills, Better Jobs, Better Education for a Billion People by 2030«, World Economic Forum, 22. Januar 2020, https://www.weforum.org/press/2020/01/the-reskilling-revolution-better-skills-better-jobs-better-education-for-a-billion-people-by-2030/. Zuletzt aufgerufen am 14.4.2021.

158 »The jobs of the future – and two skills you need to get them«, World Economic Forum, 2. September 2016, https://www.weforum.org/agenda/2016/09/jobs-of-future-and-skills-you-need/. Zuletzt aufgerufen am 9.4.2021.

159 »Robots to affect up to 30% of UK jobs, says PwC«, BBC News, 24. März 2017, https://www.bbc.com/news/business-39377353. Zuletzt aufgerufen am 9.4.2021.

160 Brynjolfsson, Erik; McAfee, Andrew: *Race Against The Machine: How the Digital Revolution is Accelerating Innovation, Driving Productivity, and Irreversibly Transforming Employment and the Economy*, S. 54. Kindle Edition.

161 »Automation may require as many as 375 million people to find new jobs by 2030«, Quartz, 29. November 2017, https://qz.com/1140956/automation-may-require-as-many-as-375-million-people-to-find-new-jobs-by-2030/. Zuletzt aufgerufen am 14.4.2021.

162 Diamandis, Peter H.; Kotler, Steven: *The Future Is Faster Than You Think: How Converging Technologies Are Transforming Business, Industries, and Our Lives* (Exponential Technology Series), S. 23). Simon & Schuster. Kindle Edition.

163 Greene, Robert: *Mastery*, S. 35. Penguin Publishing Group. Kindle Edition.

164 Navidi, Sandra: *$uperhubs: How the Financial Elite and their Networks Rule Our World*, S. 341–347. Quercus. Kindle Edition.

165 Mansharamani, Vikram. *Think for Yourself.* Harvard Business Review Press. Kindle Edition. »Harvard Lecturer: ›No specific skill will get you ahead in the future‹ – but this ›way of thinking‹ will«, make it, 15. Juni 2020, https://www.cnbc.com/2020/06/15/harvard-yale-researcher-future-success-is-not-a-specific-skill-its-a-type-of-thinking.html. Zuletzt aufgerufen am 9.4.2021.

166 »Harvard lecturer: ›No specific skill will get you ahead in the future‹ – but this ›way of thinking‹ will«, make it, 15. Juni 2020, https://www.cnbc.com/2020/06/15/harvard-yale-researcher-future-success-is-not-a-specific-skill-its-a-type-of-thinking.html. Zuletzt aufgerufen am 14.4.2021.

167 »Why People Really Quit Their Jobs«, Harvard Business Review, 11. Januar 2018, https://hbr.org/2018/01/why-people-really-quit-their-jobs. Zuletzt aufgerufen am 14.4.2021.

[168] *HBR Guide to Getting the Mentoring You Need (HBR Guide Series)*, S. 50. Harvard Business Review Press 2011. Kindle Edition.

[169] Altucher, James: *Choose Yourself!*, S. 24. Kindle Edition.

[170] Godin, Seth: *Poke the Box*, S. 31, 34f.

[171] https://sidehustlestack.co/

[172] »The passion economy: Why more people are making a living doing what they love«, work in progress, 25. Januar 2021, https://blog.dropbox.com/topics/work-culture/passion-economy-li-jin-interview. Zuletzt aufgerufen am 14.4.2021.

[173] »3 Reasons It's So Hard to ›Follow Your Passion‹«, Harvard Business Review, 15. Oktober 2019, https://hbr.org/2019/10/3-reasons-its-so-hard-to-follow-your-passion. Zuletzt aufgerufen am 14.4.2021.

[174] Segal, Gillian Zoe: *Getting There: A Book of Mentors*, S. 18. Kindle Edition.

[175] Gaisford, Cassandra: *Mid-Life Career Rescue: The Call For Change 2018: How to Confidently Leave a Job You Hate and Start Living a Life You Love, Before It's Too Late (Midlife Career Rescue Book 4)*, S. 224. Blue Giraffe Publishing. Kindle Edition.

[176] Newport, Cal: *So Good They Can't Ignore You: Why Skills Trump Passion in the Quest for Work You Love*, S. 9. Kindle Edition.

[177] Gladwell, Malcolm: *Outliers*, Kindle Edition (dt. *Überflieger: Warum manche Menschen erfolgreich sind – und andere nicht*, Campus 2009, S. 40).

[178] »The Coming Disruption – Scott Galloway predicts a handful of elite cyborg universities will soon monopolize higher education.«, Intelligencer, 11. Mai 2020, https://nymag.com/intelligencer/2020/05/scott-galloway-future-of-college.html

[179] »Why People Really Quit Their Jobs«, Harvard Business Review, 11. Januar 2018, https://hbr.org/2018/01/why-people-really-quit-their-jobs. Zuletzt aufgerufen am 14.4.2021.

[180] »3 Reasons It's So Hard to ›Follow Your Passion‹«, Harvard Business Review, 15. Oktober 2019, https://hbr.org/2019/10/3-reasons-its-so-hard-to-follow-your-passion. Zuletzt aufgerufen am 14.4.2021.

[181] »Bill Gates: IQ is not everything—here's what you need to succeed«, make it, 16. Februar 2018, https://www.cnbc.com/2018/02/16/bill-gates-iq-isnt-everything-heres-what-you-need-to-succeed.html. Zuletzt aufgerufen am 9.4.2021.

[182] Godin, Seth: *Linchpin: Are You Indispensable?*, S. 27. Penguin Publishing Group. Kindle Edition.
Godin, Seth. The Dip: *A Little Book That Teaches You When to Quit (and When to Stick)*, S. 44. Penguin Publishing Group. Kindle Edition.

[183] Godin, Seth: *Linchpin: Are You Indispensable?* S. 27. Penguin Publishing Group. Kindle Edition.

[184] »To Take Charge of Your Career, Start by Building Your Tribe« https://hbr.org/2018/04/to-take-charge-of-your-career-start-by-building-your-tribe
Taleb, Nassim Nicholas: *Antifragile: Things That Gain from Disorder* (Incerto), S. 1610–1654. Random House Publishing Group. Kindle Edition; (dt. Antifragilität: Anleitung für eine Welt, die wir nicht verstehen, Pantheon 2018, S. 128–130).

[185] Taleb, Nassim Nicholas: *Antifragile: Things That Gain from Disorder* (Incerto), S.1610-1654. Random House Publishing Group. Kindle Edition; (dt. *Antifragilität: Anleitung für eine Welt, die wir nicht verstehen*, Pantheon 2018, S. 128–130).

186 Gaisford, Cassandra: *Mid-Life Career Rescue (Employ Yourself): How to change careers, confidently leave a job you hate, and start living a life you love, before it's too late*, S. 169. Blue Giraffe Publishing. Kindle Edition.

187 https://hbr.org/2008/07/reaching-your-potential. Zuletzt aufgerufen am 8.4.2021.

188 Gladwell, Malcolm: *Outliers. Little, Brown and Company*. S. 1635. Kindle Edition; (dt. *Überflieger: Warum manche Menschen erfolgreich sind – und andere nicht*, S. 134 f. Campus 2009).

189 Harvard Business Review; Drucker, Peter F.; Christensen, Clayton M.; Goleman, Daniel: *HBR's 10 Must Reads on Managing Yourself* (with bonus article »How Will You Measure Your Life?« by Clayton M. Christensen), S. 14. Harvard Business Review Press. Kindle Edition.

190 »Simple And Clear«, Deepak Nayal, 19. Dezember 2011, https://medium.com/@dnayal/simple-and-clear-be9339a598b6. Zuletzt aufgerufen am 9.4.2021.

191 »Etsy CEO says 20,000 of its shops are now selling face masks following CDC recommendation«, CNBC, 8. April 2020, https://www.cnbc.com/2020/04/08/coronavirus-etsy-ceo-says-20000-shops-are-now-selling-face-masks.html. Zuletzt aufgerufen am 14.4.2021.

192 »About«, Demestik, https://www.demestik.com/pages/about. Zuletzt aufgerufen am 14.4.2021.

193 »Our Story«, Scripted Fragrance, https://scriptedfragrance.com/pages/ourstory. Zuletzt aufgerufen am 14.4.2021.

194 »Etsy: Connecting artists with buyers by the millions«, CBS Sunday Morning, YouTube, 20. Dezember 2020, https://www.youtube.com/watch?v=Jhlc0rHbxTk&list=PLES63dimVRC92-ALMl2o7jQO7nR0ca9Sr&index=26. Zuletzt aufgerufen am 14.4.2021.

195 Godin, Seth: *The Dip: A Little Book That Teaches You When to Quit (and When to Stick)*, S. 25 f. Penguin Publishing Group. Kindle Edition.

196 »Turning your hobby into a side hustle«, LinkedIn, https://www.linkedin.com/feed/news/turning-your-hobby-into-a-side-hustle-4952404. Zuletzt aufgerufen am 13.4.2021.

197 »Three Big Ideas to Support Artisan Businesses and the Creative Economy«, aspeninstitute, 12. April 2018, https://www.aspeninstitute.org/blog-posts/three-big-ideas-support-artisan-businesses-creative-economy/. Zuletzt aufgerufen am 13.4.2021.

198 »Artisan Enterprise: The New Startup Economy«, Artisan Alliance, 17. September 2015, http://www.artisanalliance.org/fullblog/2015/9/17/artisan-enterprise-the-new-startup-economy. Zuletzt aufgerufen am 13.4.2021.

199 »The Economic Impact of Craft Brewing«, Small Business Labs, 30. September 2019, https://www.smallbizlabs.com/2019/09/the-economic-impact-of-craft-brewing.html. Zuletzt aufgerufen am 13.4.2021.

200 »How working remotely will change more than work«, Bloomberg Quicktake, Youtube, https://www.youtube.com/watch?v=nE2NT_Wt46A&list=PLES63dimVRC92-ALMl2o7jQO7nR0ca9Sr&index=1. Zuletzt aufgerufen am 13.4.2021.

201 »Starting a business in the midst of a pandemic«, Financial Times, 26. November 2020, https://www.ft.com/content/200e9b4f-0f65-43bc-8ad5-3b25b0460858. Zuletzt aufgerufen am 14.4.2021.

202 »This dad used to be a forklift driver – now his blog brings in $17 million a year«, make it, 18. August 2017, https://www.cnbc.com/2017/08/17/22-words-started-as-this-dads-blog-now-it-makes-17-million-a-year.html. Zuletzt aufgerufen am 14.4.2021.

203 »I made $70,000 through this side hustle at 27 — while working a full-time job. Here's how I did it«, make it, 19. Februar 2021, https://www.cnbc.com/2019/09/30/how-this-side-hustle-made-me-700000-in-one-year-while-working-full-time.html. Zuletzt aufgerufen am 14.4.2021.

204 »Meena Harris, Building That Brand«, The New York Times, 9. Januar 2021, https://www.nytimes.com/2021/01/09/style/meena-harris-building-that-brand.html. Zuletzt aufgerufen am 14.4.2021.

205 »Skills Stability«, World Economic Forum, http://reports.weforum.org/future-of-jobs-2016/skills-stability/.

206 »Peter Thiel Thinks You Should Skip College, and He'll Even Pay You For Your Trouble«, 22. Februar 2017, https://www.newsweek.com/2017/03/03/peter-thiel-fellowship-college-higher-education-559261.html. Zuletzt aufgerufen am 14.4.2021.

207 »Peter Thiel Thinks You Should Skip College, and He'll Even Pay You For Your Trouble«, 22. Februar 2017, https://www.newsweek.com/2017/03/03/peter-thiel-fellowship-college-higher-education-559261.html. Zuletzt aufgerufen am 14.4.2021.

208 »Peter Thiel Thinks You Should Skip College, and He'll Even Pay You For Your Trouble«, 22. Februar 2017, https://www.newsweek.com/2017/03/03/peter-thiel-fellowship-college-higher-education-559261.html. Zuletzt aufgerufen am 14.4.2021.

209 »Peter Thiel Thinks You Should Skip College, and He'll Even Pay You For Your Trouble«, 22. Februar 2017, https://www.newsweek.com/2017/03/03/peter-thiel-fellowship-college-higher-education-559261.html. Zuletzt aufgerufen am 14.4.2021.

210 »Peter Thiel: We're in a Bubble and It's Not the Internet. It's Higher Education«, techcrunch, 11. April 2011, https://techcrunch.com/2011/04/10/peter-thiel-were-in-a-bubble-and-its-not-the-internet-its-higher-education/. Zuletzt aufgerufen am 14.4.2021.

211 »Peter Thiel Thinks You Should Skip College, and He'll Even Pay You For Your Trouble«, 22. Februar 2017, https://www.newsweek.com/2017/03/03/peter-thiel-fellowship-college-higher-education-559261.html. Zuletzt aufgerufen am 14.4.2021,

212 »Elon Musk says college is ›for fun‹ and not for learning, echoing PayPal cofounder Peter Thiel«, CNBC, 9. März 2020, https://www.cnbc.com/2020/03/09/elon-musk-says-college-is-for-fun-not-for-learning-echoing-thiel.html. Zuletzt aufgerufen am 14.4.2021.

213 »Peter Thiel Thinks You Should Skip College, and He'll Even Pay You For Your Trouble«, 22. Februar 2017, https://www.newsweek.com/2017/03/03/peter-thiel-fellowship-college-higher-education-559261.html. Zuletzt aufgerufen am 14.4.2021.

214 »Peter Thiel Thinks You Should Skip College, and He'll Even Pay You For Your Trouble«, 22. Februar 2017, https://www.newsweek.com/2017/03/03/peter-thiel-fellowship-college-higher-education-559261.html.

215 »Peter Thiel Thinks You Should Skip College, and He'll Even Pay You For Your Trouble«, 22. Februar 2017, https://www.newsweek.com/2017/03/03/peter-thiel-fellowship-college-higher-education-559261.html. Zuletzt aufgerufen am 14.4.2021.

216 »Elon Musk says college is ›for fun‹ and not for learning, echoing PayPal co-founder Peter Thiel«, CNBC, 9. März 2020, https://www.cnbc.com/2020/03/09/elon-musk-says-college-is-for-fun-not-for-learning-echoing-thiel.html. Zuletzt aufgerufen am 14.4.2021.

217 »Peter Thiel: We are in a Bubble and It's Not the Internet. It's Higher Education«, Techcrunch, 11. April 2011, https://techcrunch.com/2011/04/10/peter-thiel-were-in-a-bubble-and-its-not-the-internet-its-higher-education/?guccounter=1&guce_referrer=aHR0cHM6Ly93d3cuZ29vZ2xlLmNvbS8&guce_referrer_sig=AQAAADknL0dVtNnZ4tLjHLuWWaDFWFA6GfifKYoaqY3V1vCSl9ncEFkcjZ_UpgH_y3wnJeD7O-OAGolHUfRByN_b0Cg2w4wL1YjKwGB56qNl-BOa21amQ1JeHU0GHMPYipT_X1p8Wl4l-_v7Y_MiFOOlgh8LFbDvcux1H5lENJARwhsqp. Zuletzt aufgerufen am 13.4.2021.
»Peter Thiel Thinks You Should Skip College, and He'll Even Pay Your For Your Trouble«, Newsweek, 22. Februar 2017, https://www.newsweek.com/2017/03/03/peter-thiel-fellowship-college-higher-education-559261.html. Zuletzt aufgerufen am 13.4.2021.

»Peter Thiel tried to prove that brilliant kids don't need college — here's what happened«, Business Insider, 10. Dezember 2016, https://www.businessinsider.com/peter-thiel-tried-to-prove-that-brilliant-kids-dont-need-college-2016-12?r=DE&IR=T. Zuletzt aufgerufen am 13.4.2021.

218 »Jobs in 2029: Health Care Booms, Employers Want More«, The Wall Street Journal, 8. Januar 2021, https://www.wsj.com/articles/jobs-in-2030-health-care-booms-employers-want-more-11610101800. Zuletzt aufgerufen am 14.4.2021.

219 »The Coming Disruption: Scott Galloway predicts a handful of elite cyborg universities will soon monopolize higher education«, Intelligencer, 11. Mai 2020, https://nymag.com/intelligencer/2020/05/scott-galloway-future-of-college.html. Zuletzt aufgerufen am 13.4.2021.

220 »The future of education, according to experts at Davos«, World Economic Forum, 26. Januar 2018, https://www.weforum.org/agenda/2018/01/top-quotes-from-davos-on-the-future-of-education/. Zuletzt aufgerufen am 13.4.2021.

221 »Creating a Shared Future through Education and Empowerment«, World Economic Forum, YouTube, 25. Januar 2018, https://www.youtube.com/watch?v=_VAyyEFB9oo. Zuletzt aufgerufen am 13.4.2021.

222 »Jobs in 2029: Health Care Booms, Employers Want More«, The Wall Street Journal, 8. Januar 2021, https://www.wsj.com/articles/jobs-in-2030-health-care-booms-employers-want-more-11610101800. Zuletzt aufgerufen am 14.4.2021.

223 »Workplace disrupted – five themes that will define the future of work«, World Economic Forum, 14. Januar 2021, https://www.weforum.org/agenda/2021/01/5-themes-that-will-define-the-future-of-work/. Zuletzt aufgerufen am 14.4.2021.

224 Schwab, Klaus: *The Fourth Industrial Revolution*, Kindle Edition (dt. *Die Vierte Industrielle Revolution*, Pantheon 2016).

225 »The Jobs Reset Summit 2020«, World Economic Forum, 20.–23. Oktober 2020, https://www.weforum.org/focus/the-jobs-reset-summit-2020. Zuletzt aufgerufen am 13.4.2021.

226 »Human Is The Next Big Thing«, Digitalist, 11. Januar 2018, https://www.digitalistmag.com/future-of-work/2018/01/11/human-is-next-big-thing-05748862/. Zuletzt aufgerufen am 13.4.2021.

227 »There's no such thing as a ›tech person‹ in the age of AI«, MIT Technology Review, 2. März 2019, https://www.technologyreview.com/2019/03/02/65994/ai-ethics-mit-college-of-computing-tech-humanities/. Zuletzt aufgerufen am 13.4.2021.

228 https://www.weforum.org/agenda/2018/01/top-quotes-from-davos-on-the-future-of-education/

229 Ross, Alec. *The Industries of the Future*, S. 3655. Simon & Schuster. Kindle Edition.

230 »The future of education, according to experts at Davos«, World Economic Forum, 26. Januar 2018, https://www.weforum.org/agenda/2018/01/top-quotes-from-davos-on-the-future-of-education/. Zuletzt aufgerufen am 13.4.2021.

231 Ross, Alec. *The Industries of the Future*, Kindle Location 3655. Simon & Schuster. Kindle Edition.

232 Ross, Alec. *The Industries of the Future*, Kindle Location 3655. Simon & Schuster. Kindle Edition.

233 »Mark Cuban says studying philosophy may soon be worth more than computer science – here's why«, make it, 21. Februar 2018, https://www.cnbc.com/2018/02/20/mark-cuban-philosophy-degree-will-be-worth-more-than-computer-science.html. Zuletzt aufgerufen am 13.4.2021.

234 »Silicon Valley parents are raising their kids tech-free – and it should be a red flag«, Business Insider, 18. Februar 2018, https://www.businessinsider.de/international/silicon-valley-parents-raising-their-kids-tech-free-red-flag-2018-2/?r=US&IR=T. Zuletzt aufgerufen am 13.4.2021. »Bill Gates, Mark Zuckerberg ban technology for their children but want rest of the world addicted to it«, India Today, 31. August 2018, https://www.indiatoday.in/technology/features/

story/bill-gates-mark-zuckerberg-ban-technology-for-their-children-but-want-rest-of-the-world-addicted-to-it-1328462-2018-08-31. Zuletzt aufgerufen am 13.4.2021.

235 »Silicon Valley parents are raising their kids tech-free – and it should be a red flag«, Business Insider, 18. Februar 2018, https://www.businessinsider.de/international/silicon-valley-parents-raising-their-kids-tech-free-red-flag-2018-2/?r=US&IR=T. Zuletzt aufgerufen am 13.4.2021.

236 »A Silicon Valley School That Doesn't Compute«, The New York Times, https://www.nytimes.com/2011/10/23/technology/at-waldorf-school-in-silicon-valley-technology-can-wait.html. Zuletzt aufgerufen am 13.4.2021.

237 »Rebekah Neumann Buys Back WeGrow, WeWork's Defunct $42,000-A-Year School, With Plans To Relaunch«, Forbes, 30. Juni 2020, https://www.forbes.com/sites/davidjeans/2020/06/30/rebekah-neumann-buys-back-wegrow-weworks/?sh=366e32e12376. Zuletzt aufgerufen am 13.4.2021.
»WeWork's Ritzy Private School Has ›Stranded‹ Parents as CEO Walks Away With Nearly $2 Billion«, Daily Beast, 23. Oktober 2019, https://www.thedailybeast.com/weworks-private-school-wegrow-has-stranded-parents-as-adam-neumann-cashes-out. Zuletzt aufgerufen am 13.4.2021.

238 »Jack Ma: Love is Important in Business – Davos 2018«, World Economic Forum, YouTube, 24. Januar 2021, https://www.youtube.com/watch?v=4zzVjonyHcQ&t=2853s. Zuletzt abgerufen am 14.4.2021.

239 »Jack Ma: Love is Important In Business – Davos 2018«, World Economic Forum, YouTube, 24. Januar 2018, https://www.youtube.com/watch?v=4zzVjonyHcQ&t=2853s. Zuletzt aufgerufen am 13.4.2021.

240 »Jack Ma: Love is Important In Business – Davos 2018«, World Economic Forum, YouTube, 24. Januar 2018, https://www.youtube.com/watch?v=4zzVjonyHcQ&t=2853s. Zuletzt aufgerufen am 13.4.2021.

241 »The future of education, according to experts at Davos«, World Economic Future, 26. Januar 2018, https://www.weforum.org/agenda/2018/01/top-quotes-from-davos-on-the-future-of-education/. Zuletzt aufgerufen am 13.4.2021.

242 Baldwin, Richard. *The Globotics Upheaval*, S. 12. Oxford University Press. Kindle Edition.
»6 Human Jobs That Computers Will Never Replace«, Make Us Of, 21. Juli 2014, https://www.makeuseof.com/tag/6-human-jobs-computers-will-never-replace/. Zuletzt aufgerufen am 13.4.2021.

243 »5 Reasons Why Robots Will Never Fully Replace Humans«, Tech.co, 2. August 2017, https://tech.co/news/robots-replace-humans-work-2017-08. Zuletzt aufgerufen am 13.4.2021.

244 »Valuable Humans in Our Digital Future«, The New York Times, Bits Blogs, 3. Mai 2014, https://bits.blogs.nytimes.com/2014/05/03/valuable-humans-in-our-digital-future/. Zuletzt aufgerufen am 13.4.2021.

245 »How Warren Buffett learnt to win friends and influence people«, Financial Times, 3. Februar 2017, https://www.ft.com/content/d02c002a-e934-11e6-967b-c88452263daf. Zuletzt aufgerufen am 28.4.2021.

246 Marti, Carmen: *EQ More Important than IQ When It Comes to Success*, Chicago-Booth News, 16. März 2007, http://www.chicagobooth.edu/news/2007-03-16_dimon_fireside.aspx. Zuletzt aufgerufen am 13.4.2021.

247 »Why emotional intelligence is overrated«, World Economic Forum, 3. Oktober 2014, https://www.weforum.org/agenda/2014/10/emotional-intelligence-cognitive-ability-sales-performance/. Zuletzt aufgerufen am 13.4.2021.

248 HBR Emotional Intelligence Boxed Set (6 Books) (HBR Emotional Intelligence Series) *Harvard Business Review*, Daniel Goleman, Annie McKee, Bill George und Herminia Ibarra.

249 »The Maya Angelou Quote That Will Radically Improve Your Business«, Forbes, 31. Mai 2014, https://www.forbes.com/sites/carminegallo/2014/05/31/the-maya-angelou-quote-that-will-radically-improve-your-business/?sh=76b6a5a9118b. Zuletzt aufgerufen am 13.4.2021.

250 »Stewart Butterfield of Slack: Is Empathy on Your Résumé?«, *The New York Times*, 11. Juli 2015, https://www.nytimes.com/2015/07/12/business/stewart-butterfield-of-slack-experience-with-empathy-required.html. Zuletzt aufgerufen am 13.4.2021.

251 »Why you need emotional intelligence to succeed«, World Economic Forum, 12. Januar 2015, https://www.weforum.org/agenda/2015/01/why-you-need-emotional-intelligence-to-succeed/. Zuletzt aufgerufen am 13.4.2021.

252 »Why emotional intelligence is overrated«, World Economic Forum, 3. Oktober 2014, https://www.weforum.org/agenda/2014/10/emotional-intelligence-cognitive-ability-sales-performance/. Zuletzt aufgerufen am 13.4.2021.

253 »Social Intelligence Vs. Emotional Intelligence and how Making the Distinction Can Help You Lead«, ie XL, 13. Oktober 2017, https://www.ie.edu/exponential-learning/blog/innovation/social-intelligence-vs-emotional-intelligence-making-distinction-can-help-lead/. Zuletzt aufgerufen am 13.4.2021.

254 »Soft skills training brings substantial returns on investment«, MIT Management, 11. Dezember 2017, http://mitsloan.mit.edu/ideas-made-to-matter/soft-skills-training-brings-substantial-returns-investment. Zuletzt aufgerufen am 13.4.2021.

255 Navidi, Sandra: *$uperhubs: How the Financial Elite and their Networks Rule Our World*. Quercus, Kindle Location 1358; 1765 f. Kindle Edition.

256 »This skill could save your job – and your company«, World Economic Forum, 31. August 2016, https://www.weforum.org/agenda/2016/08/this-little-known-skill-will-save-your-job-and-your-company/. Zuletzt aufgerufen am 13.4.2021.

257 »Human Is The Next Big Thing«, D!gitalist, 11. Januar 2018, https://www.digitalistmag.com/future-of-work/2018/01/11/human-is-next-big-thing-05748862/. Zuletzt aufgerufen am 13.4.2021. »LinkedIn CEO Jeff Weiner's 3 Best Pieces of Career Advice«, Inc., 18. Oktober 2017, https://www.inc.com/michael-schneider/linkedin-ceo-jeff-weiners-3-best-pieces-of-career-advice.html. Zuletzt aufgerufen am 13.4.2021.

258 »Jobs in 2029: Health Care Booms, Employers Want More«, The Wall Street Journal, 8. Januar 2021, https://www.wsj.com/articles/jobs-in-2030-health-care-booms-employers-want-more-11610101800. Zuletzt aufgerufen am 14.4.2021.

259 »Alvin Toffler: What he got right – and wrong«, BBC News, 1. Juli 2016, https://www.bbc.com/news/world-us-canada-36675260. Zuletzt aufgerufen am 13.4.2021.

260 Konstant, Marti: *Activate Your Agile Career: How Responding to Change Will Inspire Your Life's Work*, S. 78. Konstant Change Publishing. Kindle Edition.

261 Staats, Bradley R.: *Never Stop Learning*, Kindle Locations 95-101. Harvard Business Review Press. Kindle Edition.

262 Harari, Yuval Noah: *Homo Deus*: A Brief History of Tomorrow, (dt. Homo Deus: Eine Geschichte von morgen, C. H. Beck 2018).

263 »What does Bill Gates think are the most promising professions for graduates?«, World Economic Forum, 18. Mai 2017, https://www.weforum.org/agenda/2017/05/these-are-the-graduate-careers-that-bill-gates-thinks-are-most-promising/. Zuletzt aufgerufen am 13.4.2021.

264 »To Build Emotional Strength, Expand Your Brain«, The New York Times, 2. September 2020, https://www.nytimes.com/2020/09/02/health/resilience-learning-building-skills.html. Zuletzt aufgerufen am 8.4.2021.

265 »5 Reasons Why Robots Will Never Fully Replace Humans«, Tech.co, 2. August 2017, https://tech.co/news/robots-replace-humans-work-2017-08. Zuletzt aufgerufen am 13.4.2021.

266 Brynjolfsson, Erik; McAfee, Andrew: *Race Against The Machine: How the Digital Revolution is Accelerating Innovation, Driving Productivity, and Irreversibly Transforming Employment and the Economy*, S. 55. Digital Frontier Press. Kindle Edition.

267 »Networking When You Hate Talking to Strangers«, Harvard Business Review, 5. Mai 2015, https://hbr.org/2015/05/networking-when-you-hate-talking-to-strangers. Zuletzt aufgerufen am 13.4.2021.

268 Isaacson, Walter, *Steve Jobs: Die autorisierte Biografie des Apple-Gründers*, S. 63. btb.

269 Isaacson, Walter, *Steve Jobs: Die autorisierte Biografie des Apple-Gründers*, S. 63. btb.

270 Isaacson, Walter, *Steve Jobs: Die autorisierte Biografie des Apple-Gründers*, S. 63 f. btb.

271 Phelps, Edmund S.; Bojilov, Raicho; Hoon, Hian Teck; Zoega, Gylfi: *Dynamism*, S. 2. Harvard University Press. Kindle Edition.

272 Hoque, Faisal; Baer, Drake: *Everything Connects: How to Transform and Lead in the Age of Creativity, Innovation, and Sustainability: How to Transform and Lead in the Age of Creativity, Innovation and Sustainability*, Kindle Locations 2100–2102. McGraw-Hill Education. Kindle Edition.

273 Kleon, Austin: *Steal Like an Artist: 10 Things Nobody Told You About Being Creative*, Kindle Location 65. Workman Publishing Company. Kindle Edition.

274 Segal, Gillian Zoe: *Getting There: A Book of Mentors*, S. 17. Kindle Edition.

275 Segal, Gillian Zoe: *Getting There: A Book of Mentors*, S. 17. Kindle Edition.

276 »Human Is The Next Big Thing«, D!gitalist, 11. Januar 2018, https://www.digitalistmag.com/future-of-work/2018/01/11/human-is-next-big-thing-05748862/. Zuletzt aufgerufen am 13.4.2021.

277 »Jobs in 2029: Health Care Booms, Employers Want More«, The Wall Street Journal, 8. Januar 2021, https://www.wsj.com/articles/jobs-in-2030-health-care-booms-employers-want-more-11610101800. Zuletzt aufgerufen am 14.4.2021.

278 »Here's how big tech companies like Google and Facebook set salaries for software engineers«, CNBC, 15. Juni 2019, https://www.cnbc.com/2019/06/14/how-much-google-facebook-other-tech-giants-pay-software-engineers.html. Zuletzt aufgerufen am 16.04.2021.

279 »A.I. Researchers Are Making More Than $1 Million Even at a Nonprofit«, The New York Times, 19. April 2018, https://www.nytimes.com/2018/04/19/technology/artificial-intelligence-salaries-openai.html. Zuletzt aufgerufen am 13.4.2021.

280 »We are entering the era of e-globalisation«, Financial Times, 4. Februar 2021, https://www.ft.com/content/a8e4e3f7-ab0a-4238-a108-ddb2774d8018. Zuletzt aufgerufen am 14.4.2021.

281 »Social Isolation and New Technology«, Pew Research Center, 4. November 2009, http://www.pewinternet.org/2009/11/04/social-isolation-and-new-technology/. Zuletzt aufgerufen am 13.4.2021.

282 »Airbus says it has the technology to fly planes with no pilots, but the challenge will be convincing people to get on them«, Business Insider, 18. Januar 2019, https://www.businessinsider.com/airbus-says-pilotless-flights-ready-when-you-are-2019-6. Zuletzt aufgerufen am 14.4.2021.

283 »6 Human Jobs That Computers Will Never Replace«, Makeusof, 21. Juli 2014, https://www.makeuseof.com/tag/6-human-jobs-computers-will-never-replace/. Zuletzt aufgerufen am 13.4.2021.

284 »The World's Biggest Hedge Fund is Embedding Its Founder's Brain in an Algorithm«, Fortune, 24. Dezember 2016, https://fortune.com/2016/12/24/bridgewater-ray-dalio-algorithm/. Zuletzt aufgerufen am 13.4.2021.

285 »The World's Largest Hedge Fund Is Building an Algorithmic Model From its Employees' Brains«, The Wall Street Journal, 22. Dezember 2016, https://www.wsj.com/articles/the-worlds-largest-hedge-fund-is-building-an-algorithmic-model-of-its-founders-brain-1482423694. Zuletzt aufgerufen am 13.4.2021.

286 »World's largest hedge fund to replace managers with artificial intelligence«, The Guardian, 22. Dezember 2016, https://www.theguardian.com/technology/2016/dec/22/bridgewater-associates-ai-artificial-intelligence-management. Zuletzt aufgerufen am 13.4.2021.

287 Dalio, Ray: *Principles: Life and Work*, Kindle Edition, S. 261 (dt. *Die Prinzipien des Erfolgs*, FBV 2019, S. 304).

288 Dalio, Ray: Principles: Life and Work, Kindle Edition, S. 85, 86 (dt. *Die Prinzipien des Erfolgs*, FBV 2019, S. 304).

289 »Keep These 4 Things in Mind When Preparing Students for an Uncertain Future«, EducationWeek, 26. September 2017, https://www.edweek.org/teaching-learning/opinion-keep-these-4-things-in-mind-when-preparing-students-for-an-uncertain-future/2017/09. Zuletzt aufgerufen am 13.4.2021.

290 »Jack Ma: Love is Important In Business – Davos 2018«, World Economic Forum, YouTube, 24. Januar 2018, https://www.youtube.com/watch?v=4zzVjonyHcQ&t=2853s. Zuletzt aufgerufen am 13.4.2021.

291 »The jobs of the future – and two skills you need to get them«, World Economic Forum, 2. September 2018, https://www.weforum.org/agenda/2016/09/jobs-of-future-and-skills-you-need/. Zuletzt aufgerufen am 13.4.2021.

292 »Millions of jobs at risk in Fourth Industrial Revolution – BofE Staff Blog«, Finextra, 1. März 2017, https://www.finextra.com/newsarticle/30209/millions-of-jobs-at-risk-in-fourth-industrial-revolution—bofe-staff-blog. Zuletzt aufgerufen am 13.4.2021.

293 »You've got a big problem if you lack ›interpersonal skills‹«, Business Insider, 1. Juni 2015, https://www.businessinsider.com/jobs-replaced-by-robots-2015-5?r=DE&IR=T. Zuletzt aufgerufen am 13.4.2021.

294 »Human Is The Next Big Thing«, Digitalist, 11. Januar 2018, https://www.digitalistmag.com/future-of-work/2018/01/11/human-is-next-big-thing-05748862/. Zuletzt aufgerufen am 13.4.2021.

295 »The Fourth Industrial Revolution, by Klaus Schwab«, World Economic Forum, https://www.weforum.org/about/the-fourth-industrial-revolution-by-klaus-schwab. Zuletzt aufgerufen am 13.4.201.

296 »The End of Employees«, The Wall Street Journal, 2. Februar 2017, https://www.wsj.com/articles/the-end-of-employees-1486050443. Zuletzt aufgerufen am 13.4.2021.

297 »Independent work: Choice, necessity, and the gig economy«, McKinsey & Company, 10. Oktober 2016, https://www.mckinsey.com/global-themes/employment-and-growth/independent-work-choice-necessity-and-the-gig-economy. Zuletzt aufgerufen am 13.4.2021.

298 *»How long will your skills last? Depends on your job«*, World Economic Forum, 1. September 2016, https://www.weforum.org/agenda/2016/09/how-long-work-skills-last-depends-on-job/. Zuletzt aufgerufen am 9.4.2021.

299 Dhawan, Erica: *Get Big Things Done: The Power of Connectional Intelligence*. Kindle Locations 658–667. Kindle Edition.

300 »The Changing Nature of Globalization in Our Hyperconnected, Knowledge-Intensive Economy«, The Wall Street Journal, 20. Juni 2014, https://www.wsj.com/articles/BL-CIOB-4783. Zuletzt aufgerufen am 13.4.2021.

301 »Alibaba bets on do-it-yourself globalization«, Financial Times, 22. Mai 2017, https://www.ft.com/content/8f5e79ba-30ab-11e7-9555-23cf563ecf9a. Zuletzt aufgerufen am 13.4.2021.

302 Diamandis, Peter H.; Kotler, Steven: *Abundance*, Kindle Locations 3361–3363. Kindle Edition.

303 »Where machines could replace humans–and where they can't (yet)«, McKinsey Digital, 8. Juli 2016, https://www.mckinsey.com/business-functions/mckinsey-digital/our-insights/where-machines-could-replace-humans-and-where-they-cant-yet. Zuletzt aufgerufen am 13.4.2021.

304 »New York City's first Amazon Go cashierless store will open near the World Trade Center«, recode, 22. Oktober 2018, https://www.recode.net/2018/10/22/18010770/amazon-go-store-cashierless-new-york-world-trade-center-brookfield-place. Zuletzt aufgerufen am 13.4.2021.

305 »Up to 3,000 Amazon Go stores may be on the way«, Supermarket News, 20. September 2018, https://www.supermarketnews.com/retail-financial/3000-amazon-go-stores-may-be-way. Zuletzt aufgerufen am 13.4.2021.

306 »New York City's first Amazon Go cashierless store will open near the World Trade Center«, recode, 22. Oktober 2018, https://www.recode.net/2018/10/22/18010770/amazon-go-store-cashierless-new-york-world-trade-center-brookfield-place. Zuletzt aufgerufen am 13.4.2021.

307 »Where machines could replace humans–and where they can't (yet)«, McKinsey Digital, 8. Juli 2016, https://www.mckinsey.com/business-functions/mckinsey-digital/our-insights/where-machines-could-replace-humans-and-where-they-cant-yet. Zuletzt aufgerufen am 13.4.2021.

308 »One-on-One with Christine Lagarde, Featureing Michael Bloomberg«, IMF, YouTube, 19. April 2018, https://www.youtube.com/watch?v=zCIfHu_hhMk&t=2267s. Zuletzt aufgerufen am 13.4.2021.

309 » The Future of Work Is not What People Think It Is«, New York Times, 24. Juni 2020, https://www.nytimes.com/2020/06/24/opinion/sunday/coronavirus-health-workers-nurses.html. Zuletzt aufgerufen am 8.4.2021.

310 »Jobs in 2029: Health Care Booms, Employers Want More«, The Wall Street Journal, 8. Januar 2021, https://www.wsj.com/articles/jobs-in-2030-health-care-booms-employers-want-more-11610101800. Zuletzt aufgerufen am 14.4.2021.

311 »6 Human Jobs That Computers Will Never Replace«, Makeusof, 21. Juli 2014, https://www.makeuseof.com/tag/6-human-jobs-computers-will-never-replace/. Zuletzt aufgerufen am 13.4.2021.

312 »6 Human Jobs That Computers Will Never Replace«, Makeusof, 21. Juli 2014, https://www.makeuseof.com/tag/6-human-jobs-computers-will-never-replace/. Zuletzt aufgerufen am 13.4.2021.

313 »IBM's Watson gave unsafe recommendations for treating cancer«, The Verge, 26. Juli 2018, https://www.theverge.com/2018/7/26/17619382/ibms-watson-cancer-ai-healthcare-science. Zuletzt aufgerufen am 13.4.2021.

314 »Where machines could replace humans–and where they can't (yet)«, McKinsey Digital, 8. Juli 2016, https://www.mckinsey.com/business-functions/mckinsey-digital/our-insights/where-machines-could-replace-humans-and-where-they-cant-yet. Zuletzt aufgerufen am 13.4.2021.

315 »Where machines could replace humans–and where they can't (yet)«, McKinsey Digital, 8. Juli 2016, https://www.mckinsey.com/business-functions/mckinsey-digital/our-insights/where-machines-could-replace-humans-and-where-they-cant-yet. Zuletzt aufgerufen am 13.4.2021.

316 »6 Human Jobs That Computers Will Never Replace«, Makeusof, 21. Juli 2014, https://www.makeuseof.com/tag/6-human-jobs-computers-will-never-replace/. Zuletzt aufgerufen am 13.4.2021.

317 »Valuable Humans in Our Digital Future«, The New York Times, 3. Mai 2014, https://bits.blogs.nytimes.com/2014/05/03/valuable-humans-in-our-digital-future/. Zuletzt aufgerufen am 13.4.2021.

318 Frey, Carl Benedikt; Osborne, Michael A.: »The Future of Employment: How susceptible are jobs to computerisation?«, 17. September 2013, http://www.oxfordmartin.ox.ac.uk/publications/view/1314. Zuletzt aufgerufen am 13.4.2021.

319 »Deutsche boss Cryan warns of 'big number' of job losses from tech change«, Financial Times, 6. September 2017, https://www.ft.com/content/62ee1265-dce7-352f-b103-6eeb747d4998. Zuletzt aufgerufen am 13.4.2021.

320 »Hedge fund legend predicts nearly half of all jobs will be replaced by AI«, New York Post, 22. September 2017, http://nypost.com/2017/09/22/hedge-fund-legend-predicts-nearly-half-of-all-jobs-will-be-replaced-by-ai/. Zuletzt aufgerufen am 13.4.2021.

321 »Pandit Says 30% of Bank Jobs May Disappear in Next Five Years«, Bloomberg, 13. September 2017, https://www.bloomberg.com/news/articles/2017-09-13/ex-citi-ceo-pandit-says-30-of-bank-jobs-at-risk-from-technology. Zuletzt aufgerufen am 13.4.2021.

322 »Banks May Face Kodak-Style Obsolescence in 5 Years, Jenkins Says«, Bloomberg, 19. Juli 2017, https://www.bloomberg.com/news/articles/2017-07-19/banks-may-face-kodak-style-obsolescence-in-5-years-jenkins-says. Zuletzt aufgerufen am 13.4.2021.

323 »Pandit Says 30% of Bank Jobs May Disappear in Next Five Years«, Bloomberg, 13. September 2017, https://www.bloomberg.com/news/articles/2017-09-13/ex-citi-ceo-pandit-says-30-of-bank-jobs-at-risk-from-technology. Zuletzt aufgerufen am 13.4.2021.

324 »Machines Won't Push Humans Out of Finance, Billionaire Grundlach Says«, Bloomberg, 23. Juni 2017, https://www.bloomberg.com/news/articles/2017-06-23/gundlach-says-machines-won-t-oust-humans-from-finance-industry. Zuletzt aufgerufen am 13.4.2021.

325 Frey, Carl Benedikt; Osborne, Michael A.: *The Future of Employment: How Susceptible are Jobs to Computerisation?*, 17. September 2013, http://www.futuretech.ox.ac.uk/www.futuretech.ox.ac.uk/sites/futuretech.ox.ac.uk/files/The_Future_of_Employment_OMS_Working_Paper_0.pdf.

326 Navidi, Sandra: *$uperHubs: How the Financial Elite and Their Networks Rule our World*, Nicholas Brealey Publishing 2017, (dt. *$uper-hubs: Wie die Finanzelite und ihre Netzwerke die Welt regieren*, FBV 2016, S. 93).

327 »World's largest hedge fund to replace managers with artificial intelligence«, The Guardian, 22. Dezember 2016, https://www.theguardian.com/technology/2016/dec/22/bridgewater-associates-ai-artificial-intelligence-management. Zuletzt aufgerufen am 13.4.2021.

328 »Where machines could replace humans–and where they can't (yet)«, McKinsey Digital, 8. Juli 2016, https://www.mckinsey.com/business-functions/mckinsey-digital/our-insights/where-machines-could-replace-humans-and where-they-cant-yet. Zuletzt aufgerufen am 13.4.2021.

329 »Where machines could replace humans–and where they can't (yet)«, McKinsey Digital, 8. Juli 2016, https://www.mckinsey.com/business-functions/mckinsey-digital/our-insights/where-machines-could-replace-humans-and-where-they-cant-yet. Zuletzt aufgerufen am 13.4.2021.

330 »World's largest hedge fund to replace managers with artificial intelligence«, The Guardian, 22. Dezember 2016, https://www.theguardian.com/technology/2016/dec/22/bridgewater-associates-ai-artificial-intelligence-management. Zuletzt aufgerufen am 13.4.2021.

331 Siehe S. 117.

332 Harari, Yuval Noah: *Homo Deus: A Brief History of Tomorrow*, S. 325 (music and poetry) (dt. *Homo Deus: Eine Geschichte von morgen*, C. H. Beck 2018).

333 »6 Human Jobs That Computers Will Never Replace«, Makeusof, 21. Juli 2014, https://www.makeusof.com/tag/6-human-jobs-computers-will-never-replace/. Zuletzt aufgerufen am 13.4.2021.

Viertes Kapitel: Personal Branding: Etablieren Sie Ihre persönliche Marke

334 Beals, Jeff. Self Marketing Power: Branding Yourself as a Business of One, Kindle Location 8. Keynote Publishing, LLC. Kindle Edition.

335 »Influences of Food – Name Labels on Perceived Tastes«, Oxford Academic, 16. September 2008, https://academic.oup.com/chemse/article/34/3/187/326291. Zuletzt aufgerufen am 14.4.2021.

336 »Mother Teresa wasn't a saintly person – she was a shrewd operator with unpalatable views who knew how to build up a brand«, Independent, 4. September 2016, https://www.independent.co.uk/voices/mother-teresa-wasn-t-saintly-person-she-was-shrewd-operator-unpalatable-views-who-knew-how-build-brand-a7224846.html. Zuletzt aufgerufen am 14.4.2021.

337 »How Kylie Jenner turned her $29 lipstick business into a $420 million empire in 18 months«, make it, 14. September 2017, https://www.cnbc.com/2017/09/14/how-kylie-jenner-turned-kylie-cosmetics-into-a-420-million-empire.html. Zuletzt aufgerufen am 14.4.2021.

338 »The Brand Called You«, Fast Company, 31. August 1997, https://www.fastcompany.com/28905/brand-called-you. Zuletzt aufgerufen am 14.4.2021.

339 »Attention spans«, Microsoft, 2015, https://dl.motamem.org/microsoft-attention-spans-research-report.pdf. Zuletzt aufgerufen am 14.4.2021.

340 Roland Berger Strategy Consultants, »Perception Beats Performance,« press release, 29. Juli 2014, http://www.rolandberger.de/pressemitteilungen/Perception_beats_Performance.html. Zuletzt aufgerufen am 14.4.2021.

341 Andrew Goodmann, »Top 40 Buffett-isms: Inspiration to Become a Better Investor,« Forbes, 25. September 2013, https://www.forbes.com/sites/agoodman/2013/09/25/the-top-40-buffettisms-inspiration-to-become-a-better-investor/?sh=5a1753897ccb. Zuletzt aufgerufen am 14.4.2021.

342 Segal, Gillian Zoe: *Getting There: A Book of Mentors*, S. 22. Kindle Edition.

343 »ARK Invest's Cathie Wood Reveals Her Successful Playbook«, Investor's Business Daily, 29. Oktober 2020, https://www.investors.com/news/management/leaders-and-success/cathie-wood-ark-invest-shows-you-her-winning-playbook/. Zuletzt aufgerufen am 14.4.2021. »Cathie Wood: a tech investor doing God's work«, Financial Times, 12. März 2021, https://www.ft.com/content/4df2b4cf-2ffe-4db5-9594-47e05e1e2240. Zuletzt aufgerufen am 14.4.2021.

344 »Cathie Wood: a tech investor doing God's work«, Financial Times, 12. März 2021, https://www.ft.com/content/4df2b4cf-2ffe-4db5-9594-47e05e1e2240. Zuletzt aufgerufen am 14.4.2021.

345 »Research: It Pays to Be Yourself«, Harvard Business Review, 13. Februar 2020, https://hbr.org/2020/02/research-it-pays-to-be-yourself. Zuletzt aufgerufen am 30.04.2021.

346 »Tony Robbins on How to Achieve the Extraordinary«, Success, 4. Januar 2015, https://www.success.com/tony-robbins-on-how-to-achieve-the-extraordinary/. Zuletzt aufgerufen am 14.4.2021.

347 »Jimmy Choo co-founder Tamara Mellon on how to make a comeback«, Page Six, 19. Juni 2018, https://pagesix.com/2018/06/19/jimmy-choo-co-founder-tamara-mellon-on-how-to-make-a-comeback/. Zuletzt aufgerufen am 14.4.2021.

348 »Why Tom Wolfe First Started Wearing His Signature White Suit«, Time, 15. Mai 2018, https://time.com/5278215/tom-wolfe-white-suits/. Zuletzt aufgerufen am 14.4.2021.

Fünftes Kapitel: Super-Connect: Wie man am effektivsten Beziehungen, Netzwerke und Plattformen aufbaut

349 Ferrazzi, Keith; Raz, Tahl: *Never Eat Alone: And Other Secrets to Success, One Relationship at a Time*, S. 3. Kindle Edition.

350 Dalio, Ray: *Principles: Life and Work*, S. 215. Simon & Schuster. Kindle Edition. (dt. *Die Prinzipien des Erfolgs*, FBV 2019, S. 251).

351 Dalio, Ray: *Principles: Life and Work*, S. 214, 215, Kindle Edition (dt. *Die Prinzipien des Erfolgs*, FBV 2019, S. 251).

352 Navidi, Sandra. $uperHubs: *How the Financial Elite and their Networks Rule Our World*, Quercus. Kindle Location 400, Kindle Edition.

353 Navidi, Sandra: *$uperHubs: How the Financial Elite and Their Networks Rule our World*, Kindle Location 2019, Quercus. Kindle Edition.

354 J. D. Vance: Hillbilly Elegy: A Memoir of a Family and Culture in Crisis, S. 213, 215. Kindle Edition (dt. Hillbilly-Elegie: Die Geschichte meiner Familie und einer Gesellschaft in der Krise, Ullstein 2018, S. 245f.).

355 »Peter Thiel's Mithril Capital Raises $850 Million VC Fund«, Bloomberg, 20. Januar 2017, https://www.bloomberg.com/news/articles/2017-01-20/peter-thiel-s-mithril-capital-raises-850-million-vc-fund. Zuletzt aufgerufen am 15.4.2021.

356 »›Hillbilly Elegy‹ author to bring tech jobs to the heartland by joining forces with AOL founder«, Chicago Tribune, 23. März 2017, http://www.chicagotribune.com/bluesky/technology/ct-hillbilly-elegy-vance-tech-jobs-20170323-story.html. Zuletzt aufgerufen 15.4.2021.
»Disconnect: Why 'Hillbillies' Don't Do Networking«, Sandra Navidi, *The Daily Beast*, 28. März 2017, https://www.thedailybeast.com/why-hillbillies-dont-do-networking«. Zuletzt aufgerufen am 23.04.2021.

357 Navidi, Sandra: $uperHubs: How the Financial Elite and Their Networks Rule our World, Location 1716-1722. Kindle Edition (dt. $uperHubs: Wie die Finanzelite und ihre Netzwerke die Welt regieren, FBV 2016).

358 Brainy Quote, https://www.brainyquote.com/quotes/harvey_mackay_528743. Zuletzt aufgerufen am 15.4.2021.

359 »This simple hack lets you network without the awkward small talk«, make it, 21. Oktober 2020, https://www.cnbc.com/2020/10/21/this-simple-hack-lets-you-network-without-the-awkward-small-talk.html. Zuletzt aufgerufen am 15.4.2021.

360 Navidi, Sandra: $uperHubs: How the Financial Elite and Their Networks Rule our World, Nicholas Brealey Publishing 2017, S. 97 (dt. $uperHubs: Wie die Finanzelite und ihre Netzwerke die Welt regieren, FBV 2016, S. 136)

361 »Learn to Love Networking«, Harvard Business Review, Mai 2016, https://hbr.org/2016/05/learn-to-love-networking. Zuletzt aufgerufen am 15.4.2021.
»To Be Happier at Work, Invest More in Your Relationships«, Harvard Business Review, 30. Juli 2019, https://hbr.org/2019/07/to-be-happier-at-work-invest-more-in-your-relationships. Zuletzt aufgerufen am 15.4.2021.

362 »How Our Brains Decide When to Trust«, Harvard Business Review, 18. Juli 2019, https://hbr.org/2019/07/how-our-brains-decide-when-to-trust. Zuletzt aufgerufen am 19.4.2021.

363 »Social Networking Affects Brains Like Falling in Love«, Fast Company, 1. Juli 2010, https://www.fastcompany.com/1659062/social-networking-affects-brains-falling-love. Zuletzt aufgerufen am 19.4.2021.

364 Faisal Hoque; Drake Baer: *Everything Connects: How to Transform and Lead in the Age of Creativity, Innovation, and Sustainability*. McGraw Hill Education, 2014.

365 Faisal Hoque; Drake Baer: *Everything Connects: How to Transform and Lead in the Age of Creativity, Innovation, and Sustainability*. McGraw Hill Education, 2014.

366 Webb, Caroline: *How to Have a Good Day: Harness the Power of Behavioral Science to Transform Your Working Life*, Kindle Location 136, Kindle Edition.

367 »Brain science fires up the neurons of managers«, Financial Times,12. Mai 2014, https://www.ft.com/content/a9ba39b0-af7c-11e3-bea5-00144feab7de. Zuletzt aufgerufen am 15.4.2021.

368 »Networking Can Make Some Feel Dirty Says New Study«, Rotman School of Management, Pressemitteilung, 10. September 2014, http://www.eurekalert.org/pub_releases/2014-09/uotr-ncm091014.php. Zuletzt aufgerufen am 15.4.2021.

369 »Study Finds Artists Become Famous through Their Friends, Not the Originality of Their Work«, Artsy, 27. Februar 2019, https://www.artsy.net/article/artsy-editorial-artists-famous-friends-originality-work. Zuletzt aufgerufen am 23.04.2021.
»The Art of Fame«, Columbia Business School, 2019, https://www8.gsb.columbia.edu/chazen/sites/chazen/files/Chazen_Fame_Research_Brief_FINAL.pdf. Zuletzt aufgerufen am 23.04.2021.

370 Adam M. Grant: *Give and Take: Why Helping Others Drives Our Success*, S. 4 ff. Kindle Edition.

371 »How to overcome your aversion to networking«, World Economic Forum, 8. September 2016, https://www.weforum.org/agenda/2016/09/how-to-overcome-your-aversion-to-networking/. Zuletzt aufgerufen am 15.4.2021.

372 »Learn to Love Networking«, Harvard Business Review, Mai 2016, https://hbr.org/2016/05/learn-to-love-networking. Zuletzt aufgerufen am 15.4.2021.

373 »How to overcome your aversion to networking«, World Economic Forum, 8. September 2016, https://www.weforum.org/agenda/2016/09/how-to-overcome-your-aversion-to-networking/. Zuletzt aufgerufen am 15.4.2021.
»Learn to Love Networking«, Harvard Business Review, Mai 2016, https://hbr.org/2016/05/learn-to-love-networking. Zuletzt aufgerufen am 15.4.2021.

374 »Learn to Love Networking«, Harvard Business Review, Mai 2016, https://hbr.org/2016/05/learn-to-love-networking. Zuletzt aufgerufen am 15.4.2021.

375 »Learn to Love Networking«, Harvard Business Review, Mai 2016, https://hbr.org/2016/05/learn-to-love-networking. Zuletzt aufgerufen am 15.4.2021.
»The Contaminating Effects of Building Instrumental Ties: How Networking Can Make Us Feel Dirty«, Johnson Cornell University, 13. Januar 2015, http://static1.squarespace.com/static/55dcde36e4b0df55a96ab220/t/55e86ab6e4b01fadae0024b5/1441295030249/Casciaro+Gino+Kouchaki+ASQ+2014.pdf. Zuletzt aufgerufen am 15.4.2021.

376 Navidi, Sandra: *$uperHubs: How the Financial Elite and Their Networks Rule our World*, Kindle Location 342–350, Quercus, Kindle Edition.

377 Navidi, Sandra: *$uperHubs: How the Financial Elite and Their Networks Rule our World*, Kindle Location 2024–2032, Quercus, Kindle Edition.

378 »Your Network Determines Success More than You Realize«, Medium, Dave Lu, 1. April 2019, https://medium.com/swlh/your-network-determines-success-more-than-you-realize-41a3e889e-cea. Zuletzt aufgerufen am 19.4.2021.

379 »How to overcome your aversion to networking«, World Economic Forum, 8. September 2016, https://www.weforum.org/agenda/2016/09/how-to-overcome-your-aversion-to-networking/. Zuletzt aufgerufen am 19.4.2021.

380 »›A Friend of a Friend‹ Is No Longer the Best Way to Find a Job«, Harvard Business Review, 2. Juni 2017, https://hbr.org/2017/06/a-friend-of-a-friend-is-no-longer-the-best-way-to-find-a-job. Zuletzt aufgerufen am 19.4.2021.

381 »Why You Need a Network of Low-Stakes Casual Friendships«, The New York Times, 6. Mai 2019, https://www.nytimes.com/2019/05/06/smarter-living/why-you-need-a-network-of-low-stakes-casual-friendships.html. Zuletzt aufgerufen am 19.4.2021.

382 Robin Dunbar: *How Many Friends Does One Person Need? Dunbar's Number and Other Evolutionary Quirks* (Boston: Cambridge University Press, 2010), Kindle Locations 40–42, Kindle Edition.
Drake Bennett, »The Dunbar Number: From the Guru of Social Networks«, Businessweek, 10. Januar 2013, http://www.businessweek.com/articles/2013-01-10/the-dunbar-number-from-the-guru-of-social-networks. Zuletzt aufgerufen am 29.4.2021.

383 »Why Your Inner Circle Should Stay Small, and How to Shrink It«, Harvard Business Review, 7. Mai 2018, https://hbr.org/2018/03/why-your-inner-circle-should-stay-small-and-how-to-shrink-it. Zuletzt aufgerufen am 19.4.2021.

384 »LinkedIn CEO Jeff Weiner's 3 Best Pieces of Career Advice«, Inc., 18. Oktober 2017, https://www.inc.com/michael-schneider/linkedin-ceo-jeff-weiners-3-best-pieces-of-career-advice.html. Zuletzt aufgerufen am 19.4.2021.

385 «You're the Average of the Five People You Spend the Most Time With«, Business Insider, 24. Juli 2012, www.businessinsider.com/jim-rohn-youre-the-average-of-the-five-people-you-spend-the-most-time-with-2012-7. Zuletzt aufgerufen am 19.4.2021.

386 Segal, Gillian Zoe: *Getting There: A Book of Mentors*, S. 16, Kindle Edition.

387 Sehen Sie dazu auch »Why Your Inner Circle Should Stay Small, and How to Shrink It«, Harvard Business Review, 7. März 2018, https://hbr.org/2018/03/why-your-inner-circle-should-stay-small-and-how-to-shrink-it. Zuletzt aufgerufen am 19.4.2021.

388 John Field: *Social Capital* (London: Taylor and Francis, 2008), Kindle Locations 1552–53, Kindle Edition.

389 »Good News for Young Strivers: Networking Is Overrated«, The New York Times, 24. August 2017, https://www.nytimes.com/2017/08/24/opinion/sunday/networking-connections-business.html. Zuletzt aufgerufen am 19.4.2021.

390 »Learn to Love Networking«, Harvard Business Review, Mai 2016, https://hbr.org/2016/05/learn-to-love-networking. Zuletzt aufgerufen am 19.4.2021.

391 »Learn to Love Networking«, Harvard Business Review, Mai 2016, https://hbr.org/2016/05/learn-to-love-networking. Zuletzt aufgerufen am 19.4.2021.

392 »Learn to Love Networking«, Harvard Business Review, Mai 2016, https://hbr.org/2016/05/learn-to-love-networking. Zuletzt aufgerufen am 19.4.2021.

393 »Learn to Love Networking«, Harvard Business Review, Mai 2016, https://hbr.org/2016/05/learn-to-love-networking. Zuletzt aufgerufen am 19.4.2021.

394 »Learn to Love Networking«, Harvard Business Review, Mai 2016, https://hbr.org/2016/05/learn-to-love-networking. Zuletzt aufgerufen am 19.4.2021.

395 »How to Build Your Network«, Harvard Business Review, Dezember 2005, https://hbr.org/2005/12/how-to-build-your-network. Zuletzt aufgerufen am 19.4.2021.

396 »Business School: Where Diverse Insights Meet Strong Drive«, The New York Times, paidpost.nytimes.com. Zuletzt aufgerufen am 19.4.2021.

397 Pein, Corey: *Live Work Work Work Die*, S. 141. Henry Holt and Co. Kindle Edition.

398 Siehe auch »Why Being The Most Connected Is A Vanity Metric«, Forbes, 3. Dezember 2013, https://www.forbes.com/sites/michaelsimmons/2013/12/03/why-being-the-most-connected-is-a-vanity-metric/?sh=5829e08371a9. Zuletzt aufgerufen am 19.4.2021.

399 Winegar, David C.: *The Elevator Pitch of You: Using neuroscience to craft a unique and powerful personal brand statement. Includes online tool to build your brand step-by-step*, S. 32 f. Kindle Edition.

400 »Scientists have discovered what causes Resting Bitch Face«, The Washington Post, 2. Februar 2016, https://www.washingtonpost.com/news/arts-and-entertainment/wp/2016/02/02/scientists-have-discovered-the-source-of-your-resting-bitch-face/. Zuletzt aufgerufen am 19.4.2021.

401 Navidi, Sandra: *$uperHubs: How the Financial Elite and Their Networks Rule our World*, Kindle Location 2040. Nicholas Brealey Publishing 2017 (dt. *$uper-hubs: Wie die Finanzelite und ihre Netzwerke die Welt regieren*, FBV 2016).

402 Navidi, Sandra: *$uperHubs: How the Financial Elite and Their Networks Rule our World*, S. 115. Nicholas Brealey Publishing 2017 (dt. *$uper-hubs: Wie die Finanzelite und ihre Netzwerke die Welt regieren*, FBV 2016).

403 Siehe S. 43 f.

404 Clark, Dorie: »Networking When You Hate Talking to Strangers«, Harvard Business Review, 5. Mai 2015, https://hbr.org/2015/05/networking-when-you-hate-talking-to-strangers. Zuletzt aufgerufen am 19.4.2021.

405 Navidi, Sandra: *$uperHubs: How the Financial Elite and Their Networks Rule our World*, S. 141. Nicholas Brealey Publishing 2017 (dt. *$uper-hubs: Wie die Finanzelite und ihre Netzwerke die Welt regieren*, FBV 2016).

406 Harvard Business Review: *HBR's 10 Must Reads on Communication* (with featured article »The Necessary Art of Persuasion,« by Jay A. Conger) (S. 29). Harvard Business Review Press. Kindle Edition.

407 »Conquer your social anxiety by learning the art of small talk«, Mail Online, 4. Januar 2020, https://www.dailymail.co.uk/health/article-7851405/Social-anxiety-conquered-learning-art-small-talk.html. Zuletzt aufgerufen am 19.4.2021.

408 »How do I get the most out of networking?«, Financial Times, 22. Oktober 2019, https://www.ft.com/content/d0cae434-ee9e-11e9-a55a-30afa498db1b. Zuletzt aufgerufen am 19.4.2021.
Carnegie, Dale: *Wie man Freunde gewinnt: Die Kunst, beliebt und einflussreich zu werden*, S. 126. Fischer Taschenbuch 2011.
Carnegie, Dale: *How To Win Friends and Influence People*, S. 98. Simon & Schuster. Kindle Edition.

409 Tamir, D.I., & Mitchell, J.P. (2012): *Disclosing information about the self is intrinsically rewarding. Proceedings of the National Academy of Sciences USA*, 109(21), 8038–8043. https://www.pnas.org/content/109/21/8038.

410 »How do I get the most out of networking?«, Financial Times, 22. Oktober 2019, https://www.ft.com/content/d0cae434-ee9e-11e9-a55a-30afa498db1b. Zuletzt aufgerufen am 19.4.2021.

411 Caroline Webb: *How to Have a Good Day: Harness the Power of Behavioral Science to Transform Your Working Life*, S. 123. Kindle Edition.

412 »The Surprising Power of Questions«, Harvard Business Review, Juni 2018, https://hbr.org/2018/05/the-surprising-power-of-questions. Zuletzt aufgerufen am 19.4.2021.

413 »How to Ask Great Questions«, Harvard Business Review, Juni 2018, https://hbr.org/2018/05/the-surprising-power-of-questions. Zuletzt aufgerufen am 19.4.2021. s

414 »How to Talk to People, According to Terry Gross«, 17. November 2018, https://www.nytimes.com/2018/11/17/style/self-care/terry-gross-conversation-advice.html. Zuletzt aufgerufen am 19.4.2021.

415 Review, Harvard Business; Goleman, Daniel; McKee, Annie; George, Bill; Ibarra, Herminia: *HBR Emotional Intelligence Boxed Set* (6 Books) (HBR Emotional Intelligence Series), Kindle Location 291. Harvard Business Review Press. Kindle Edition.

416 Susan Cain: *Quiet: The Power of Introverts in a World That Can't Stop Talking*, S. 264. Kindle Edition (dt. *Still: Die Kraft der Introvertierten*, Goldmann 2013).

417 »This simple hack lets you network without the awkward small talk«, make it, 21. Oktober 2020, https://www.cnbc.com/2020/10/21/this-simple-hack-lets-you-network-without-the-awkward-small-talk.html. Zuletzt aufgerufen am 19.4.2021.

418 Webb, Caroline: *How to Have a Good Day: Harness the Power of Behavioral Science to Transform Your Working Life*, S. 116 f. The Crown Publishing Group. Kindle Edition.

419 Carreyrou, John: *Bad Blood*, S. 300. Knopf Doubleday Publishing Group. Kindle Edition.

420 »Your Network Determines Success More than You Realize«, Medium, 1. April 2019, https://medium.com/swlh/your-network-determines-success-more-than-you-realize-41a3e889ecea. Zuletzt aufgerufen am 19.4.2021.

421 »For LinkedIn Founder Reid Hoffman, Relationships Rule the World«, Wired, 20. März 2012, https://www.wired.com/2012/03/ff-hoffman/. Zuletzt aufgerufen am 19.4.2021.

422 Estes, Paul: *Gig Mindset: Reclaim Your Time, Reinvent Your Career, and Ride the Next Wave of Disruption*, S. 43 f. Kindle Edition.

423 Dorie Clark: *Reinventing You: Define Your Brand, Imagine Your Future*. Harvard Business Review Press 2013.

424 »The Flight From Conversation«, The New York Times, 21. April 2012, https://www.nytimes.com/2012/04/22/opinion/sunday/the-flight-from-conversation.html. Zuletzt aufgerufen am 19.4.2021.

425 »Why Face-to-Face Networking Still Trumps Social Networking«, Time, 27. April 2012, https://business.time.com/2012/04/27/why-face-to-face-networking-trumps-social-networking/. Zuletzt aufgerufen am 19.4.2021.

426 »Why Face-to-Face Networking Still Trumps Social Networking«, Time, 27. April 2012, https://business.time.com/2012/04/27/why-face-to-face-networking-trumps-social-networking/. Zuletzt aufgerufen am 19.4.2021.

427 Navidi, Sandra: *$uperHubs: How the Financial Elite and Their Networks Rule our World*, Kindle Locations: 2396–2404, Kindle Edition, (dt. *$uper-hubs: Wie die Finanzelite und ihre Netzwerke die Welt regieren*, FBV 2016)

428 Siehe auch: Bacon, Jono: *People Powered*, S. 13 f. HarperCollins Leadership. Kindle Edition.

429 Reid Hoffman, Ben Casnocha: *The Start-up of You: Adapt to the Future, Invest in Yourself, and Transform Your Career*, S. 160, Kindle Edition.

430 Navidi, Sandra: *$uperHubs: How the Financial Elite and their Networks Rule Our World*. Kindle Location 1932–1944, *Quercus*. Kindle Edition.
»The Great Reset«, World Economic Forum, https://www.weforum.org/great-reset/. Zuletzt aufgerufen am 23.1.2021.

431 »Code of Conduct«, World Economic Forum, https://www.weforum.org/about/code-of-conduct/. Zuletzt aufgerufen am 19.4.2021.

432 Hoffman, Reid; Casnocha, Ben: *The Start-up of You: Adapt to the Future, Invest in Yourself, and Transform Your Career*, S. 160. The Crown Publishing Group. Kindle Edition.

433 Sandra Navidi: *$uperHubs: How the Financial Elite and their Networks Rule Our World*, Kindle Location 2216–2223. Kindle Edition.

434 »Why Being The Most Connected Is A Vanity Metric«, Forbes, 3. Dezember 2013, https://www.forbes.com/sites/michaelsimmons/2013/12/03/why-being-the-most-connected-is-a-vanity-metric/?sh=49940a5871a9. Zuletzt aufgerufen am 19.4.2021.

435 Cragun, Shane; Sweetman, Kate: *Reinvention: Accelerating Results in the Age of Disruption*, S. 5. Greenleaf Book Group Press. Kindle Edition.

436 Navidi, Sandra: *$uperHubs: How the Financial Elite and Their Networks Rule our World*, S. 788–790. Kindle Edition (dt. *$uper-hubs: Wie die Finanzelite und ihre Netzwerke die Welt regieren*, FBV 2016).

437 Basierend auf: »Network like a Russian Diplomat! What we can learn from mysterious Ambassador Kislyak«, Sandra Navidi, Huffington Post, 10. März 2017, https://www.huffpost.com/entry/network-like-a-russian-diplomat-what-we-can-learn_b_58c2e894e4b0a797c1d39c13. Zuletzt aufgerufen am 19.4.2021.

438 »Networking Naked With Finland's Diplomatic Sauna Society«, The Atlantic, 6. März 2015, https://www.theatlantic.com/international/archive/2015/03/networking-naked-with-finlands-diplomatic-sauna-society/387043/. Zuletzt aufgerufen am 19.4.2021.

439 »ALIEN Thinking: The unconventional path to breakthrough ideas«, IMD, https://www.imd.org/research-knowledge/. Zuletzt aufgerufen am 23.4.2021.

440 »Being the Boss in Brussels, Boston, and Beijing«, Harvard Business Review, https://hbr.org/2017/07/being-the-boss-in-brussels-boston-and-beijing. Zuletzt aufgerufen am 19.4.2021.

441 »Being the Boss in Brussels, Boston, and Beijing«, Harvard Business Review, https://hbr.org/2017/07/being-the-boss-in-brussels-boston-and-beijing. Zuletzt aufgerufen am 19.4.2021.

442 »Being the Boss in Brussels, Boston, and Beijing«, Harvard Business Review, https://hbr.org/2017/07/being-the-boss-in-brussels-boston-and-beijing. Zuletzt aufgerufen am 19.4.2021.

443 Seligman, Scott D.: *Chinese Business Etiquette: A Guide to Protocol, Manners, and Culture in thePeople's Republic of China*, Kindle Location 502–510. Grand Central Publishing. Kindle Edition.

444 »13 Amazing Things Travel Does To Your Brain«, BuzzFeed, 16. Juli 2015, https://www.buzzfeed.com/anniedaly/travel-makes-you-a-better-person. Zuletzt aufgerufen am 19.4.2021.

Sechstes Kapitel: Die Auswirkung der Disruption auf die Karriere von Frauen: Bedrohung und Gegenmaßnahmen

445 »Turning Disruption into Opportunity for Women and Business«, EVE Le Blog, 8. März 2017, https://www.eveprogramme.com/en/27184/turning-disruption-into-opportunity-for-women-and-business/. Zuletzt aufgerufen am 19.4.2021.

446 Genauer gesagt: 99,5 Jahre, »Mind the 100 Year Gap«, World Economic Forum, 16. Dezember 2019, https://www.weforum.org/reports/gender-gap-2020-report-100-years-pay-equality. Zuletzt aufgerufen am 19.4.2021.

447 Cathy Benko und Bill Pelster, »How Women Decide«, Harvard Business Review, September 2013, https://hbr.org/2013/09/how-women-decide. Zuletzt aufgerufen am 19.4.2021.

448 »How the role of women has changed in the workplace over the decades – and are we in a better place today?«, HR Zone, 12. März 2015, https://www.hrzone.com/lead/culture/how-the-role-of-women-has-changed-in-the-workplace-over-the-decades-and-are-we-in-a. Zuletzt aufgerufen am 19.4.2021.

449 »Closing the gap: Leadership perspectives on promoting women in financial services«, McKinsey & Company, 6. September 2018, https://www.mckinsey.com/industries/financial-services/our-insights/closing-the-gap-leadership-perspectives-on-promoting-women-in-financial-services. Zuletzt aufgerufen am 19.4.2021.
»Guess Who Doesn't Fit In at Work«, The New York Times, 30. März 2015, https://www.nytimes.com/2015/05/31/opinion/sunday/guess-who-doesnt-fit-in-at-work.html. Zuletzt aufgerufen am 19.4.2021.
»Is gender a factor in fund performance?«, Financial Times, 9. Februar 2015, https://www.ft.com/content/92007f04-b035-11e4-92b6-00144feab7de. Zuletzt aufgerufen am 19.4.2021.

450 »The Number of Female Chief Executives Is Falling«, The New York Times, 23. Mai 2018, https://www.nytimes.com/2018/05/23/upshot/why-the-number-of-female-chief-executives-is-falling.html. Zuletzt aufgerufen am 19.4.2021.

451 »The Lack Of Women Leaders Is A National Emergency«, Huffpost, 14. November 2017, https://www.huffpost.com/entry/women-leadership-sexual-harassment_n_59f387cae4b03cd20b818ed1?guccounter=1. Zuletzt aufgerufen am 19.4.2021.

452 »The Fortune 500 Has More Female CEOs Than Ever Before«, Fortune, 16. Mai 2019, https://fortune.com/2019/05/16/fortune-500-female-ceos/. Zuletzt aufgerufen am 19.4.2021.

453 »Firms with a female CEO have a better stock price performance, new research says«, make it, 18. Oktober 2019, https://www.cnbc.com/2019/10/18/firms-with-a-female-ceo-have-a-better-stock-price-performance-sp.html. Zuletzt aufgerufen am 19.4.2021.
»When Women Lead, Firms Win«, https://www.spglobal.com/en/research-insights/featured/when-women-lead-firms-win. Zuletzt aufgerufen am 19.4.2021.

454 »Women and the Future of Work: Fix the Present«, Center for Global Development, Charles Kenny, 14. Februar 2019, https://www.cgdev.org/publication/women-and-future-work-fix-present. Zuletzt aufgerufen am 19.4.2021.

455 »Table 318.10 – Degrees conferred by postsecondary institutions, by level of degree and sex of student: Selected years, 1869-70 through 2027-28«, Nationals Center for Education Statistics, 2018, https://nces.ed.gov/programs/digest/d17/tables/dt17_318.10.asp?current=yes. Zuletzt aufgerufen am 19.4.2021.

456 »Women Lose Out to Men Even Before They Graduate From College«, Bloomberg, 15. März 2018, https://www.bloomberg.com/graphics/2018-women-professional-inequality-college/. Zuletzt aufgerufen am 19.4.2021.

457 »U.S. women near milestone in the college-educated labor force«, Pew Research Center, 20. Juni 2019, https://www.pewresearch.org/fact-tank/2019/06/20/u-s-women-near-milestone-in-the-college-educated-labor-force/. Zuletzt aufgerufen am 19.4.2021.
»College-Educated Women Are the Workplace Majority, but Still Don't Get Their Share«, The New York Times, 2. Juli 2019, https://www.nytimes.com/2019/07/02/us/american-workers-women-college.html. Zuletzt aufgerufen am 19.4.2021.

458 »College-Educated Women Are the Workplace Majority, but Still Don't Get Their Share«, The New York Times, 2. Juli 2019, https://www.nytimes.com/2019/07/02/us/american-workers-women-college.html. Zuletzt aufgerufen am 19.4.2021.

459 »The Number of Female Chief Executives Is Falling«, The New York Times, 23. März 2018, https://www.nytimes.com/2018/05/23/upshot/why-the-number-of-female-chief-executives-is-falling.html. Zuletzt aufgerufen am 19.4.2021.

460 »Why Women Aren't Making It to the Top of Financial Services Firms«, Harvard Business Review, 25. Oktober 2016, https://hbr.org/2016/10/why-women-arent-making-it-to-the-top-of-financial-services-firms. Zuletzt aufgerufen am 19.4.2021.

461 »Gender Diversity is good for business«, Credit Suisse, 10. Oktober 2019, https://www.credit-suisse.com/about-us-news/en/articles/news-and-expertise/cs-gender-3000-report-2019-201910.html. Zuletzt aufgerufen am 19.4.2021.

462 »Gender Diversity is good for business«, Credit Suisse, 10. Oktober 2019, https://www.credit-suisse.com/about-us-news/en/articles/news-and-expertise/cs-gender-3000-report-2019-201910.html. Zuletzt aufgerufen am 19.4.2021.
»Firms with a female CEO have a better stock price performance, new research says«, make it, 18. Oktober 2019, https://www.cnbc.com/2019/10/18/firms-with-a-female-ceo-have-a-better-stock-price-performance-sp.html. Zuletzt aufgerufen am 19.4.2021.

463 »When Women Lead, Firms Win«, S&P Global, Daniel J. Sandberg, https://www.spglobal.com/en/research-insights/featured/when-women-lead-firms-win. Zuletzt aufgerufen am 19.4.2021.

464 »Women Disrupting the Future of Work«, GetSmarter Blog, 28. August 2019, https://www.getsmarter.com/blog/career-advice/women-disrupting-the-future-of-work/. Zuletzt aufgerufen am 21.4.2021.

465 Andrew Ross Sorkin, »Do Activist Investors Target Female C.E.O.s?« *New York Times*, 9. Februar 2015, http://dealbook.nytimes.com/2015/02/09/the-women-of-the-s-p-500-and-investor-activism. Zuletzt aufgerufen am 21.4.2021.

466 Joanna Barsh und Lareina Yee, »Unlocking the Full Potential of Women in the US Economy«, McKinsey & Company, April 2011, https://www.mckinsey.com/business-functions/organization/our-insights/unlocking-the-full-potential-of-women. Zuletzt aufgerufen am 21.4.2021.

467 »Why Women Aren't Making It to the Top of Financial Services Firms«, Harvard Business Review, 25. Oktober 2016, https://hbr.org/2016/10/why-women-arent-making-it-to-the-top-of-financial-services-firms. Zuletzt aufgerufen am 21.4.2021.

468 »Companies Drain Women's Ambition After Only 2 Years«, Harvard Business Review, 18. Mai 2015, https://hbr.org/2015/05/companies-drain-womens-ambition-after-only-2-years. Zuletzt aufgerufen am 21.4.2021.

469 »Companies Drain Women's Ambition After Only 2 Years«, Harvard Business Review, 18. Mai 2015, https://hbr.org/2015/05/companies-drain-womens-ambition-after-only-2-years. Zuletzt aufgerufen am 21.4.2021.

470 Carolin Ströbele, »Mit 50plus ist für Karrierefrauen Feierabend«, Karriere.de, 7. Juli 2015, http://www.karriere.de/karriere/mit-50plus-ist-fuer-karrierefrauen-feierabend-167863. Zuletzt aufgerufen am 21.4.2021.

471 Adam Grant und Sheryl Sandberg, »Madam C.E.O., Get Me a Coffee: Sheryl Sandberg and Adam Grant on Women Doing 'Office Housework'«, *New York Times*, 6. Februar 2015, http://www.nytimes.com/2015/02/08/opinion/sunday/sherylsandberg-and-adam-grant-on-women-doing-office-housework.xhtml. Zuletzt aufgerufen am 21.4.2021.

472 »Women will find it harder to adapt to tech disruption, McKinsey report suggests«, Engineering and Technology, 11. Juni 2019, https://eandt.theiet.org/content/articles/2019/06/women-will-find-it-harder-to-adapt-to-tech-disruption-mckinsey-report-suggests/. Zuletzt aufgerufen am 21.4.2021.

473 »Women will find it harder to adapt to tech disruption, McKinsey report suggests«, Engineering and Technology, 11. Juni 2019, https://eandt.theiet.org/content/articles/2019/06/women-will-find-it-harder-to-adapt-to-tech-disruption-mckinsey-report-suggests/. Zuletzt aufgerufen am 21.4.2021.

474 Gillian B. White, »Women Are Owning More and More Small Businesses«, *The Atlantic*, 17. April 2015, http://www.theatlantic.com/business/archive/2015/04/women-are-owning-more-and-more-small-businesses/390642/. Zuletzt aufgerufen am 21.4.2021.

475 »Cathie Wood: a tech investor doing God's work«, Financial Times, 12. März 2021, https://www.ft.com/content/4df2b4cf-2ffe-4db5-9594-47e05e1e2240. Zuletzt aufgerufen am 21.4.2021.

476 »ARK Invest's Cathie Wood Reveals Her Successful Playbook«, Investor's Business Daily, 29. Oktober 2020, https://www.investors.com/news/management/leaders-and-success/cathie-wood-ark-invest-shows-you-her-winning-playbook/. Zuletzt aufgerufen am 21.4.2021.

477 »Cathie Wood: a tech investor doing God's work«, Financial Times, 12. März 2021, https://www.ft.com/content/4df2b4cf-2ffe-4db5-9594-47e05e1e2240. Zuletzt aufgerufen am 21.4.2021.

478 »ARK Invest's Cathie Wood Reveals Her Successful Playbook«, Investor's Business Daily, 29. Oktober 2020, https://www.investors.com/news/management/leaders-and-success/cathie-wood-ark-invest-shows-you-her-winning-playbook/. Zuletzt aufgerufen am 21.4.2021.

479 »Cathie Wood: a tech investor doing God's work«, Financial Times, 12. März 2021, https://www.ft.com/content/4df2b4cf-2ffe-4db5-9594-47e05e1e2240. Zuletzt aufgerufen am 21.4.2021.

480 »›My friends thought I was going to fail‹: Cathie Wood on launching Ark«, Citywire, 4. April 2019, https://citywireusa.com/professional-buyer/news/my-friends-thought-i-was-going-to-fail-cathie-wood-on-launching-ark/a1210917. Zuletzt aufgerufen am 21.4.2021.

481 »›Go For It‹: America's Richest Self-Made Women On Founding Businesses After 40«, Forbes, 13. Oktober 2020, https://www.forbes.com/sites/hayleycuccinello/2020/10/13/american-self-made-women-founders-over-40/?sh=294917375d30. Zuletzt aufgerufen am 21.4.2021.

482 »Microsoft CEO Satya Nadella Apologizes For Comments On Women's Pay«, Forbes, 10. Oktober 2014, https://www.forbes.com/sites/amitchowdhry/2014/10/10/microsoft-ceo-satya-nadella-apologizes-for-comments-on-womens-pay/#21c94d356d2b. Zuletzt aufgerufen am 23.4.2021.
Vgl. Navidi, Sandra: $uperHubs: How the Financial Elite and Their Networks Rule our World, Kindle Location: 3914-3918. Kindle Edition (dt. $uperHubs: Wie die Finanzelite und ihre Netzwerke die Welt regieren, S. 207. FBV 2016).

483 »Microsoft CEO Satya Nadella: Women, Don't Ask for a Raise«, *The Guardian*, 9. Oktober 2014, https://www.theguardian.com/technology/2014/oct/10/microsoft-ceo-satya-nadella-women-dont-ask-for-a-raise; https://www.youtube.com/watch?v=3uqiL32o2zQ. Zuletzt aufgerufen am 23.4.2021.

484 »The 10 jobs with the biggest gender-pay gap«, The Seattle Times, 14. September 2014, https://www.seattletimes.com/explore/careers/the-10-jobs-with-the-biggest-gender-pay-gap/. Zuletzt aufgerufen am 23.4.2021.
Navidi, Sandra: $uperHubs: How the Financial Elite and Their Networks Rule our World, Kindle Location: 2862. Kindle Edition.

485 »College Educated Women Are the Workplace Majority, but Still Don't Get Their Share«, The New York Times, 2. Juli 2019, https://www.nytimes.com/2019/07/02/us/american-workers-women-college.html. Zuletzt aufgerufen am 23.4.2021.
»Womensplaining the Pay Gap«, The New York Times, 2. April 2019, https://www.nytimes.com/2019/04/02/business/equal-pay-day.html. Zuletzt aufgerufen am 23.4.2021.

486 »College Educated Women Are the Workplace Majority, but Still Don't Get Their Share«, The New York Times, 2. Juli 2019, https://www.nytimes.com/2019/07/02/us/american-workers-women-college.html. Zuletzt aufgerufen am 23.4.2021.

»Womensplaining the Pay Gap«, The New York Times, 2. April 2019, https://www.nytimes.com/2019/04/02/business/equal-pay-day.html. Zuletzt aufgerufen am 23.4.2021.

487 »The Gender Gap in Computer Science Research Won't Close for 100 Years«, The New York Times, 21. Juni 2019, https://www.nytimes.com/2019/06/21/technology/gender-gap-tech-computer-science.html. Zuletzt aufgerufen am 23.4.2021.
»Gender trends in computer science authorship«, Cornell University, 19. Juni 2019, https://arxiv.org/abs/1906.07883. Zuletzt aufgerufen am 23.4.2021.

488 »Why Women's Jobs Are Disproportionately Threatened by Automation«, Pacific Standard. 20. März 2019, https://psmag.com/economics/women-are-disproportionately-harmed-by-automation. Zuletzt aufgerufen am 23.4.2021.

489 »Women Can't Win«, Georgetown University, Anthony P. Carnevale, Nicole Smith, Artem Gulish, 2018, https://1gyhoq479ufd3yna29x7ubjn-wpengine.netdna-ssl.com/wp-content/uploads/Women_ES_Web.pdf. Zuletzt aufgerufen am 23.4.2021.

490 »College Educated Women Are the Workplace Majority, but Still Don't Get Their Share«, The New York Times, 2. Juli 2019, https://www.nytimes.com/2019/07/02/us/american-workers-women-college.html. Zuletzt aufgerufen am 23.4.2021.

491 »A woman would have to be born in the year 2255 to get equal pay at work«, World Economic Forum, 17. Dezember 2019, https://www.weforum.org/agenda/2019/12/global-economic-gender-gap-equality-women-parity-pay/. Zuletzt aufgerufen am 23.4.2021.

492 »Women in the financial industry see the biggest gender pay gaps«, yahoo! finance, 10. Oktober 2018, https://finance.yahoo.com/news/women-financial-industry-see-biggest-gender-pay-gaps-174824562.html. Zuletzt aufgerufen am 23.4.2021.

493 Katty Kay und Claire Shipman, »The Confidence Gap, Evidence Shows That Women Are Less Self-Assured than Men—and That to Succeed, Confidence Matters as Much as Competence«, The Atlantic, 14. April 2014, http://www.theatlantic.com/features/archive/2014/04/the-confidence-gap/359815. Zuletzt aufgerufen am 23.4.2021.

494 »Companies Drain Women's Ambition After Only 2 Years«, Harvard Business Review, 18. Mai 2015, https://hbr.org/2015/05/companies-drain-womens-ambition-after-only-2-years. Zuletzt aufgerufen am 23.4.2021.

495 Review, Harvard Business; Ibarra, Herminia; Tannen, Deborah; Williams, Joan C.; Hewlett, Sylvia Ann: *HBR's 10 Must Reads on Women and Leadership* (with bonus article »Sheryl Sandberg: The HBR Interview«) (HBR's 10 Must Reads). Harvard Business Review Press. Kindle Location 971, Kindle Edition.

496 John Darne und Jeffrey Gedmin, »Six Principles for Developing Humility as a Leader«, *Harvard Business Review Blog Network*, 9. September 2013, http://blogs.hbr.org/2013/09/six-principles-for-developing. Zuletzt aufgerufen am 23.4.2021.

497 »›Hotter‹, ›lesbian‹, ›feminazi‹: How some economists discuss their female colleagues«, The Washington Post, 22. August 2017, https://www.washingtonpost.com/news/wonk/wp/2017/08/22/hotter-lesbian-feminazi-how-some-economists-discuss-their-female-colleagues/. Zuletzt aufgerufen am 23.4.2021.

498 »›Hotter‹, ›lesbian‹, ›feminazi‹: How some economists discuss their female colleagues«, The Washington Post, 22. August 2017, https://www.washingtonpost.com/news/wonk/wp/2017/08/22/hotter-lesbian-feminazi-how-some-economists-discuss-their-female-colleagues/?utm_term=.ecc566109ba0. Zuletzt aufgerufen am 23.4.2021.

499 »Who gets grant money? The (gendered) words decide.«, MIT Management, 5. Juni 2019, https://mitsloan.mit.edu/ideas-made-to-matter/who-gets-grant-money-gendered-words-decide. Zuletzt aufgerufen am 23.4.2021.

500 Tracey Lien, »Why Are Women Leaving the Tech Industry in Droves?« Los Angeles Times, 22. Februar 2015, http://www.latimes.com/business/la-fi-women-tech-20150222-story.html. Zuletzt aufgerufen am 23.4.2021.

501 Tracey Lien, »Why Are Women Leaving the Tech Industry in Droves?« *Los Angeles Times*, 22. Februar 2015, http://www.latimes.com/business/la-fi-women-tech-20150222-story.html. Zuletzt aufgerufen am 23.4.2021.

502 »The Impact of Disruption on Women«, Smart Week, 14. Dezember 2018, https://www.smartweek.it/the-impact-of-disruption-on-women/. Zuletzt aufgerufen am 23.4.2021.

503 »Why Women's Jobs Are Disproportionately Threatened by Automation«, Pacific Standard, 20. März 2019, https://psmag.com/economics/women-are-disproportionately-harmed-by-automation. Zuletzt aufgerufen am 23.4.2021.

504 »When Women Thrive, Businesses Thrive«, Mercer, 2017, https://www.mercer.com/content/dam/mercer/attachments/global/glb-2017-davos-wwt-wef-summary.pdf. Zuletzt aufgerufen am 23.4.2021.
»The Impact of Disruption on Women«, Smart Week, 14. Dezember 2018, https://www.smartweek.it/the-impact-of-disruption-on-women/. Zuletzt aufgerufen am 23.4.2021.

505 »When Women Thrive, Businesses Thrive«, Mercer, 2017, https://www.mercer.com/content/dam/mercer/attachments/global/glb-2017-davos-wwt-wef-summary.pdf. Zuletzt aufgerufen am 23.4.2021.
»The Impact of Disruption on Women«, Smart Week, 14. Dezember 2018, https://www.smartweek.it/the-impact-of-disruption-on-women/. Zuletzt aufgerufen am 23.4.2021.

506 »5 Warrior Women Leading Digital Disruption«, Digital Market Institute, 5. März 2020, https://digitalmarketinginstitute.com/blog/5-warrior-women-leading-digital-disruption. Zuletzt aufgerufen am 23.4.2021.
»By the Numbers«, national center for women & information Technology, https://www.ncwit.org/sites/default/files/resources/btn_03092016_web.pdf. Zuletzt aufgerufen am 23.4.2021.
Siehe auch »Women first to be affected by technological disruption, expert says«, stuff, 27. März 2018, https://www.stuff.co.nz/business/104114604/women-first-to-be-affected-by-technological-disruption-expert-says. Zuletzt aufgerufen am 23.4.2021.
»Women and the Future of Work: Fix the Present«, Center for Global Development, 14. Februar 2019, https://www.cgdev.org/publication/women-and-future-work-fix-present. Zuletzt aufgerufen am 23.4.2021.
»Artificial Intelligence has a gender problem – why it matters for everyone«, know your value, 6. Dezember 2019, https://www.nbcnews.com/know-your-value/feature/artificial-intelligence-has-gender-problem-why-it-matters-everyone-ncna1097141. Zuletzt aufgerufen am 23.4.2021.

507 »Women will find it harder to adapt to tech disruption, McKinsey report suggests«, Engineering and Technology, 11. Juni 2019, https://eandt.theiet.org/content/articles/2019/06/women-will-find-it-harder-to-adapt-to-tech-disruption-mckinsey-report-suggests/. Zuletzt aufgerufen am 23.4.2021.
»Missing Women in Tech: The Labor Market for Highly Skilled Software Engineers«, Raviv Murciano-Goroff, November 2017, https://pdfs.semanticscholar.org/fabe/8dd97e009490cee90f430ecca46b1af7fa61.pdf. Zuletzt aufgerufen am 23.4.2021.

508 »The Gender Gap in Computer Science Research Won't Close for 100 Years«, The New York Times, 21. Juni 2019, https://www.nytimes.com/2019/06/21/technology/gender-gap-tech-computer-science.html. Zuletzt aufgerufen am 23.4.2021.
»Gender trends in computer science authorship«, Cornell University, 19. Juni 2019, https://arxiv.org/abs/1906.07883. Zuletzt aufgerufen am 23.4.2021.

509 »Where are all the female economists?«, Financial Times, 12. April 2018, https://www.ft.com/content/0e5d27ba-2b61-11e8-9b4b-bc4b9f08f381. Zuletzt aufgerufen am 23.4.2021.

510 »›Hotter‹, ›lesbian‹, ›feminazi‹: How some economists discuss their female colleagues«, The Washington Post, 22. August 2017, https://www.washingtonpost.com/news/wonk/wp/2017/08/22/hotter-lesbian-feminazi-how-some-economists-discuss-their-female-colleagues/?utm_term=.ecc566109ba0. Zuletzt aufgerufen am 23.4.2021.

511 »Nobel Prize awarded women«, The Nobel Prize, https://www.nobelprize.org/prizes/lists/nobel-prize-awarded-women/. Zuletzt aufgerufen am 23.4.2021.

512 »Women first to be affected by technological disruption, expert says«, stuff, 27. Mai 2018, https://www.stuff.co.nz/business/104114604/women-first-to-be-affected-by-technological-disruption-expert-says. Zuletzt aufgerufen am 23.4.2021.

513 »Women will find it harder to adapt to tech disruption, McKinsey report suggests«, Engineering and Technology, 11. Juni 2019, https://eandt.theiet.org/content/articles/2019/06/women-will-find-it-harder-to-adapt-to-tech-disruption-mckinsey-report-suggests/. Zuletzt aufgerufen am 23.4.2021.

514 »Women will find it harder to adapt to tech disruption, McKinsey report suggests«, Engineering and Technology, 11. Juni 2019, https://eandt.theiet.org/content/articles/2019/06/women-will-find-it-harder-to-adapt-to-tech-disruption-mckinsey-report-suggests/. Zuletzt aufgerufen am 23.4.2021.

515 »Job automation will hurt women first but will ultimately hurt men more«, Quartz, 6. Februar 2018, https://qz.com/1198953/after-three-waves-of-automation-men-will-face-greater-job-losses-than-women-a-pwc-study-shows/. Zuletzt aufgerufen am 23.4.2021.

516 »College Educated Women Are the Workplace Majority, but Still Don't Get Their Share«, The New York Times, 2. Juli 2019, https://www.nytimes.com/2019/07/02/us/american-workers-women-college.html. Zuletzt aufgerufen am 23.4.2021.

517 »A year ago, women outnumbered men in the U.S. workforce, now they account for 100% of jobs lost in December«, make it, 11. Januar 2021, https://www.cnbc.com/2021/01/11/women-account-for-100percent-of-jobs-lost-in-december-new-analysis.html. Zuletzt aufgerufen am 23.4.2021.

518 »Disruption as a Force for Good? Gender Balance and COVID-19«, Knowledge, 20. Mai 2020, https://knowledge.insead.edu/blog/insead-blog/disruption-as-a-force-for-good-gender-balance-and-covid-19-14171. Zuletzt aufgerufen am 23.4.2021.

519 »Women risk losing decades of workplace progress due to COVID-19 – here's how companies can prevent that«, The Conversation, 5. Oktober 2020, https://theconversation.com/women-risk-losing-decades-of-workplace-progress-due-to-covid-19-heres-how-companies-can-prevent-that-145073. Zuletzt aufgerufen am 23.4.2021.

520 »Disruption as a Force for Good? Gender Balance and COVID-19«, Knowledge, 20. Mai 2020, https://knowledge.insead.edu/blog/insead-blog/disruption-as-a-force-for-good-gender-balance-and-covid-19-14171. Zuletzt aufgerufen am 23.4.2021.

521 »Easing the COVID-19 Burden on Working Parents«, BCG, 21. Mai 2020, https://www.bcg.com/publications/2020/helping-working-parents-ease-the-burden-of-covid-19. Zuletzt aufgerufen am 23.4.2021.

522 »Women risk losing decades of workplace progress due to COVID-19 – here's how companies can prevent that«, The Conversation, 5. Oktober 2020, https://theconversation.com/women-risk-losing-decades-of-workplace-progress-due-to-covid-19-heres-how-companies-can-prevent-that-145073. Zuletzt aufgerufen am 23.4.2021.

523 Review, Harvard Business; Ibarra, Herminia; Tannen, Deborah; Williams, Joan C.; Hewlett, Sylvia Ann: *HBR's 10 Must Reads on Women and Leadership* (with bonus article »Sheryl Sandberg: The HBR Interview«) (HBR's 10 Must Reads). Harvard Business Review Press. Kindle Location 221, Kindle Edition.

524 »Amazon's Gender-Biased Algorithm Is Not Alone«, Bloomberg Opinion, 16. Oktober 2018, https://www.bloomberg.com/opinion/articles/2018-10-16/amazon-s-gender-biased-algorithm-is-not-alone. Zuletzt aufgerufen am 23.4.2021.
»Math Is Biased Against Women and the Poor, According to a Former Math Professor«, The Cut, 6. September 2016, https://www.thecut.com/2016/09/cathy-oneils-weapons-of-math-destruction-math-is-biased.html. Zuletzt aufgerufen am 23.4.2021.

525 »Amazon's Gender-Biased Algorithm Is Not Alone«, Bloomberg Opinion, 16. Oktober 2018, https://www.bloomberg.com/opinion/articles/2018-10-16/amazon-s-gender-biased-algorithm-is-not-alone. Zuletzt aufgerufen am 23.4.2021.

526 »Math Is Biased Against Women and the Poor, According to a Former Math Professor«, The Cut, 6. September 2016, https://www.thecut.com/2016/09/cathy-oneils-weapons-of-math-destruction-math-is-biased.html. Zuletzt aufgerufen am 23.4.2021.

527 Cathy O'Neil: *Weapons of Math Destruction: How Big Data Increases Inequality and Threatens Democracy*, S. 38. Kindle Edition.
Siehe auch Kapitel 1, Seite 31

528 »Artificial Intelligence has a gender problem — why it matters for everyone«, know your value, 6. Dezember 2019, https://www.nbcnews.com/know-your-value/feature/artificial-intelligence-has-gender-problem-why-it-matters-everyone-ncna1097141. Zuletzt aufgerufen am 23.4.2021.

529 »Artificial Intelligence has a gender problem — why it matters for everyone«, know your value, 6. Dezember 2019, https://www.nbcnews.com/know-your-value/feature/artificial-intelligence-has-gender-problem-why-it-matters-everyone-ncna1097141. Zuletzt aufgerufen am 23.4.2021.

530 »Amazon's Gender-Biased Algorithm Is Not Alone«, Bloomberg Opinion, 16. Oktober 2018, https://www.bloomberg.com/opinion/articles/2018-10-16/amazon-s-gender-biased-algorithm-is-not-alone. Zuletzt aufgerufen am 23.4.2021.

531 »Math Is Biased Against Women and the Poor, According to a Former Math Professor«, The Cut, 6. September 2016, https://www.thecut.com/2016/09/cathy-oneils-weapons-of-math-destruction-math-is-biased.html. Zuletzt aufgerufen am 23.4.2021.

532 »Math Is Biased Against Women and the Poor, According to a Former Math Professor«, The Cut, 6. September 2016, https://www.thecut.com/2016/09/cathy-oneils-weapons-of-math-destruction-math-is-biased.html. Zuletzt aufgerufen am 23.4.2021.

533 »Qatar Airways chief Akbar Al Baker's remarks stir up gender debate«, Financial Times, 5. Juni 2018, https://www.ft.com/content/110be710-68b2-11e8-8cf3-0c230fa67aec. Zuletzt aufgerufen am 23.4.2021.

534 Sheryl Sandberg: *Lean In: Women, Work and the Will to Lead*, S. 17. Kindle Edition.

535 »The Number of Female Chief Executives Is Falling«, The New York Times, 23. Mai 2018, https://www.nytimes.com/2018/05/23/upshot/why-the-number-of-female-chief-executives-is-falling.html. Zuletzt aufgerufen am 23.4.2021.

536 Review, Harvard Business; Ibarra, Herminia; Tannen, Deborah; Williams, Joan C.; Hewlett, Sylvia Ann: HBR's 10 Must Reads on Women and Leadership (with bonus article »Sheryl Sandberg: The HBR Interview«) (HBR's 10 Must Reads). Harvard Business Review Press. Kindle Location 247, Kindle Edition.

537 »The Price Women Leaders Pay for Assertiveness—and How to Minimize It«, The Wall Street Journal, 30. Mai 2016, https://www.wsj.com/articles/the-price-women-leaders-pay-for-assertivenessand-how-to-minimize-it-1464660240. Zuletzt aufgerufen am 23.4.2021.

538 »The 5 Biases Pushing Women Out of STEM«, Harvard Business Review, 24. März 2015, https://hbr.org/2015/03/the-5-biases-pushing-women-out-of-stem. Zuletzt aufgerufen am 23.4.2021.

539 Victoria L. Brescoll, »Who Takes the Floor and Why: Gender, Power, and Volubility in Organizations«, Harvard Kennedy School, Women and Public Policy Program, 2011, http://gap.hks.harvard.edu/who-takes-floor-and-why-gender-power-andvolubility-organizations. Zuletzt aufgerufen am 23.4.2021.

540 »Yes, Uber board member David Bonderman said women talk too much at an all-hands meeting about sexism at Uber«, recode, 13. Juni 2017, https://www.vox.com/2017/6/13/15795612/uber-board-member-david-bonderman-women-talk-too-much-sexism. Zuletzt aufgerufen am 23.4.2021.

541 Review, Harvard Business; Ibarra, Herminia; Tannen, Deborah; Williams, Joan C.; Hewlett, Sylvia Ann: HBR's 10 Must Reads on Women and Leadership (with bonus article »Sheryl Sandberg: The HBR Interview«) (HBR's 10 Must Reads). Harvard Business Review Press. Kindle Location 227, Kindle Edition.

542 »The 5 Biases Pushing Women Out of STEM«, Harvard Business Review, 24. März 2015, https://hbr.org/2015/03/the-5-biases-pushing-women-out-of-stem. Zuletzt aufgerufen am 23.4.2021.

543 Review, Harvard Business; Ibarra, Herminia; Tannen, Deborah; Williams, Joan C.; Hewlett, Sylvia Ann: HBR's 10 Must Reads on Women and Leadership (with bonus article »Sheryl Sandberg: The HBR Interview«) (HBR's 10 Must Reads). Harvard Business Review Press. Kindle Location 225, Kindle Edition.
Siehe zum Thema auch: »The Number of Female Chief Executives Is Falling«, The New York Times, 23. Mai 2018, https://www.nytimes.com/2018/05/23/upshot/why-the-number-of-female-chief-executives-is-falling.html. Zuletzt aufgerufen am 23.4.2021.

544 »Picture a Leader. Is She a Woman?«, The New York Times, 16. März 2018, https://www.nytimes.com/2018/03/16/health/women-leadership-workplace.html. Zuletzt aufgerufen am 23.4.2021.

545 »The Number of Female Chief Executives Is Falling«, The New York Times, 23. Mai 2018, https://www.nytimes.com/2018/05/23/upshot/why-the-number-of-female-chief-executives-is-falling.html. Zuletzt aufgerufen am 23.4.2021.

546 »The Number of Female Chief Executives Is Falling«, The New York Times, 23. Mai 2018, https://www.nytimes.com/2018/05/23/upshot/why-the-number-of-female-chief-executives-is-falling.html. Zuletzt aufgerufen am 23.4.2021.

547 »The Number of Female Chief Executives Is Falling«, The New York Times, 23. Mai 2018, https://www.nytimes.com/2018/05/23/upshot/why-the-number-of-female-chief-executives-is-falling.html. Zuletzt aufgerufen am 23.4.2021.

548 »Picture a Leader. Is She a Woman?«, The New York Times, 16. März 2018, https://www.nytimes.com/2018/03/16/health/women-leadership-workplace.html. Zuletzt aufgerufen am 23.4.2021.
Siehe auch Seite 62 f., Kapitel 2, »Denken Sie unvoreingenommen«

549 Siehe auch Jenna Johnson, »Paul Tudor Jones: In Macro Trading, Babies Are a ›Killer‹ to a Woman's Focus«, Washington Post, 23. Mai 2013, http://www.washingtonpost.com/local/education/paul-tudor-jones-in-macro-trading-babies-are-a-killer-to-awomans-focus/2013/05/23/1c0c6d4e-c3a6-11e2-9fe2-6ee52d0eb7c1_story.html. Zuletzt aufgerufen am 23.4.2021.

550 Danielle Paquette, »Why Women Are Judged Far More Harshly Than Men for Leaving Work Early«, The Washington Post, 10. Juni 2015, http://www.washingtonpost.com/blogs/wonkblog/wp/2015/06/10/why-women-are-judged-far-more-harshly-than-men-for-leaving-work-early. Zuletzt aufgerufen am 23.4.2021.

551 »This is what the most promotable woman looks like, according to science«, BODY+soul, 31. August 2018, https://www.bodyandsoul.com.au/wellbeing/this-is-what-the-most-promotable-woman-looks-like-according-to-science/news-story/2a23ba7a02bd41a3b95ebf205e0782b0. Zuletzt aufgerufen am 23.4.2021.

552 Navidi, Sandra: $uperHubs: *How the Financial Elite and their Networks Rule Our World*. Quercus. Kindle Location: 1079, 1662, 2813. Kindle Edition.
»Closing the gap: Leadership perspectives on promoting women in financial services«, McKinsey & Company, 6. September 2018, https://www.mckinsey.com/industries/financial-services/our-insights/closing-the-gap-leadership-perspectives-on-promoting-women-in-financial-services. Zuletzt aufgerufen am 23.4.2021.
»Guess Who Doesn't Fit In at Work«, The New York Times, 30. März 2015, https://www.nytimes.com/2015/05/31/opinion/sunday/guess-who-doesnt-fit-in-at-work.html. Zuletzt aufgerufen am 23.4.2021.
Sara Neville, »Top Firms' ›Poshness Test‹ Imposes Class Ceiling«, Financial Times, 15. Juni 2015.
Heather McGregor, »›Poshness Tests‹ Are About What You Know«, Financial Times, 19. Juni 2015, http://www.ft.com/intl/cms/s/0/d647785e-1677-11e5-b07f-00144feabdc0.xhtml.
Lauren A. Rivera, »Guess Who Doesn't Fit In at Work«, New York Times, 30. Mai 2015, http://www.nytimes.com/2015/05/31/opinion/sunday/guess-who-doesnt-fit-in-at-work.xhtml. Zuletzt aufgerufen am 23.4.2021.

553 Navidi, Sandra: $uperHubs: *How the Financial Elite and their Networks Rule Our World*. Quercus. Kindle Location 1631. Kindle Edition. (dt. *$uper-hubs: Wie die Finanzelite und ihre Netzwerke die Welt regieren*, FBV 2016, S. 76, 216).
Siehe auch Kapitel 5, Seite 162 f.

554 Zur Information siehe auch: Brady, Diane, »Sallie Krawcheck and the Value of Women's Networks.«,Bloomberg, 16. Mai 2013, https://www.bloomberg.com/news/articles/2013-05-16/sallie-krawcheck-and-the-value-of-women-s-networks. Zuletzt aufgerufen am 23.4.2021.

555 Sehen Sie hierzu auch: Sandberg, Sheryl: *Lean In: Women, Work, and the Will to Lead*, S. 71. Knopf Doubleday Publishing Group. Kindle Edition.

556 »The Number of Female Chief Executives Is Falling«, The New York Times, 23. Mai 2018, https://www.nytimes.com/2018/05/23/upshot/why-the-number-of-female-chief-executives-is-falling.html. Zuletzt aufgerufen am 23.4.2021.

557 Pamela Ryckman: *Stiletto Network: Inside the Women's Power Circles That Are Changing the Face of Business*, Kindle Edition.
Sara Murray, »Ex-Banker Heads Up ›Broad‹ Effort at Boosting Women in Business«, Wall Street Journal, 31. Januar 2014, http://online.wsj.com/news/articles/SB10001424052702304856504579340971127508490; Diane Brady, »Sallie Krawcheck and the Value of Women's Networks«, Bloomberg Businessweek, 16. Mai 2013, http://www.businessweek.com/articles/2013-05-16/sallie-krawcheck-and-the-value-of-womens-networks. Zuletzt aufgerufen am 23.4.2021.

558 »Women will find it harder to adapt to tech disruption, McKinsey report suggests«, E&T, 11. Juni 2019, https://eandt.theiet.org/content/articles/2019/06/women-will-find-it-harder-to-adapt-to-tech-disruption-mckinsey-report-suggests/. Zuletzt aufgerufen am 23.4.2021.

559 »Women Disrupting the Future of Work«, getsmarter, 28. August 2019, https://www.getsmarter.com/blog/career-advice/women-disrupting-the-future-of-work/. Zuletzt aufgerufen am 23.4.2021.

560 Siehe S. 105.

561 »Women will find it harder to adapt to tech disruption, McKinsey report suggests«, E&T, 11. Juni 2019, https://eandt.theiet.org/content/articles/2019/06/women-will-find-it-harder-to-adapt-to-tech-disruption-mckinsey-report-suggests/. Zuletzt aufgerufen am 23.4.2021.

562 »Why being intelligent could mean you're more prone to making stereotypical judgements«, World Economic Forum, 8. August 2017, https://www.weforum.org/agenda/2017/08/why-being-intelligent-could-mean-youre-more-prone-to-making-stereotypical-judgements-01cb1e13-473c-4600-95e3-183a34016097/. Zuletzt aufgerufen am 23.4.2021.

563 »Job automation will hurt women first but will ultimately hurt men more«, Quartz, 6. Februar 2018, https://qz.com/1198953/after-three-waves-of-automation-men-will-face-greater-job-losses-than-women-a-pwc-study-shows/. Zuletzt aufgerufen am 23.4.2021.

564 »Artificial Intelligence has a gender problem — why it matters for everyone«, know your value, 6. Dezember 2019, https://www.nbcnews.com/know-your-value/feature/artificial-intelligence-has-gender-problem-why-it-matters-everyone-ncna1097141. Zuletzt aufgerufen am 23.4.2021.

565 »Artificial Intelligence has a gender problem — why it matters for everyone«, know your value, 6. Dezember 2019, https://www.nbcnews.com/know-your-value/feature/artificial-intelligence-has-gender-problem-why-it-matters-everyone-ncna1097141. Zuletzt aufgerufen am 23.4.2021.

566 »Closing the gap: Leadership perspectives on promoting women in financial services«, McKinsey & Company, 6. September 2018, https://www.mckinsey.com/industries/financial-services/our-insights/closing-the-gap-leadership-perspectives-on-promoting-women-in-financial-services. Zuletzt aufgerufen am 23.4.2021.

567 Stefanie K. Johnson und David R. Hekman, »Women and Minorities Are Penalized for Promoting Diversity«, Harvard Business Review, 23. März 2016, https://hbr.org/2016/03/women-and-minorities-are-penalized-for-promoting-diversity. Zuletzt aufgerufen am 23.4.2021.

$uper-hubs

Sandra Navidi

Super-hubs sind die am besten vernetzten Knotenpunkte innerhalb des Finanznetzwerks. Ihre persönlichen Beziehungen und globalen Netzwerke verleihen ihnen finanzielle, wirtschaftliche und politische »Super-Macht«. Mit ihren Entscheidungen bewegen sie täglich Billionen auf den Finanzmärkten und haben somit direkten Einfluss auf Industrien, Arbeitsplätze, Wechselkurse, Rohstoffe oder sogar den Preis unserer Lebensmittel.
Als Insiderin der Hochfinanz nimmt Sandra Navidi Sie mit hinter die Kulissen dieses Mikrokosmos der Macht: zum Weltwirtschaftsforum in Davos, zum Internationalen Währungsfonds, zu Thinktanks, Benefizgalas und glamourösen Partys. Sie beleuchtet die Menschen, die hinter abstrakten Institutionen und Billionen an Kapital stehen, ihr Erfolgsgeheimnis, ihre privilegierte Existenz und die Auswirkungen auf unser Finanzsystem und damit auch auf die Zukunft unserer Wirtschaft und Gesellschaft. Erstmals überhaupt gibt Sandra Navidi damit einen Einblick in die sonst hermetisch abgeriegelte Machtelite.

320 Seiten | Hardcover | 19,99 € (D) | 20,60 € (A) | ISBN 978-3-89879-959-1